中国编辑学会组编　　　中国科技之路　　　中宣部主题出版
重点出版物

卫生卷

健康中国

本卷主编　王　辰　张伯礼
常务副主编　吴沛新
副　主　编　刘德培　乔　杰　徐建国
蒋建东　陈士林　胡镜清
王健伟

U0173709

人民卫生出版社
·北京·

图书在版编目（CIP）数据

中国科技之路．卫生卷．健康中国 / 中国编辑学会
组编；王辰，张伯礼本卷主编．—北京：人民卫生出
版社，2021.6

ISBN 978-7-117-31638-5

Ⅰ．①中… Ⅱ．①中… ②王… ③张… Ⅲ．①技术史
– 中国 – 现代②医药学 – 科学技术 – 技术史 – 中国 Ⅳ.
①N092②R-12

中国版本图书馆 CIP 数据核字（2021）第 092189 号

内 容 提 要

本书通过梳理卫生健康中国百年历史画卷，展示中国科技之路中健康之路的重大科技成就、重大科研成果、重大科技产品、重大科技事件、重大科技政策、重要科技人物，展示中国特色社会主义道路的科技自信和文化自信，体现科技为民的初心和使命，从而为党和国家"立心"，为人民健康"立命"，为科技强国"立力"，为健康中国"立信"，为民族复兴"立基"，为青少年"立志"。

全书内容分为三篇：第一篇是对中国共产党建党百年来医药科技成果的总结；第二篇采取"6+1"的编写模式，包括基础、临床、口腔、公共卫生、药学、生物医学工程 6 个西医方向大学科和 1 个中医大学科，分学科介绍百年来医药科技的"亮点"；第三篇是对卫生健康科技发展的展望，既客观地介绍成果，又实事求是地正视问题，分析未来发展的方向。

中国科技之路　卫生卷　健康中国
ZHONGGUO KEJIZHILU　WEISHENGJUAN
JIANKANG ZHONGGUO

♦ 组　　编　中国编辑学会
本卷主编　王　辰　张伯礼
责任编辑　皮雪花　王凤丽　张　科　孙　玥　殷丽刚
责任印制　黄　鸣
责任设计　郭　淼

♦ 人民卫生出版社出版发行　　北京市朝阳区潘家园南里 19 号
邮编　100021　电子邮件　pmph @ pmph.com
网址　https://www.pmph.com
北京盛通印刷股份有限公司印刷

♦ 开本　720×1000　1/16
印张：25　　　　　　　2021 年 6 月第 1 版
字数：304 千字　　　　2022 年 10 月北京第 2 次印刷

定价：100.00 元

打击盗版举报电话：010-59787491　E-mail: WQ @ pmph.com
质量问题联系电话：010-59787234　E-mail: zhiliang @ pmph.com

《中国科技之路》编委会

《中国科技之路》出版工作委员会

主　任：郭德征

副主任：李　锋　胡昌支　张立科

成　员：（按姓氏笔画排序）

马爱梅　王　威　朱琳君　刘俊来　李　锋　张立科

郑淮兵　胡昌支　郭德征　颜景辰

审读专家：（按姓氏笔画排序）

马爱梅　王　威　田小川　邢海鹰　刘俊来　许　慧

李　锋　张立科　周　谊　郑淮兵　胡昌支　郭德征

颜　实　颜景辰

卫生卷编委会

做好科学普及，是科学家的责任和使命

中国科技事业在党的领导下，走出了一条中国特色科技创新之路。从革命时期高度重视知识分子工作，到新中国成立后吹响"向科学进军"的号角，到改革开放提出"科学技术是第一生产力"的论断；从进入新世纪深入实施知识创新工程、科教兴国战略、人才强国战略，不断完善国家创新体系、建设创新型国家，到党的十八大后提出创新是第一动力、全面实施创新驱动发展战略、建设世界科技强国，科技事业在党和人民事业中始终具有十分重要的战略地位、发挥了十分重要的战略作用。党的十九大以来，党中央全面分析国际科技创新竞争态势，深入研判国内外发展形势，针对我国科技事业面临的突出问题和挑战，坚持把科技创新摆在国家发展全局的核心位置，全面谋划科技创新工作。通过全社会共同努力，重大创新成果竞相涌现，一些前沿领域开始进入并跑、领跑阶段，科技实力正在从量的积累迈向质的飞跃，从点的突破迈向系统能力提升。

科技兴则民族兴，科技强则国家强。2016 年 5 月 30 日，习近平总书记在"科技三会"上指出："科技创新、科学普及是实现创新发展的两翼，要把科学普及放在与科技创新同等重要的位置"，希望广大科技工作者以提高全民科学素质为己任，"在全社会推动形成讲科学、爱科学、学科学、用科学的良好氛围，使蕴藏在亿万人民中间的创新智慧充分释放、创新力量充分涌流"。站在"两个一百年"奋斗目标历史交汇点上，我国正处于加快实现科技自立自强、建设世界科技强国的伟大征程中。在新的发展阶段，做好科学普及、提升公民科学素质、厚植科学文化，既是建设世界科技强国的迫切需要，也是中国科学家义不容辞的社会责任和历史使命。

为此，中国编辑学会组织 15 家中央级科技出版单位共同策划，邀请各领域院士和专家联合创作了《中国科技之路》科普图书。这套书以习近平新时代中国特色社会主义思想为指导，以反映新中国科技发展成就为重点，以文、图、音频、视频相结合的直观呈现形式为载体，旨在激励全国人民为努力实现中华民族伟大复兴的中国梦而奋斗。《中国科技之路》于 2020 年列入中宣部主题出版重点出版物选题，分为总览卷、信息卷、交通卷、建筑卷、卫生卷、中医药卷、核工业卷、航天卷、航空卷、石油卷、海洋卷、水利卷、电力卷、农业卷、林草卷共 15 卷，相关领域的两院院士担任主编，内容兼具权威性和普及性。《中国科技之路》力图展示中国科技发展道路所蕴含的文化自信和创新自信，激励我国科技工作者和广大读者继承与发扬老一辈科学家胸怀祖国、服务人民的优秀品质，不负伟大时代，矢志自立自强，努力在建设科技强国实现复兴伟业的征程中作出更大贡献。

侯建国

中国科学院院士

《中国科技之路》编委会主任

2021 年 6 月

科技开辟崛起之路　　出版见证历史辉煌

2021 年是中国共产党百年华诞。百年征程波澜壮阔，回首一路走来，惊涛骇浪中创造出伟大成就；百年未有之大变局，我们正处其中，踏上漫漫征途，书写世界奇迹。如今，站在"两个一百年"的历史交汇点上，"十三五"成就厚重，"十四五"开局起步，全面建设社会主义现代化国家新征程已经启航。面向建设科技强国的伟大目标，科技出版人将与科技工作者一起奋斗前行，我们感到无比荣幸。

2021 年 3 月，习近平总书记在《求是》杂志上发表文章《努力成为世界主要科学中心和创新高地》，他指出："科学技术从来没有像今天这样深刻影响着国家前途命运，从来没有像今天这样深刻影响着人民生活福祉""中国要强盛、要复兴，就一定要大力发展科学技术，努力成为世界主要科学中心和创新高地。我们比历史上任何时期都更接近中华民族伟大复兴的目标，我们比历史上任何时期都更需要建设世界科技强国！"在这样的历史背景下，科学文化、创新文化及其所形成的科普、科学氛围，对于提升国民的现代化素质，对于实施创新驱动发展战略，不仅十分重要，而且迫切需要。

中国编辑学会是精神食粮的生产者，先进文化的传播者，民族素质的培育者，社会文明的建设者。普及科学文化，努力形成创新氛围，让科学理论之弘扬与科学事业之发展同步，让科学文化和科学精神成为主流文化的核心内涵，推出高品位、高质量、可读性强、启发性深的科技出版物，这是一条举足轻重的发展路径，也是我们肩负的光荣使命，更是国际竞争对我们的强烈呼唤。秉持这样的初心，中国编辑学会在 2019 年 7 月召开项目论证会，确定以贯彻落实党和国家实施创新驱动发展战略、建设科技强国的重大决策为切入点，编辑出版一套为国家战略所必需、为国民所期待的精品力作，展现我国科技实力，营造浓厚科学文化氛围。随后，中国编辑学会组织了半年多的调研论证，经过数番讨论，几易方案，终于在 2020 年年初决定由中国编辑学会主持策划，由学会科技读物编辑专业委员会具体实施，组织人民邮电出版社、科学出版社、中国水利水电出版社等 15 家出版社共同打造《中国科技之路》，以此向中国共产党成立 100 周年献礼。2020 年 6 月，《中国科技之路》入选中宣部 2020 年主题出版重点出版物。

《中国科技之路》以在中国共产党领导下，我国科技事业壮丽辉煌的发展历程、主要成就、关键节点和历史意义为主题，全面展示我国取得的重大科技成果，系统总结我国科技发展的历史经验，普及科技知识，传递科学精神，为未来的发展路径提供重要启示。《中国科技之路》服务党和国家工作大局，站在民族复兴的高度，选择与国计民生息息相关的方向，呈现我国各行业有代表性的高精尖科研成果，共计 15 卷，包括总览卷、信息卷、交通卷、建筑卷、卫生卷、中医药卷、核工业卷、航天卷、航空卷、石油卷、海洋卷、水利卷、电力卷、农业卷和林草卷。

今天中国的科技腾飞、国泰民安举世瞩目，那是从烈火中锻来、向薄冰上履过，其背后蕴藏的自力更生、不懈创新的故事更值得点赞。特别是在当今世界，实施创新驱动发展战略决定着中华民族前途命运，全党全社会都在不断加深认识科技创新的巨大作用，把创新驱动发展作为面向未来的一项重大战略。基于这样的认识，《中国科技之路》充分梳理挖掘历史资料，在内容结构上既反映科技领域的发展概况，又聚焦有重大影响力的技术亮点，既展示重大成果、科技之美，又讲述背后的奋斗故事、历史经验。从某种意义上来说，《中国科技之路》是一部奋斗故事集，它由诸多勇攀高峰的科研人员主笔书写，浸透着科技的力量，饱含着爱国的热情，其贯穿的科学精神将长存在历史的长河中。这就是"中国力量"的魂魄和标志！

《中国科技之路》的出版单位都是中央级科技类出版社，阵容强大；各卷均由中国科学院院士或者中国工程院院士担任主编，作者权威。我们专门邀请了著名科技出版专家、中国出版协会原副主席周谊同志以及相关领导和专家作为策划，进行总体设计，并实施全程指导。我们还成立了《中国科技之路》编委会和出版工作委员会，组织召开了20多次线上、线下的讨论会、论证会、审稿会。诸位专家、学者，以及15家出版社的总编辑（或社长）和他们带领的骨干编辑们，以极大的热情投入到图书的创作和出版工作中来。另外，《中国科技之路》的制作融文、图、音频、视频、动画等于一体，我们期望以现代技术手段，用创新的表现手法，最大限度地提升读者的阅读体验，并将之转化成深邃磅礴的科技力量。

2016 年 5 月，习近平总书记在哲学社会科学工作座谈会上发表讲话指出，自古以来，我国知识分子就有"为天地立心，为生民立命，为往圣继绝学，为万世开太平"的志向和传统。为世界确立文化价值，为人民提供幸福保障，传承文明创造的成果，开辟永久和平的社会愿景，这也是历史赋予我们出版工作者的光荣使命。科技出版是科学技术的同行者，也是其重要的组成部分。我们以初心发力，满含出版情怀，聚合 15 家出版社的力量，组建科技出版国家队，把科学家、技术专家凝聚在一起，真诚而深入地合作，精心打造了《中国科技之路》，旨在服务党和国家的创新发展战略，传播中国特色社会主义道路的有益经验，激发全党、全国人民科研创新热情，为实现中华民族伟大复兴的中国梦提供坚强有力的科技文化支撑。让我们以更基础更广泛更深厚的文化自信，在中国特色社会主义文化发展道路上阔步前进！

中国编辑学会会长

《中国科技之路》编委会主任

2021 年 6 月

本卷前言

从 1921 年至 2021 年，从石库门到天安门，从兴业路到复兴路，中国共产党为了人民幸福和民族复兴走过了艰苦卓绝、波澜壮阔的百年征程。人民健康是民族昌盛和国家富强的重要标志。百年来，党和国家始终高度重视发展卫生健康事业，增进人民健康福祉，我国居民健康水平持续改善，居民主要健康指标总体上优于中高收入国家平均水平。

没有全民健康，就没有全面小康。2015 年 10 月，党的十八届五中全会提出推进健康中国建设，"健康中国"上升为国家战略；2017 年 10 月，习近平同志在党的十九大报告中提出"实施健康中国战略"；2019 年 7 月《健康中国行动（2019—2030 年）》印发；2020 年 11 月，党的十九届五中全会通过的《中共中央关于制定国民经济和社会发展第十四个五年规划和二〇三五年远景目标的建议》，提出了"全面推进健康中国建设"的重大任务……中国共产党坚持以人民为中心的发展思想，推动健康中国建设，把人民健康放在优先发展的战略地位，全方位、全周期保障人民健康，一条为了人民健康的奋斗之路、发展之路铺陈开来！

在中国共产党的领导下，全国广大医药卫生科技工作者始终坚持全心全意为人民服务的宗旨，为了人民健康，遵循正确的医药卫生科技工作路线方针，在基础十分落后的情况下，经过坚持不懈的创新探索，取得了许多举世瞩目的科技成果。本书是《中国科技之路》套书的 15 个分册之一。在中国编辑学会的领导和组织下，人民卫生出版社诚邀中国医学科学院、中国中医科学院等单位的院士、专家撰写了套书卫生卷《健康中国》，以记载历史成果、展望未来发展。全书内容汇集了建党 100 年来医药卫生科技领域的重大科技成就、重大科研成果、重大科技产品、重大科技事件、重大科技政策、重要科技人物，力求展示中国特色社会主义道路的科技自信和文化自信，体现科技为民的初心和使命。

科技是人类进步的阶梯，是打开未来大门的钥匙。100 年来取得的巨大成就告诉我们，只有坚持中国共产党的领导，坚持中国特色社会主义道路，坚持中国特色的自主创新道路，不断在攻坚克难中追求卓越，才能永远站在历史和时代发展的潮头。

医药卫生科技事业的发展为健康中国建设和中华民族伟大复兴保驾护航，广大医药卫生科技工作者及青少年要以此"立志"，把报国之心深深地融入学习、研究之中，不畏艰难、勇于探索、自强不息。

健康中国，共建共享。人民至上，生命至上。一切为了人民，一切依靠人民。

正值中国共产党成立 100 周年之际，谨以此书献给伟大的中国共产党，向每一位医药卫生科技工作者致敬，向伟大的时代致敬！

王　辰　张伯礼

2021 年 6 月

融合图书阅读使用说明

融合图书介绍： 本书以融合图书的形式出版，即融合纸书内容与数字服务的图书，配有特色的数字内容，读者阅读纸书的同时可以通过扫描书中二维码阅读线上数字内容。

本书配有以下数字资源：

专家视频　　AR 互动

① 扫描图书封底圆形图标中的二维码，打开激活平台。

② 注册或使用已有人卫账号登录，输入刮开的激活码。

③ 下载"人卫图书增值"APP 即可浏览数字内容。

④ 使用 APP"扫码"功能，扫描书中二维码或带有 AR 标识的图片可快速查看对应数字内容。

AR 使用说明：左侧图标即为 AR 标识，使用"人卫图书增值"APP的"扫码"功能扫描正文中带有此标识的图片，即可体验 AR 内容。

目 录

第一篇

医学科技，铺就健康之路

第二篇

百年回望，科技护航健康

第三篇

一路向前，迈向健康中国

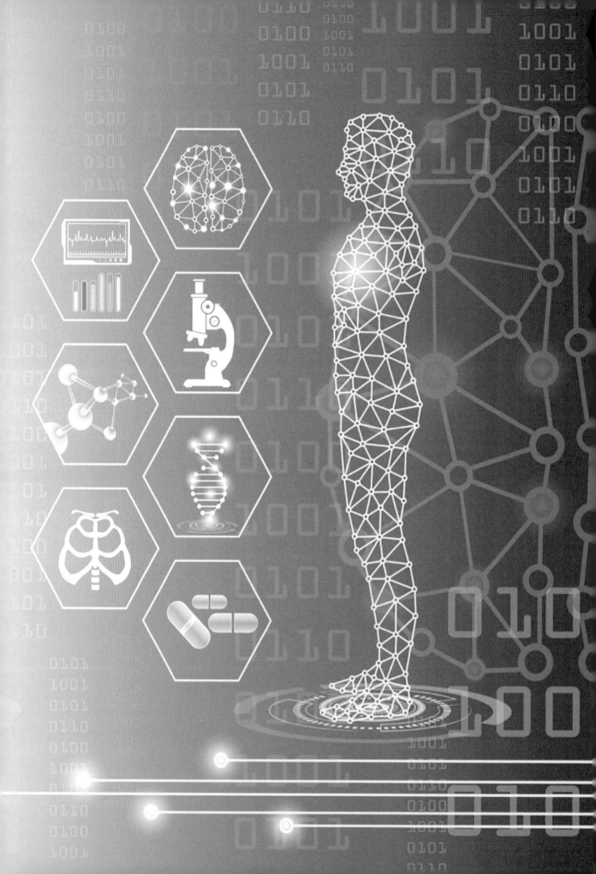

第一篇
医学科技，铺就健康之路

一、打好基石，道路初现雏形

中国共产党自成立以来一直高度重视人民群众的健康，尽最大努力带领人民群众与疾病，尤其是传染病作斗争，苏区卫生防疫运动是一个历史见证。毛泽东同志非常重视卫生工作，签发《卫生运动纲要》，把卫生工作作为党的重要工作之一，提出开展群众卫生运动来预防疾病。1932 年，中华苏维埃共和国人民委员会公布了《苏维埃区暂行防疫条例》，同年中革军委总卫生部颁布《中国工农红军第一方面军第三次卫生会议卫生决议案》。1933 年，苏维埃政府颁布《卫生运动纲要》……党在领导卫生工作之初，制定了系列卫生防疫制度，逐步建立和健全了红军和政府的卫生管理机构，创造性地建立了卫生防疫委员会，创建了自上而下都组织起来的卫生防疫体系。

苏区卫生防疫运动提出的预防医学思想与群众卫生的方式方法，对新中国的卫生思想与实践活动产生了重要影响；提出的为军民健康服务的宗旨、以预防为主的思想等，奠定了中国共产党卫生思想的基础。卫生防疫知识的全民教育方式和群众卫生活动的方式，是新中国爱国卫生运动的重要源泉，创造了发动群众开展卫生活动，以改善卫生状况、预防控制疾病的中国特色卫生模式。

新中国成立前，由于常年战乱、医疗服务水平及医学科技落后，致使我国新生儿死亡率非常高，约为 58‰，婴儿死亡率高达 200‰，孕产妇死亡率高达 1 500/10 万。晋察冀边区的调查显示，许多地方的婴儿死亡率高达60%，其中 40% 死于破伤风。

二、夯实基础，指明前进方向

新中国成立后到改革开放前，我国在基础医学、药物研制、传染病防治、医疗器械等方面都取得了突破。

基础医学方面，广大医学工作者在解剖学、组织胚胎学、病理学、生理学、病理生理学、细胞生物学、病毒学等方面取得了一系列重要进展，在生物化学、分子生物学、免疫学、遗传学等学科方面积极开展科研工作，填补了许多科研空白，缩小了我国与世界医学水平的差距。20 世纪 50 年代开始研制人造器官。针对我国多地暴发的脊髓灰质炎，中国医学科学院病毒学家顾方舟临危受命开展脊髓灰质炎研究工作，于 1960 年成功研制出首批国产脊髓灰质炎（Sabin 型）活疫苗，1962 年成功研制出减毒活疫苗。

药物研制方面，尽管我国长期处于"缺医少药"的局面，医药产业的工业基础十分薄弱，但广大医药工作者仍取得了许多重大成果。1951 年 4 月，上海青霉素试验所试制成功了第一支国产青霉素针剂，结束了中国不能生产抗生素的历史。1953 年，沈阳东北化学制药厂仅用 4 个月的时间成功试验生产了氯霉素，标志着中国现代医药工业的发展进入了大规模、批量化生产的阶段。1955 年，我国成功研制出人工合成牛黄，并于第二年投入大批量生产，缓解了牛黄长期紧缺的问题。1956 年，我国在世界范围内首次发现了沙眼的病原体是沙眼衣原体，并成功制作了灵长类动物沙眼模型，找到了治疗沙眼的敏感抗生素。1965 年，我国在世界上首次人工合成了结晶牛胰岛素。1971 年，发现了对鼠疟、猴疟均具有 100% 抗疟作用的青蒿素，其后又发现了双氢青蒿素，并扩展药效至免疫领域。

传染病防治方面，由于党中央的重视、爱国卫生运动的开展、医疗卫生条件的改善、计划免疫的实施和疫苗普及等因素，我国甲、乙类传染病的发病率和死亡率大幅度降低。随着 1978 年《中华人民共和国传染病防治法》的颁布和计划免疫的实施，传染病总体发病率和死亡率显著下降，发病率从 1970 年（4 341/10 万）开始大幅下降。其中，最重要的成就是消灭了天花。1950 年，中央人民政府政务院发布了《关于发动秋季种痘运动的指示》，同年原卫生部也发布了《种痘暂行办法》。1949—1952 年，各级政府、卫生行政部门大力推行全民种痘，天花病例数急剧下降。1960 年，我国成功消灭了天花，比实现全世界消灭天花的时间早了近二十年。抗击疟疾方面，1950—1954 年，我国先后合成并生产了氯胍、环氯胍两种抗疟药；1955 年又合成了氯喹、乙氨嘧啶及伯胺喹啉。1956 年，我国出版了《疟疾防治手册》，以除"四害"为中心的爱国卫生运动在全国兴起。1967 年，"全国疟疾防治研究协作会议"召开，启动"523"任务，开始研制新型抗疟药。1971 年，药学家屠呦呦从青蒿中提取出青蒿素，这一成就使她于 2015 年获得了诺贝尔生理学或医学奖。阻断鼠疫传播方面，1954 年，我国制定了《急性传染病管理办法》，鼠疫年发病人数从 20 世纪 50 年代初期的几万例下降到了 20 世纪 50 年代后期的 40 例左右。1965 年以来，先后三次制定、修改了《控制鼠疫工作标准和考核方法》和《鼠疫防治手册》。1957 年，汤飞凡等人分离出我国第一株麻疹病毒。1961—1962 年，我国制备了麻疹疫苗，这一时间与国外几乎同步。

医疗器械方面，20 世纪 50 年代，医疗器械产品发展到手术器械、注射穿刺器械、X 线设备、医院设备、医化设备、理疗设备、牙科设备、医用敷料、医用器皿及整形辅助器材等大类 500 多个品种规格。国产第一台

200mA 医用 X 线机、心电图机、内镜、鼻咽镜等诞生。20 世纪六七十年代，心电图机从晶体管过渡到了集成电路型，运用内窥技术成功研制出膀胱镜、腹腔镜、气管镜、直肠镜。在这 20 年间，国产第一台纤维胃镜、第一台 20 万倍电子显微镜、第一台 B 型超声诊断仪、人工心脏瓣膜等纷纷问世。

三、全面推进，稳步持续向前

改革开放以来，党领导下的医药卫生科技事业快速发展，医药卫生科技工作方针和政策不断完善，医学科研机构发展壮大，医学科技管理水平显著提升，医学科技国际合作稳步发展，医药科技重大成果不断涌现，人民健康水平显著提升，为我国卫生健康事业的发展奠定了扎实的基础。

（一）基础医学研究力度加大

随着分子时代的到来，医学基础研究得到了蓬勃发展，取得了丰硕的成果，为探讨人类疾病的发生发展提供了新的思路和方法，极大地促进了临床诊断和治疗技术的发展。基础研究领域的众多成果如动物克隆、人类基因组计划、干细胞治疗、组织工程研究为未来医学发展勾勒出了美好蓝图，也为基础研究罩上了无坚不摧的绚丽光环。20 世纪 70 年代开始的造血干细胞研究及 80 年代开展的视觉研究和心脏内分泌研究都取得了显著进展。1982 年，在世界上首次人工合成转移核糖核酸。这些生物化学领域的研究成果居当时世界领先水平。20 世纪 90 年代以后，我国科学家采用基因重组、分子克隆、微量生化检测、计算机图像分析等技术方法，打开了解剖学发展的新局面。中国不仅加入了举世瞩目的人类基因组计划（HGP），而且提前完成了测序任务。

病理学工作于 20 世纪 20 年代从国外引进。近一个世纪以来，不断涌现的新技术新方法精细地反映了组织、细胞、分子多方面多层次的信息，使病理学诊断和研究有了更加科学、准确、可靠的形态学和分子生物学依据，提高了诊断的准确率，加深了我们对疾病病因、病理变化及疾病发生发展过程规律的认识，促进了病理学的飞速发展。20 世纪 80 年代，免疫组织化学技术开始在我国推广应用，由于免疫组化 – 非标记免疫酶法（PAP 法）、ABC 免疫酶染色法等敏感性高，不仅能检测到冷冻切片的组织抗原，而且能够应用于石蜡切片，使得免疫组织化学技术被广泛应用于病理学研究并显示出巨大潜力。20 世纪 90 年代，出现了许多新的更敏感的技术方法如链霉抗生物素蛋白 – 生物素法（LSAB 法），由于 LSAB 法比 PAP 法、ABC 免疫酶染色法等敏感性更高，因此 LSAB 法基本取代了 PAP 法和 ABC 免疫酶染色法，成为了主要的常用方法。20 世纪 80 年代后期和 90 年代初，随着分子生物学技术的突飞猛进，分子病理学应用分子生物学基本技术结合病理形态学的特点，将核酸原位分子杂交、聚合酶链反应（PCR）、核酸测序等应用于病理研究和诊断。

（二）临床医学加快创新发展

改革开放以来，临床治疗学的进步大大提高了患者的生存率。20 世纪 50 年代，实验诊断学发展迅速；70 年代以后，超声诊断仪、内镜及医用电子仪器更多地被应用到临床中，丰富了临床诊断的手段。20 世纪 70 年代前的 X 线片、胃肠道钡餐造影、泌尿系统碘剂造影及 70 年代后的 CT、MRI，80 年代后的多重聚合酶链反应（MPCR）、磁共振尿路水成像（MRU）、经内镜逆行胰胆管造影（ERCP）等检查技术，不仅可以准确诊断疾病，而且可以协助制订治疗方案。

在外科方面，有学者认为 20 世纪是传统普通外科发展的极盛时期。在短短的 50 年中，新的领域被开拓，"禁区"被打开，带来了医疗技术上的巨大成就，这种成就又伴随尖端科技的进步而发展。20 世纪 50 年代，吴孟超院士最先提出人工肝脏解剖五叶四段见解，60 年代首创常温下间歇肝门阻断切肝法，随后在肝脏外科领域取得多项重大成果（图 1-3-1、图 1-3-2）。

图 1-3-1 医药卫生界向吴孟超同志学习座谈会

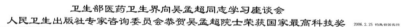

图 1-3-2 卫生部医药卫生界向吴孟超同志学习座谈会合影

20 世纪 80 年代初，我国建立了腔道泌尿外科，体外冲击波碎石技术和经尿道手术也逐渐发展并成熟。1985 年，研究人员借助 PUMA 560 工业机器人辅助定位，开展了神经外科活检手术，这是首次将机器人技术运用于医疗外科手术中，标志着医疗机器人发展的开端，之后经过几十年的快速发展，医疗机器人已在神经外科、腹部外科、胸外科、骨外科、颅面外科等手术中得到了广泛的应用。20 世纪 80 年代以后，我国口腔医学体系逐渐完备，在龋齿预防、义齿种植、颌面修复、错颌矫正、口腔材料等方面均已达到世界先进水平。妇产科方面，除原来的产科和妇科临床工作外，增添了计划生育、优生学、围生医学、防癌普查等多项内容。20 世纪 90 年代，以内镜和腹腔镜所构成的微创外科体系通过腹腔镜胆囊切除术的成功震撼了外科学界。现代外科的一个明显特点就是治疗手段的多样化和微创化。现代外科的微创化原则认为，在任何外科领域中的任何诊治措施都应该使用微创技术和贯彻微创理念，以此来有效减少患者生理和心理上的损伤。

与外科联系比较紧密的学科之一是重症医学。与西方国家相比，我国的重症医学起步较晚、发展较快。1982 年，在著名外科学家曾宪九教授的倡导和支持下，陈德昌教授在北京协和医院设立了第一张现代意义的重症监护病床。1984 年，北京协和医院正式建立加强医疗科。20 世纪 90 年代末期，我国重症医学学科建设步入了快速发展轨道。2003 年严重急性呼吸综合征（SARS）肆虐中国大地之际，重症医学为患者诊疗发挥了重要作用，该学科首次被国内普通大众广泛关注，其重要性获得了社会各界的认可。2005 年3 月，中华医学会重症医学分会于北京成立。

随着我国疾病谱的改变，肿瘤学的发展也成为临床医学值得重视的学科之一。新中国成立之初，人民群众最迫切需要的是最基本的生活和医疗保障。当时造成居民死亡前几位的疾病是感染性疾病或烈性传染病，对于肿瘤的认识才刚刚起步。这期间，在肝脏解剖学研究的基础上发展了肝门阻断下行肝切除术。随着 1969 年全国肿瘤防治研究办公室的成立，全国性肿瘤防治机构纷纷建立，初步构建起了我国肿瘤防治体系的基本框架。1971 年，应用甲胎蛋白对肝癌进行早期诊断，采用"量体裁衣"式的肝切除术，使肝癌外科治疗有了突破，并成为我国乃至亚洲的肝癌外科治疗模式。1985 年，中国抗癌协会成立。1986 年，全国肿瘤防治研究领导组和全国肿瘤防治研究办公室重组。次年，第一个全国肿瘤防治规划纲要出炉，并基本完成了肿瘤防治体系的建设。2003 年，《中国癌症预防与控制规划纲要（2004—2010）》正式颁布，其突出了公共卫生观念，强调癌症的早诊早治和提高癌症防治资源的利用效率。近年来，肿瘤的诊疗技术一方面朝着个体化治疗的方向发展，强调因人施治；另一方面，分子靶向治疗和生物学疗法的应用强调通过"特异性地杀伤"达到既杀伤癌细胞又保护正常细胞的目的。

（三）妇幼健康指标明显改善

新中国成立后，我国新生儿死亡率大幅下降。到 20 世纪 80 年代和 90 年代，我国大部分城市新生儿死亡率降至 15‰以下，农村新生儿死亡率维持在 15‰～ 46‰。1995 年，国务院颁布了我国第一部妇女发展纲要——《中国妇女发展纲要（1995—2000 年）》，提出要提高农村孕产妇住院分娩率，使孕产妇死亡率在 1990 年的基础上降低 50%。2000—2001 年，我国政府投资 2 亿元在 378 个国家级贫困县实施"降低孕产妇死亡率和消除新生儿破伤风"项目（以下简称"降消"项目）。2002—2005 年，中央财政和项目地区配套投入 4 亿元继续实施此项目，并扩展至全国 1 000 个县，覆盖 3 亿多人口。2002 年 10 月，我国明确提出各级政府要积极引导农民建立以大病统筹为主的新型农村合作医疗制度（以下简称"新农合"）。2008 年，部分城市开始了乳腺癌和宫颈癌的免费筛查，这是落实癌症早诊早治方针的具体体现，也是我国肿瘤防治事业的重大进步。2009 年，中央政府作出深化医药卫生体制改革的重要战略部署，确立新农合作为农村基本医疗保障制度的地位。除"降消"和"新农合"项目外，近几十年间，提供初级孕产妇保健服务、建立良好的转诊和急救系统、对孕产妇进行健康教育等措施的综合推进，使得我国孕产妇死亡率得到大幅下降，各项妇幼健康指标得以明显改善。

（四）药品研制与生物医学工程取得较大进步

1978 年 6 月 7 日，国务院批转了卫生部《关于建议成立国家医药管理总局的报告》，宣告医药行业开始进行自上而下的改革。随后，我国药品研制领域出现了蓬勃发展的局面，虽然仿制药占据主流，但是中国医药科技工作者依然在药品研发的道路上不断拼搏。1979 年，原中国医学科学院抗菌素研究所等三家单位发明了疗效好、毒性小的广谱抗肿瘤抗生素——平阳霉素。1981 年，中国科学院上海生物化学研究所等六家单位完成人工合成酵母丙氨酸转移核糖核酸；之后，又进行了五次重复合成实验，全部获得成功。这是世界上首次运用人工方法合成具有与天然分子相同化学结构和完整生物活性的核糖核酸。药品改革是 2009 年深化医药卫生体制改革的重要内容。2009 年 8 月 18 日，国家发展改革委、卫生部等 9 部委发布了《关于建立国家基本药物制度的实施意见》。国家将基本药物全部纳入基本医疗保障药品目录，报销比例明显高于非基本药物，降低个人自付比例，用经济手段引导广大群众首先使用基本药物。目前，国家基本药物制度基本建立，实现药品统一目录、统一生产、统一配送、统一定价、统一标识，统筹推进国家基本药物供应保障综合试点。

随着原国家医药管理局的组建，医疗器械产业开始走上生产技术质量集中统一管理的道路。1987年，《关于加速发展医疗器械工业的请示》和《关于发展医疗器械工业若干问题的通知》中提出：医疗器械产业的全社会统筹规划和协调发展，打破系统和部门界限，为医疗器械大发展创造了良好的政策环境。1989年12月，中国第一台磁共振成像系统正式在深圳安科高技术股份有限公司诞生。从20世纪90年代初开始，我国着手建立能与国外医疗器械产品主要生产国家相通的医疗器械产品市场准入和市场监督管理制度。1996年，全国医疗器械监督管理组织机构体系设置。1997年，国内首台CT机问世。2000年，国务院颁布《医疗器械监督管理条例》，初步建立了以上市前审批、对生产企业监管及上市后监督为核心的"三位一体"的监管体系。

（五）传染病防控稳步推进

改革开放后，我国传染病防控取得了较大成绩，脊髓灰质炎病毒的传播被成功阻断，白喉、鼠疫、病毒性肝炎、艾滋病、肺结核病、SARS、甲型H1N1流感等得到了较好的控制。

1978年，我国开始实行计划免疫。1994年，在原湖北省襄阳县发现最后一例患者后，至今没有发现由本土野病毒引起的脊髓灰质炎病例。2000年，世界卫生组织证实，本土脊髓灰质炎野病毒在中国的传播已被阻断，我国实现了无脊髓灰质炎的目标。

1993 年，我国成功研制出安全有效的国产无细胞百白破疫苗（DTaP），大大减轻了人体接种后的不良反应，人群接种率得到显著提高。2007 年至今，我国已经连续 13 年没有白喉病例出现。

1984 年，我国首次未发生人间鼠疫病例，是我国有鼠疫记载和新中国成立 35 周年以来的第一次。在鼠疫防控工作的稳步开展下，鼠疫上报例数每年不超过 10 例，疫情得到了稳定控制。

我国病毒性肝炎发病率在1956 年为 1.04/10 万，1965 年为 61.87/10 万，此后二十年发病率仍然呈波动上升趋势。1978 年，我国将病毒性肝炎纳入乙类传染病范围进行管理。1983 年，卫生部科委成立病毒性肝炎专题委员会，制定了《病毒性肝炎防治方案》，此后发病率从 1988 年的 132.5/10 万下降至 2000 年的 64.9/10 万。2008 年，传染病防治专项实施后，病毒性肝炎发病率逐渐下降。

艾滋病自 1985 年传入我国。1986 年，卫生部成立了"预防艾滋病工作小组"。1987 年，卫生部发布了《全国预防艾滋病规划》（1988—1991）。1989 年，全国人民代表大会常务委员会通过了《中华人民共和国传染病防治法》。1995 年，我国制定了第一部《HIV/AIDS 诊断标准及处理原则》。2002 年，我国实现了治疗艾滋病药物国产化。"四免一关怀"政策出台后，全面启动了艾滋病免费抗病毒治疗。2005 年，第一部《艾滋病诊疗指南》发布。虽然我国防控艾滋病力度在不断加大，但目前防控形势仍很严峻。2016 年和 2019 年全国艾滋病发病率分别为 6.40/10 万和 5.10/10 万，死亡率分别为 0.94/10 万和 1.50/10 万，艾滋病死亡人数约占法定传染病总死亡人数的 83%。

1978 年，我国召开了第一次全国结核病防治工作会议，制定了

《1978—1981 年结核病防治规划》。1981 年，卫生部成立全国结核病咨询组。1984 年，卫生部发布《全国结核病防治工作暂行条例》，并编写了《结核病防治工作手册》。这一系列措施使得我国结核病患病率从 1979 年的 717/10 万下降至 1990 年的 523/10 万。2003 年，肺结核发病率有所上升；2005 年达到 96.31/10 万。2004 年，肺结核由丙类传染病被调整为乙类传染病。自 2005 年之后肺结核发病率开始逐年下降。

2003 年，作为突发急性传染病的 SARS 的流行及防控引发了我国公共卫生领域里程碑式的变革。SARS 的发生和流行，暴露出我国在传染病治理体系中存在的问题。此次疫情过后，国家陆续颁布和修订了《突发公共卫生事件应急条例》《中华人民共和国传染病防治法》《国家突发公共事件总体应急预案》等一系列法律法规和规章制度，加速了我国应对突发性公共卫生事件的制度化进程。随后，在以卫生应急体系和核心能力建设为主体，以突发急性传染病防治、突发事件紧急医学建设为"两翼"的"一体两翼"发展思路指导下，我国成功抗击了禽流感等疫情。

2009 年，面对突如其来的全球甲型 H1N1 流感疫情，中国迅速建立并扩大了全国监测网络，最先研制出技术最优的甲流病毒检测试剂；组织、设计了全球规模最大的甲流疫苗临床试验，使中国成为全球第一个完成甲流疫苗研发并大规模使用的国家，向全球提出了免疫方案建议。

四、医学科技，助力健康之路建设

2016 年，党的十八届五中全会明确提出推进"健康中国"建设的重大决策部署。为增强科技对推进"健康中国"建设的引领和支撑能力，我国开始加快建设适应创新驱动发展战略要求、协同高效的国家医学科技创新体系，全面推进卫生与健康科技创新。

（一）人均期望寿命、新生儿死亡率、孕产妇死亡率等一系列指标越来越好

建党 100 年来，人均预期寿命大幅增加。从新中国成立前的 35 岁增长至 2019 年的 77.3 岁，增长了一倍多。我国人均预期寿命的世界排名从 1960 年的第 134 位上升至 2018 年的第 52 位。健康预期寿命是指一个人在完全健康状态下生存的平均年数。据 2018 年 5 月最新出版的《世界卫生统计》显示，2016 年中国婴儿出生时的健康预期寿命为 68.7 岁，居世界第 37 位，首次超越美国。

党的十八大以来，我国推行母婴安全五项制度，开展妇女儿童全生命周期医疗保健服务，加强出生缺陷综合防治，实施妇幼健康脱贫攻坚，一系列举措推动我国妇幼健康事业进入新时代。我国孕产妇死亡率大幅下降，从新中国成立前的 1 500/10 万降至 2019 年的 17.8/10 万。2015 年，我国孕产妇死亡率已经接近发达国家平均水平，世界排名从 1990 年的第 85 位上升至第 66 位。新生儿死亡率显著下降，从 1989 年的 29.5‰下降至 2019 年的 3.9‰，接近西方发达国家的普遍水平。婴儿死亡率也逐年快速下降，

《中国妇幼健康事业发展报告（2019）》显示，2019 年我国婴儿死亡率进一步下降至 5.6‰。2000 年 9 月，联合国总部将降低 5 岁以下儿童死亡率列为千年发展目标，要求 1990—2015 年全球 5 岁以下儿童死亡率降低 2/3。根据世界银行统计，我国 5 岁以下儿童死亡率从 20 世纪 60 年代的 117.2‰下降至 2019 年的 8.4‰，不仅如期达到了《中国儿童发展纲要（2001—2010 年）》目标，还于 2007 年提前 8 年实现了联合国千年发展目标。

（二）以人工智能为代表的新兴医学技术蓬勃发展

21 世纪，人类社会已经全面进入数字化时代，许多从事外科学、生物医学工程学、计算机科学的研究人员，陆续联合开展了数字化手术室、外科手术辅助决策系统等的研究和应用，有力地推动了数字医学的发展。2011 年，科技部首次将数字化工程技术开发列入"国家高技术研究发展计划"（863 计划）。其中，一项重要的研究内容就是要研制先进的数字化手术室系统、虚拟手术与导航系统、远程手术系统等功能性临床信息系统，并开展示范应用，有力地促进了数字化技术与外科发展的进一步融合。

越来越多的研究机构尝试将工智能技术与病理诊断结合，进而开创了病理人工智能这一新的研究领域。病理人工智能的目的是采用人工智能技术辅助甚至代替病理医生进行病理诊断，从而解决病理医生不足和部分地区诊断水平较低的问题。我国在 2017 年出台了《人工智能辅助诊断技术管理规范》，但当时病理人工智能相关的诊断技术还不成熟，需要不断完善。未来在大数据和云计算技术的支持下，病理人工智能将迎来快速发展期。目前，病理人工智能已在多种肿瘤检测中有了较为广泛的应用，其中乳腺癌和肺癌的人工智能检测最为典型。

（三）药品器械领域不断取得重大突破

近年来，我国药品领域大力推动机制创新，采取一系列改革措施，如专利药品价格谈判、"4+7"集中招标采购、进口抗癌药"零关税"、规范辅助用药等。目前，药品供应保障体系已基本建立，公众用药基本需求得到了满足。2011 年，我国自主研发的首个小分子靶向抗癌药埃克替尼上市；2014年，全球唯一可用于胃癌三线治疗的靶向药物阿帕替尼问世；2016 年，我国授权美国等发达国家专利使用的抗癌原创新药西达本胺获批上市，同年，全球首个能有效降低手足口病发病率和病死率的疫苗——EV71 型灭活疫苗问世。2017 年 10 月，我国正式启动医药审评审批制度的深化改革。临床审评是新药上市的重要一环，审评效率的提升将大大缩短我国新药从研发到上市的时间，改善创新药的生命周期。同年，实行药品零加成，切实解决看病贵难题。2018 年是"重大新药创制"科技重大专项厚积薄发、集中收获的一年，8 个国产一类新药上市，为满足临床用药需求、降低医药费用、促进公众健康提供了保障。目前，我国可以生产全球 2 000 多种化学原料药中的 1 600多种，化学制剂 4 500 多种，疫苗年产量超过 10 亿个剂量单位，是世界第二大医药消费市场。

我国医疗器械的监管体系也在不断完善。2000 年后，越来越多的医疗器械实现了国产化，如全自动生化分析仪、药物支架、健康风险评估设备、完全可降解心脏支架、外骨骼机器人等。2014 年，新版《医疗器械监督管理条例》修订发布，此后，《医疗器械生产监督管理办法》《医疗器械临床试验质量管理规范》《医疗器械不良事件监测和再评价管理办法》等一系列配套文件密集出台或修订。随着各类新技术的出现，医疗器械与其他学科的融合发展也出现了新趋势。目前，以人工智能、大数据、3D 打印等为代表的新技术已与临床需求进行了深度融合发展，创新产品不断 涌现。

（四）新发突发传染病应对能力达到国际先进水平

2013 年，H7N9 禽流感疫情来袭，中国科学家在发现 H7N9 病原体后，2 天内就成功研发了检测试剂，3 天内推广至我国 31 个省（自治区、直辖市），5 天内推广至周边各国，7 天内由世界卫生组织向全球推广。这是中国新发突发传染病防控史上首次自主创建的"中国模式"技术体系，被世界卫生组织誉为"全球典范"。

2014 年，面对西非埃博拉出血热疫情，我国成功组织实施了新中国成立以来规模最大、持续时间最长的医疗卫生援外行动，夺取了国内疫情"严防控、零输入"和援非抗疫"打胜仗、零感染"的双重胜利，赢得受援国政府和人民及国际社会的广泛赞誉。至此，经过十余年的发展，中国已经建立了具有中国特色的卫生应急体系，新发突发传染病应对能力已达到国际领先水平。

2020 年，面对近百年来我国发生的传播速度最快、感染范围最广、防控难度最大的新型冠状病毒肺炎疫情的挑战，中国共产党和中国政府始终坚持把人民生命安全和身体健康放在第一位，以对人民负责、对生命负责的鲜明态度，宁可付出经济下滑甚至"停摆"的代价，也要全力保障人民的生命安全和身体健康。我国把提高治愈率、降低病亡率作为首要任务，快速充实医疗救治力量，把优质资源集中到救治一线。调集全国最优秀的医生、最先进的设备、最急需的资源，全力以赴投入医疗救治，救治费用全部由国家承担，最大程度地提高了检测率、治愈率，最大程度地降低了感染率、病死率。

面对人类未知的新型冠状病毒，我国坚持以科学为先导，充分运用近年来科技创新成果，组织协调全国优势科研力量，根据疫情发展不同阶段确定科研攻关重点，坚持科研、临床、防控一线相互协同和产学研各方紧密配合，为疫情防控提供了有力科技支撑。聚焦临床救治和药物、疫苗研发、检测技术和产品、病毒病原学和流行病学、动物模型，构建五大主攻方向，组织全国优势力量开展疫情防控科技攻关，加速推进科技研发和应用，部署启动 83 个应急攻关项目。我国科学家在不到一周时间就确定了新型冠状病毒的全基因组序列并分离得到病毒毒株，第一时间研发出核酸检测试剂盒，推出一批灵敏度高、操作便捷的检测设备和试剂，迅速筛选了一批有效药物和治疗方案，获得 4 项临床批件，形成 5 项指导意见或专家共识，多条技术路线的疫苗研发进入临床试验阶段。截至 2021 年 5 月 20 日，国家药品监督管理局已附条件批准 3 款新型冠状病毒灭活疫苗和 1 款腺病毒载体新型冠状病毒疫苗。同时，有 1 款新型冠状病毒重组亚单位蛋白疫苗获批紧急使用。在我国新型冠状病毒肺炎疫情防控过程中，坚持中西医结合、中西药并用，发挥中医药的优势，全程参与疫情防控。同时，充分利用大数据、人工智能等新技术，进行疫情趋势研判，开展流行病学调查。

团结合作是战胜疫情的最有力武器。我国始终同国际社会开展交流合作，加强高层沟通，分享疫情信息，开展科研合作。在我国疫情防控形势最艰难的时候，国际社会给予了我国宝贵的支持和帮助。当国际疫情蔓延时，我国向有关国家和国际组织提供力所能及的帮助，共享我科技抗疫的经验，支援资金、物资及专家，支持有关国家和国际组织抗疫防疫的实际行动，为全球抗疫贡献中国智慧、中国力量。

参考文献

[1] 张晓丽.20 世纪 30 年代苏区卫生防疫运动述论 [J]. 安徽史学 ,2004(4):102-104.

[2] 冯学山 , 顾杏元 . 中国婴儿死亡率分析 [J]. 中国卫生统计 ,1991,8(1):36-38+25.

[3] 中国妇幼健康事业发展报告 (2019)(一)[J]. 中国妇幼卫生杂志 ,2019,10(5):1-8.

[4] 秦耕 . 壮丽 70 年　奋斗新时代　中国妇幼健康事业成就辉煌 [J]. 中国妇幼保健 , 2019,34(17):3873-3874.

[5] 顾方舟教授寿辰庆祝文编写组 . 使命与奉献——记"中国脊髓灰质炎疫苗之父"顾 方舟教授 [J]. 生物工程学报 ,2012,28(3):376-382.

[6] 第三十三届世界卫生大会宣布在全世界已消灭天花 [J]. 中国农村医学 ,1981,9(1):48.

[7] 甄橙 . 浓缩医学的记忆 (二)——新中国医学发展足迹 [J]. 中华医学信息导报 , 2009,24(20):22.

[8] 张月娥 , 顾绥岳 . 免疫病理研究方法的进展与应用 [J]. 中华病理学杂志 ,1983(1):1-4.

[9] 梁英杰 , 凌启波 . 一种快速高敏感的免疫组织化学染色法—LSAB 法 [J]. 中华病理学 杂志 , 1993,22(6):369.

[10] KWOH Y S,HOU J,JONCKHEERE E A,et al.A robot with improved absolute positioning accuracy for CT guided stereotactic brain surgery[J].IEEE Trans Biomed Eng,1988,35(2):153-160.

[11] 甄橙 . 浓缩医学的记忆 (二)——新中国医学发展足迹 [J]. 中华医学信息导报 , 2009,24(20):22.

[12] 王雪莲 , 陈超 . 中国新生儿死亡原因变迁 [J]. 中华围产医学杂志 ,2014(6):425-427.

[13] 王燕华 , 董雪娟 . 回首辉煌 肩负重任 展望肿瘤防治未来——访中华医学会肿瘤学分 会候任主任委员顾晋 [J]. 中华医学信息导报 ,2009(17):13.

[14] 刘霞 . 全国消灭脊髓灰质炎工作总结表彰大会在北京召开 [J]. 中国计划免疫 , 2001(6):60.

[15]《中国卫生年鉴》编委会 . 中国卫生年鉴 2003[M]. 北京 : 人民卫生出版社 , 2003.

[16]《中国卫生年鉴》编委会 . 中国卫生年鉴 1983[M]. 北京 : 人民卫生出版社 , 1983.

[17] 仇赛云 , 李智 , 杨蕊 , 等 . 全球和中国 5 岁以下儿童死亡变化趋势及死因变化 [J].

卫生软科学，2019,33(5):92-97.

[18] 高云姝，周洁，潘军，等. 人工智能技术在肺部肿瘤中的研究现状和应用前景 [J]. 第二军医大学学报 ,2018,39(8):834-839.

[19] 徐琰，胡保全. 浅谈人工智能在乳腺癌领域的应用进展 [J]. 中华乳腺病杂志：电子版 ,2017,11(5):257-261.

第二篇
百年回望，科技护航健康

一、基础医学　解密生命

刘德培院士谈基础医学
科技发展

科技进步与医学发展相互依存，相得益彰。DNA 双螺旋结构的发现和遗传学中心法则的建立，使人类能够从分子水平阐明人体结构功能与疾病的关系。人类健康和生命奥秘探索的需求，催生了人类基因组计划。人类基因组计划的完成，使我们从分子水平上认识生命的深度和广度发生巨变，将为促进人类健康产生深远的影响，其意义是不可估量的。

新中国成立以来，我们于积贫积弱中艰苦创业，锐意进取、砥砺前行，古老而又年轻的中国为世界贡献了一个又一个发展奇迹。在这些奇迹中，活跃着中国卫生健康人的身影，闪耀着中国医务工作者的精神，镌刻着健康中国建设的动人篇章。

新中国成立之初，卫生基础薄弱，主要以急、慢性传染病为主，包括病毒性肝炎、疟疾、血吸虫感染等疾病，在党中央的正确决策和坚强领导下，举全国之力实施疾病预防、初级卫生保健和爱国卫生运动。经过短短三十年的卫生健康体系建设，将国人的平均预期寿命、孕产妇死亡率、新生儿死亡率等核心指标大大改善，目前这些指标已经处于发展中国家的前列。这其中，基础医学研究在国人的健康提升中发挥了重要作用。改革开放后，随着经济的不断发展，国人的饮食结构和生活方式发生较大变化，疾病谱也从创伤性疾病、传统传染病向突发新发传染病和慢性非传染性疾病转变，后者主要包括心脑血管病、恶性肿瘤、慢性呼吸系统疾病、代谢性疾病等。这些疾病诱导因素复杂，致病原因不明，基础医学研究对其预防和诊疗具有极大的指导应用价值。随着科技的发展和对健康认识的不断深入，研究从最初的病因学和经验总结逐步向系统流行病学、分子生物学、免疫学、表观遗传学等方向深入，并逐步实现多学科交叉渗透。一代代医学科技工作者以国人的健康为宗旨，从临床疾病诊疗出发，以防治结合、预防为主为导向，做出了一系列杰出工作。经过多年的实践积累和理论探索，中国基础医学研究为疾病防治、健康促进、政府决策做出重要贡献；同时在国际上发出中国声音，提供中国方案，贡献中国智慧，产生中国影响。

本篇章通过梳理卫生健康中国百年历史画卷，展示中国科技之路中健康中国之路的重大科技成就、重要科技事件、杰出科技人物，体现中国特色社会主义的道路自信、理论自信、制度自信和文化自信，彰显科技为民的初心使命和责任担当。

（一）为手术患者的心脑安全保驾护航

自古以来"心脑"乃"生命所系"，精魂所附，不仅为生命泵注了源源不断的红色血流，也为人类创造了辉煌的文明、灿烂的文化。但人类健康的第一杀手——心脑血管疾病，却一直威胁着生命的核心、人类的健康。心脑血管疾病死亡及相关经济损失已经引起各国政府和卫生界的高度重视。据统计，中国每死亡 10 人中就有 4 人死于心脑血管疾病，且心脑血管疾病的发生率还在逐年增高，高危人群已达 2.7 亿，患病人数现已位居慢性病之首，严重影响着人民的生命健康。

心脑血管疾病患者不仅面临心肌梗死、卒中的发病风险，同时在需要外科手术治疗时，也有着更高的手术后心脑血管并发症发病风险。据统计我国每年约有 1 000 万合并心脑血管疾病的患者需要接受手术治疗，这些患者一旦在围手术期再发生心脑损伤,如心肌梗死、脑梗死,犹如雪上加霜,死亡率将会成倍增加,是影响患者预后乃至生命的关键问题。一种能显著降低心脑血管疾病患者在围手术期发生心脑损伤风险、减轻损伤的方法,成为摆在医学科学研究者面前的一道世界难题。

1. 一个极具中国特色的设想

面对这一科学难题,全世界的科学家和临床医生都在艰难摸索:中国人群有着不同于西方世界的疾病特点,有没有适合国人的特殊的围手术期器官保护方法呢?多年之后,当熊利泽课题组回忆开展研究的初衷时,认为这个想法是此次获得国家科学技术进步奖一等奖的源头。

1998 年,为了建立适合我国人群的围手术期器官保护方法,时任第四军医大学西京医院麻醉科主任的熊利泽教授决定到日本学习(图 2-1-1)。一年后,他满载而归,确定了心脑保护的研究思路。熊利泽带领团队白天做临床麻醉之余,充分利用休息时间做研究。科研条件差、经费有

图 2-1-1 熊利泽在日本山口大学留学

限，团队面临诸多困难，他们从一次次失败中吸取经验和教训，不断摸索，刻苦攻关，在解决了一系列困难后，成功建立了国际公认的心脑缺血动物模型。

在日本的科学研究实践和与国际间同行的深入交流让熊利泽意识到，最初设想的通过一种药物来减轻心脑缺血损伤的想法并不成熟。一方面因为大部分药物由西方发达国家研发，在他们较早开始的围手术期器官保护的研究尝试中，这些药物都没能获得好的疗效。另一方面，新的药物研发需要从靶点筛选、化合物合成、药学验证、临床试验多个阶段去实现，研究资金缺口很大，而20世纪90年代的中国经济还不是很发达，难以实现。熊利泽敏感地意识到，要想超越，唯一的途径就是要有中国自己的特色。中医理论和实践给了熊利泽灵感，他提出了采用电针预处理的想法。这是个大胆的设想，想要成功，困难很大。团队中的医生都是学西医的，要运用电针做预处理，首先要拜中医医生为师，学习在动物身上寻找所需的穴位，还要解决中医和西医在医学理念和机制方面有冲突的问题。经过大量的实验和研究后，团队发现电针预处理具有良好的脑保护作用。此外，他们的团队还相继在国际上首先发现高压氧、氟醚类麻醉药预处理也能够显著减轻心脑缺血损伤，研究成果不断在国内外权威刊物上发表。

这些方法虽然被证实在动物中能够提供明确的心脑保护效应，但临床效果尚不知晓。针对极易发生心脑损伤的高危手术患者，熊利泽团队把电针预处理、高压氧预处理应用在冠脉搭桥手术和心脏瓣膜置换手术等危重手术患者中。通过手术前的预处理措施可以激活内源性保护机制，提高患者机体的抵抗力以减轻损伤，显著降低了手术后心脑相关并发症的发生率，取得了巨大成功。

此外，熊利泽团队还在国际上首次提出了心脑血管胰岛素抵抗的判定标准，发现在应激性胰岛素抵抗的高危手术患者中，围手术期应用胰岛素强化治疗非常必要，由此提出了极化液中"葡萄糖－胰岛素优化配比方案"。同时，首次提出了缺血后处理的概念，不仅早于国际同行 3 年，还为来不及进行预处理的高危手术患者的围手术期心脑保护提供了可能。

2. 推广技术，造福患者

三种预处理方法在西京医院被成功运用并验证有效后，熊利泽和团队为了能造福更多的患者，为更多的患者减轻病痛，主动开办学习班，演示和讲解电针和高压氧预处理技术，联系其他医院联合开展研究，以期把这项技术推广到全国，甚至全世界（图 2-1-2）。此外，熊利泽和团队成员对一些无法预测是否会发生心脑损伤的患者开展研究，在国际上首次发现脂联素可作为筛选高危患者和判定其预后的内源性预警分子，血浆过氧化氢酶（CAT）和超氧化物歧化酶（SOD）的活性可准确反映内源性保护机制激活状态，可准确判断预处理的疗效。通过大规模流行病学调查发现健康人血浆中脂联素含量丰富，而心脑损伤高危患者血浆脂联素水平明显降低，且其下降先于心脑损伤的发生，据此确定了反映高危患者缺血损伤风险的血浆脂联素的标准值；证实 CAT 和 SOD 活性与心脑缺血损害指标（S-100β、NSE、cTnI 等）呈负相关，确定了 CAT 和 SOD 可作为监测非缺血预处理是否诱导出有效心脑保护效应的特异血清标志物。该系统被成功应用于 2 056 例高危手术患者，筛选并造福了需进行围手术期心脑保护的目标人群。

图 2-1-2　熊利泽在创建的心脑保护研究实验室指导学生

　　之后，他们率先将这些发现，如非缺血预处理、胰岛素强化治疗和缺血后处理措施，联合应用于高危患者围手术期心脑保护。在低温、激素治疗等经典心脑保护措施的基础上，创建了以"预处理 - 胰岛素强化 - 腺苷后处理"为核心的围手术期心脑保护序贯新策略，应用于心、脑手术患者 3 万余例，使术后心、脑手术患者相关并发症发生率由16.27%降至5.14%，死亡率由4.96%降至1.74%。系列的工作推广后，该方法得到了国内外同行的广泛认可，法国国立研究院主动联系与西京医院麻醉科开展合作研究。该方法在申报国家奖的时候已经在国内 51 所三级甲等医院应用于高危手术患者 5.3 万余例，取得了显著的临床疗效（图 2-1-3）。比利时鲁汶大学以熊利泽团队的研究结果作为"ICU 患儿胰岛素治疗效果

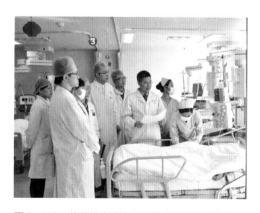

图 2-1-3　将保护方法应用于临床高危手术患者

的观察"治疗方案的依据；英国 Castle Hill 医院将高压氧预处理应用于 145 例冠状动脉移植手术患者，显著改善了患者术后的心脑功能，降低了并发症的发生率；澳大利亚华柏恩视觉研究中心将该团队的研究成果用于评估 147 例糖尿病患者，结果显示 AGE 修饰蛋白可以作为诊断糖尿病的生物标志物。研究结果发表在 *The Lancet*、*The Journal of Thoracic and Cardiovascular Surgery* 等国际权威期刊，为中国研究者的发现扩大了国际影响力。

3. 创新理论引领科技潮流

临床应用证实熊利泽及其团队的发现有效而科学，但是，这些现象背后隐藏的机制就如一座宝藏，如果打开它，人们就有可能找到有效的治疗药物和新技术。为此，熊利泽团队还开展了深入的机制研究，为心脑保护提供了新的理论。

经过 23 年的努力，熊利泽团队发现了与心脑损伤和保护相关的众多新机制。他们系统研究了 Trx、NOS、PKC、Notch、NDRG2 等 108 个信号分子及相关信号转导通路在内源性心脑保护中的作用，找到了 PI3K-Akt-cNOS 这条维持心脑细胞生存的通路。

另外，结合临床研究，他们在国际上首次发现，胰岛素除调节代谢外，还可直接通过激活"生存信号"通路发挥细胞保护作用，据此率先提出 GIK 心脑保护的"胰岛素学说"，修正了传统的"极化学说"和"葡萄糖学说"，制订的胰岛素强化治疗新方案被广泛应用。在发现非缺血预处理方法可以减轻心脑损伤的基础上，发现它们发挥效应的共同机制是可通过激活内源性"生存信号"、抑制氧化 / 硝化细胞凋亡通路发挥保护作用，为围手术期心脑保护新的药物筛选找到了重要的分子靶点。这些重要的创新理论发现，引领着团队后续新药的研发与攻坚，在获得国家科学技术进步奖一等奖后，他们研发的新型药物已经成功实现转化，成为了心脑血管疾病有力的"克星"。

"心脑保护的关键分子机制及围手术期心脑保护新策略"的研究项目能获得 2011 年度国家科学技术进步奖一等奖，很重要的一点是"新"。熊利泽教授团队在 57 项国家级课题的支持下，从研究心脑缺血发生的分子机制入手，逐步推进从基础医学到临床医学的系统研究，以阐明内源性心脑保护机制和创建围手术期心脑保护策略为目标，取得了多项国际新发现，获得 5 项国家发明专利，发表论文 309 篇（其中 SCI 论文 179 篇），5.3 万余例高危手术患者在临床受益，这也奠定了西京医院麻醉科关于围手术期器官保护的国内和国际领先水平的地位。

雄关漫道真如铁，而今迈步从"头"越，这正是心脑保护之路最恰如其分的写照。在研究人体最为重要脏器防护的征途中，中国的医学科学家们已经取得了一些成绩，但是尚未解决的难题依然很多，犹如座座雄关阻挡了团队发展之路。为攻克难题，必须在创新发现的基础上，另辟蹊径，从"头"开始，争取早日实现心脑保护研究的更大跨越！

（二）25 年磨一剑，揭示肿瘤微血管特质

癌症，一个令人谈之色变的词汇；肿瘤，一个让人心惊胆战的名字。癌症即恶性肿瘤。2019 年《中国恶性肿瘤流行情况分析报告》显示，恶性肿瘤居于城市居民疾病死亡率之首，已成为严重威胁中国人群健康的主要公共卫生问题之一。由于环境污染、不良生活方式等原因，恶性肿瘤发病率在全球呈现逐年增长的趋势。近十多年来，我国恶性肿瘤发病率每年保持约 3.9%

的增幅，死亡率每年保持约 2.5% 的增幅。

恶性肿瘤之所以危害严重，根源在于其失控性生长和全身广泛的侵袭转移，其生长和侵袭转移依赖肿瘤中的新生血管。肿瘤血管无疑是肿瘤肆意生长和转移的"帮凶"。但长期以来，启动血管新生的细胞是什么，潜伏在哪里，一直是全世界的未解之谜。肿瘤血管生成的调控机制未被阐明，严重制约了抗血管生成治疗技术的研发与应用。

2012 年，由中国科学院院士、陆军军医大学病理学研究所教授卞修武主持，香港大学、北京大学、南京医科大学等 9 个单位共 15 名成员参与的"肿瘤血管生成机制及其在抗血管生成治疗中的应用"研究成果，获得国家科学技术进步奖一等奖（图 2-1-4）。这是卞修武和其团队奋斗多年、不断攻克，在"血管生成与肿瘤干细胞"方面取得的突破性研究成果。

图 2-1-4　项目团队成员合影

卞修武长期从事临床病理诊断和研究工作，是我国病理学专业的学科带头人。自 1987 年开始，他历时 25 年磨一剑，在全世界率先提出"肿瘤微血管构筑表型"，并主持完成肿瘤干细胞领域我国首个"973""863"等重大项目研究，证明肿瘤干细胞是肿瘤发生、侵袭、转移及复发的"种子"细胞，并阐明其内在机制，率先揭示了肿瘤"种子"与免疫微环境"土壤"之间的相互作用，为清除循环肿瘤干细胞、监测微环境免疫状态，从而指导个体化免疫治疗提供了新思路和新策略。

肿瘤细胞的生长和转移，离不开血管为其输送养分。1991年，刚成为博士研究生的卞修武看到了一篇1971年发表的论文。美国哈佛大学医学院弗克曼教授提出，要减少肿瘤血管生成，阻断这些"补给线"，"饿死"肿瘤细胞（抗血管生成治疗）的设想。

弗克曼教授是公认的世界抗肿瘤血管生成研究第一人，但卞修武经过翻阅文献和观察病理切片，提出大胆质疑：弗克曼的理论可能不完整！

1995年，卞修武博士毕业，他把肿瘤分化和血管生成确定为自己的研究方向。这个方向使他成为世界上研究肿瘤血管构筑异质性的第一人（图2-1-5）。与弗克曼等学者更多关注肿瘤细胞里为什么会有那么多血管长入、如何抑制其生长不同，卞修武把目光聚焦于与肿瘤细胞交织在一起的形态各异的新生血管，关注为什么肿瘤里长的血管不一样，这种变化对于诊断和临床治疗策略的调整有何价值。

图2-1-5 卞修武在进行科学研究

以肿瘤血管分布最为丰富和复杂的脑胶质瘤作为研究重点，卞修武围绕肿瘤血管生成异质性及其诊治意义这一关键科学问题，深入研究肿瘤血管的生成机制及其应用，为抗肿瘤血管生成治疗提供新策略和新方法。

卞修武认为，在肿瘤组织中，肿瘤组织恶性程度和表达血管生成因子量不同，其间质中新生微血管在密度、形态、结构组成及其随肿瘤演进过程在瘤组织内的三维分布表现出一定程度的差异性，且随着肿瘤的演进，瘤细胞异质性增加，以上的差异性会随之呈现多样性和差异性，即"肿瘤微血管构筑表型异质性"。

然而，当时缺乏可靠的、可以用来进一步研究"肿瘤微血管构筑表型异质性"相关机制的体内外模型。在提出这个理论后，卞修武找过多个专业、多个层面的人士，给大家讲他的推论，听取建议和质疑。不少人认为，这个理念非常新，但对具体内容和涵义、到底有没有临床意义、是否有研究的必要等，提出了质疑。在大家的质疑声中，卞修武带领团队一步步开展工作，完善相关理论和机制。

当时的实验条件不好，卞修武仅带着几名学生进行实验。没有专门的科研人员，人手少，成员们就"5+2""白加黑"地工作，起早贪黑地看切片、做实验（图 2-1-6）。设备不齐全，需要进行流式细胞术、透射电镜观察等大型实验的时候，大家只好去别的科室或用学校和医院的中心实验室。科研之路异常艰辛，在大多数时候，实验并不能

图 2-1-6 卞修武和团队成员在讨论课题

取得理想的数据，只能在一次一次的挫败中摸索。很多个清晨，团队成员到办公室，看见卞修武盖着军大衣，靠在沙发上眯着眼，就知道他又通宵工作了。后来，有"拼命三郎"之称的他干脆把"家"搬进了办公室，用水泥墙在办公室隔出一个长方形，这就变成了他的卧室，之后他只是偶尔回家拿点东西。

卞修武常常熬夜，深更半夜和国外的同行沟通、安排团队下一步的工作等。有两次他熬了通宵后，突发面瘫，患病侧眼睛不能活动，他就"创造性"地用胶布把上下眼睑贴住，继续工作。

显微镜下无数个日夜，卞修武领衔的科研团队对 5 万多例肿瘤标本病理切片进行逐一分析，对多种类型的肿瘤微血管形态、结构及免疫表型特征进行了病理学研究，总结提炼出肿瘤微血管的 8 种不同类型，发现它们与肿瘤分类、分化及恶性程度密切相关。

2004 年，该团队在世界上首先提出了"肿瘤微血管构筑表型异质性"概念，认为不同肿瘤之间，新生血管存在差异性，不能用同一种药物去抑制肿瘤的血管生成。这个研究吸引了世界医学界的目光，把肿瘤血管生成和抑制血管生成研究带进了一个全新的阶段。

在搞清相关理论方向后，该团队还率先发现了甲酰化肽受体 FPR 等分子调控血管内皮生长因子（VEGF）的作用及分子信号通路，阐明了 VEGF 的上游调控机制，为抗肿瘤血管生成的治疗提供了新的分子靶点，使治疗更加精准。这就如带兵打仗，东打一枪西打一枪，虽然能消灭一些敌军，但是无法获得战略性的全胜。如果能够摸清敌军行军打仗的规律，做到"知己知彼"，就可一击致命。

随后，该团队又用了 8 年时间，找到了肿瘤血管新生和微血管构筑表型异质性产生的始动细胞——肿瘤干细胞，它们是肿瘤发生、侵袭、转移及复发的"种子"细胞，具有极强的促进血管生成的能力，可以重建肿瘤。因此，它是肿瘤细胞的"老祖宗"，就像蜂群中的蜂王。干掉一个蜂王，就会影响整个蜂窝、蜂群，干掉肿瘤干细胞，就会影响整个肿瘤的治疗。

2007年，卞修武团队从人脑少突－星形细胞瘤中成功鉴定了仅占肿瘤细胞总量约1%的肿瘤干细胞；2009年，以卞修武为首席科学家的国家"973"计划中首个肿瘤干细胞项目在西南医院启动。

基于大量的实验数据，卞修武团队首次提出并证明肿瘤干细胞触发和参与血管新生的"三通路"假说，即肿瘤干细胞（"种子"）与新生微血管（"土壤"）是近邻，它可以有三种方式去"干坏事"：产生更大量的血管生成因子，"引诱"血管延伸，向自己靠拢（旁分泌）；肿瘤干细胞还具有直接变成血管内皮细胞的潜能，直接参与血管生成（转分化）；肿瘤干细胞还可以通过构建肿瘤细胞间通道，形成无内皮的"模拟血管"（血管拟态）。

这一发现提示，可以针对肿瘤干细胞这个"老祖宗"进行更早期的阻断血管新生，从而更好地实现肿瘤的早诊、早治。除了抑制血管生成，还要诱导肿瘤干细胞变成普通癌细胞，同时让面目各异的肿瘤血管逐渐"归顺"，使原来对肿瘤干细胞、非正常形态血管"束手无策"的放疗、化疗和抗血管生成药物重新有了用武之地。

上述理论与技术体系找清了肿瘤恶化和复发的路径，拓展了相关肿瘤病理学研究和诊断思路，解释了既往抗血管生成药物疗效不佳的原因。其成果被应用于12 100例肿瘤患者的治疗中，为肿瘤抗血管生成个体化治疗奠定了重要基础，有效指导了临床预后判断和疗效评估。

多位国际知名学者曾对此项研究进行评述。国际权威杂志 *Neurosurgery*

主编撰文称赞："这是一项完美的研究，基于本治疗策略将使患者受益。"研究团队发表特邀综述和述评 6 篇，在欧洲病理学会、英国脑肿瘤学会学术年会上作大会报告，编入 6 部本科生和研究生教材及 *Glioma* 等国内外出版的专著。

上述结果共发表论文 266 篇，其中 SCI 收录期刊论文 138 篇。如今，卞修武主持的肿瘤干细胞领域我国首个"973""863"等重大项目研究已经完成，卞修武和他的团队仍在继续研制抗肿瘤血管的药物。基于"肿瘤微血管构筑表型"的相关研究成果不仅丰富了人们对肿瘤发生、发展机制的深入认识，而且为肿瘤分子病理学诊断、新药研发及靶向与个性化治疗提供了新的理论依据和技术支撑，从而推动了肿瘤血管生成研究技术的进步，有力地促进了我国肿瘤病理学的发展，显著提升了我国在本领域的学术影响和国际竞争力。

（三）"小创面"做出了"大学问"

体表慢性难愈合创面，俗称溃疡，主要指由各种原因引起，发生在体表皮肤的各种难愈合的创面，如糖尿病足、压疮、放射性创面等。由于这些创面具有致伤因素多、发生机制复杂、治疗难度大、医疗费用高等特点，是一大类严重危害人民身心健康的慢性疾病，是国际上疾病防控的重点与难点。

但是在 20 世纪 90 年代以前，由于这些创面在临床上司空见惯，部分暂不危及生命，许多人认为这只是个小问题，所以不太引起人们的重视。中国人民解放军总医院付小兵团队基于以前创伤研究的基础，基于老百姓面临的痛苦和国家的重大需求，决心以"小创面"做出"大学问"，在创面防控领域做出既有科学发现，又有实际应用，真正服务于患者的成绩。

1. 流行病学调查“盘家底”，明晰中国人创面防控重点

20 世纪 90 年代，随着中国工农业生产的快速发展和人民生活水平的逐步改善，付小兵团队认识到这些变化可能会影响到体表创面的流行病学改变。基于此，该团队提出了每十年系统开展一次创面流行病学研究的计划，以明确中国人体表难愈合创面防控的重点。1998 年第一次创面流行病学调查结果显示，在 20 世纪 90 年代，中国人体表难愈合创面发生的主要病因是创伤、烧伤及感染，占 67.5%，而由糖尿病导致的糖尿病足创面仅占 4.9%。因此，在这个时候，创面病因防控的重点是创伤、烧伤等。2008 年，第二次中国创面流行病学调查结果显示，由创伤、烧伤、感染等导致的创面占比下降至 22.8%（1998 年高达 67.5%），而由糖尿病导致的糖尿病足创面占比则上升至 33.3% 以上（1998 年仅仅为 4.9%），并且患者有中年和老年两个发病高峰。2018 年完成的第三次创面流行病学调查研究，其变化规律与 2008 年类似。这一系列研究提示，由于中国人口老龄化和糖尿病发生率迅速增加，中国创面主要病因已出现由“创伤型”转变为“疾病型”的新特征，糖尿病足创面防控已成为中国人体表难愈合创面防控的主要任务。为此，根据团队的研究，中国工程院于 2013 年通过文件形式报告国家卫生和计划生育委员会，提示应当高度重视院士建议并开展有关创面防控政策和防控体系建设等工作（图 2-1-7）。

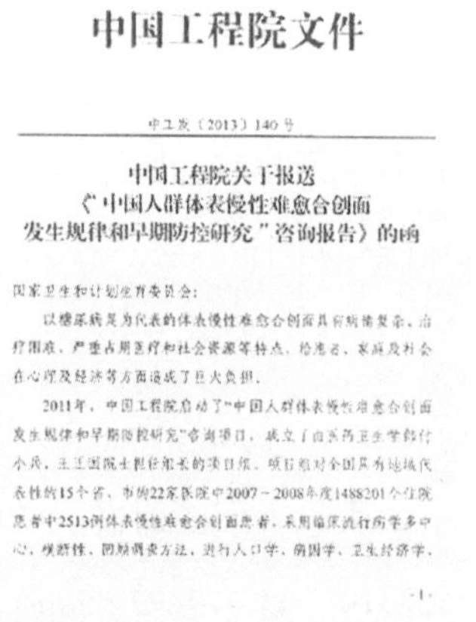
中国工程院文件

中工发〔2013〕140 号

中国工程院关于报送
《“中国人群体表慢性难愈合创面
发生规律和早期防控研究”咨询报告》的函

国家卫生和计划生育委员会：

以糖尿病足为代表的体表慢性难愈合创面具有病情复杂、治疗困难、严重占用医疗和社会资源等特点，给患者、家庭及社会在心理及经济等方面造成了巨大负担。

2011年，中国工程院启动了“中国人群体表慢性难愈合创面发生规律和早期防控研究”咨询项目，成立了由医药卫生学部付小兵、王正国院士担任组长的项目组。项目组对全国具有地域代表性的15个省、市的22家医院中2007－2008年度1488201个住院患者中2513例体表慢性难愈合创面患者，采用临床流行病学多中心、横断性、回顾调查方法，进行人口学、病因学、卫生经济学、

·1·

图 2-1-7 中国工程院提交国家卫生和计划生育委员会有关重视体表难愈合创面防控的公函

2. 阐明创面难愈机制和开展专科治疗显著提高创面治愈率

创面为什么不愈合或难愈一直是困扰科学家和临床医生的难题。该团队系统研究了以糖尿病足、放射性难愈合创面等创面难愈机制，并创建了系列创新治疗方法。首先，发现我国糖尿病足创面具有小截肢率高和一期愈合率低两个新特征；其次，首次阐明了糖尿病皮肤高糖和糖基化终末产物（advanced glycation end-products，AGEs）等毒性物质蓄积造成创面"隐性损害"、生长因子糖基化与创面炎症异常导致创面免疫紊乱，以及放射性创面"以细胞损害为关键环节的愈合诸因素网络失调"3个特殊机制，为建立关键防治措施提供了创新理论；第三，创建了采用光子技术减轻创面"隐性损害"、彻底切除创面纤维板、扩大清创以减轻创面进行性损害及在国际上首次采用第四代移动通信及其技术["4G"移动通信（简称"4G"）]在不同层级医疗机构同步开展复杂创面治疗等4种关键技术，临床应用使典型单位的创面治愈率从以前的60%左右提升至94%左右，伤残率明显降低。

在中国传统的医疗体系中并没有治疗创面的专科，以前各种创面分散在烧伤科、骨科、血管外科、内分泌科等不同科室及门诊治疗，形成"都在治，但都没有进行专科治疗"的尴尬局面，创面治愈率在20世纪90年代仅为60%左右，有近40%创面患者在出院时其创面并没有治愈。在思考如何进一步提高我国创面治愈率时，该团队提出了"应当把各种复杂难愈合创面看成是一大类由多种原因引起的复杂疾病""对复杂难愈合创面进行专科治疗"等设想。这些概念的提出尽管在学术上存在一些争议，但后来的实践证明了其正确性（图2-1-8、图2-1-9、图2-1-10）。2014年的一项调查表明，69个医疗单位建立创面修复科后，其创面治愈率从平均54%上升到了93%，患者平均住院时间从47天下降到了26天，效果十分显著。

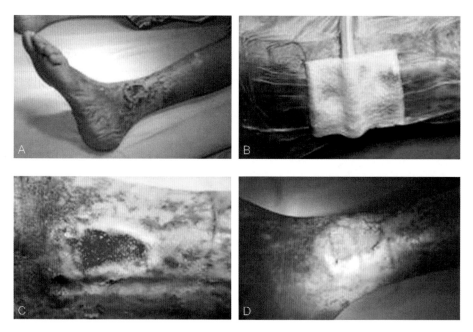

图 2-1-8　采用创建的关键技术，治愈长达 28 年由于静脉疾病导致的慢性难愈合创面

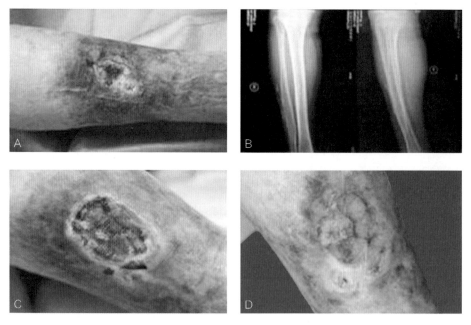

图 2-1-9　长达 68 年由于弹片伤导致的慢性难愈合创面

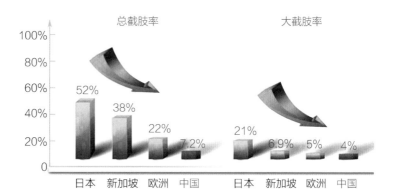

图 2-1-10　糖尿病足总截肢率和大截肢率比较

3. 开展双向联动显著降低创面患者住院时间和费用

建立了创面治疗专科，使各种体表难愈合创面患者能够在一个固定的专业化科室进行治疗，接下来的问题是如何缩短患者的住院时间和降低医疗费用。2008 年付小兵团队开展的创面流行病学调查结果显示，患者的平均住院时间长达 47 天，治愈率仅为 54% 左右。因此，如果仍然按照传统的治疗模式，患者平均住院时间和治疗费用均难以下降。根据创面治疗具有大门诊、小病房，以及可以在社区乃至家庭治疗的特征，付小兵团队考虑应该把创面治疗患者流动起来，实行大医院创面治疗中心（专科）和社区卫生服务中心创面治疗点的双向联动。在这一思想的指导下，以上海交通大学附属第九人民医院新建立的创面治疗专科为中心和周围 6 个社区卫生服务中心的创面治疗点开展双向联动。患者需要深度治疗时，如进行血管成形术等，在上海交通大学附属第九人民医院的创面治疗专科进行；深度治疗后的康复治疗，患者就转入相应社区卫生服务中心或家庭进行治疗。根据报告结果，创面治愈率从 60% 上升到了 94%，患者每一次治疗费用从 150 元下降到了 30～40 元，许多患者在家门口换药，节省了大量时间，社会效益和经济效益十分显著。

4. 香山科学会议将创面防控提升至国家战略

如何把单纯的学术与技术研究上升为国家战略是付小兵团队在 21 世纪初考虑的主要问题。2004 年，随着国家创伤和组织修复"973"项目的完成，付小兵团队在该领域积累了一定基础，但这些工作总体来讲还比较分散，缺乏系统性和建设性，特别是没有政府和老百姓认可的亮点。为此，2004 年付小兵向王正国院士和吴祖泽院士建议，召开以"再生医学"为主题的香山科学会议，以此为平台，团结国内外同行，聚焦科学问题，共商我国再生医学发展大计。2005—2019 年，付小兵团队先后召开了 5 次以"组织修复和再生"为主题的"再生医学"香山科学会议。会议重点讨论了我国再生医学的发展方向、研究重点、转化应用的难点等，特别提出了如何以体表难愈合创面防控体系建设为突破口，彰显组织修复与再生从基础研究发现到临床转化应用的系统成果。会后出版了《再生医学：原理与实践》《再生医学——基础与临床》《再生医学——转化与应用》等学术专著，并为国家提出了系统建议。"再生医学"香山科学会议的召开，在一定程度上提升了国家对组织修复和再生的重视程度。从"十二五"开始，中国工程院和中国科学院在为国家制定的战略规划中，都把再生医学列为重要发展方向。2015 年，国家自然科学基金委在杭州召开了以"创伤修复与再生医学"为主题的第 131 次双清论坛，重点从国家自然科学基金的角度讨论如何解决组织再生的基础科学问题。会议决定向国家自然科学基金委员会提出将组织再生列为国家自然科学基金重大研究计划的建议。因此，可以认为，通过国内外专家的共同努力，我国对组织再生（包括创面）的认识已上升至国家战略高度，现在组织再生已经不是搞不搞的问题，而是如何搞好的问题。

5. 中国特色创面修复科学科体系的创建使国际上提出"向东方看"

30 年来该团队在创面防控领域开展了系统工作，其目的就是要建立一个聚焦于各种体表创面治疗的新学科，即创面治疗科，它是一个与骨科、烧伤科等专科平行的独立的三级学科。由于各方面的准备已经基本完成，因此，什么时候提出建立创面修复科，只是一个时机问题了。

2019 年 4 月，以付小兵为主发起人，同时邀请包括王正国院士、钟南山院士在内的 28 位中国工程院和中国科学院院士一起署名，向国家卫生健康委正式提出建立创面修复科的院士建议。经过征求意见、制定行业标准等流程，12 月 3 日国家卫生健康委正式批准在我国二级、三级医院建立创面修复科（ 国卫办医函〔2019〕865 号）。至此，创建具有中国特色的创面修复科的整个程序和过程已经完成。

20 世纪 90 年代，中国的创面治疗在国际上默默无闻，不仅参加国际交流的专家少，即使参加会议，也仅仅是作为听众，没有创新成果在国际上交流。但现在不同了，经过 30 余年的发展，中国创面治疗不仅在以 *The Lancet* 为代表的国际著名杂志发表了系列原创性成果，而且诸如中国创面流行病学新特征的系统研究、有关中国开展大医院创面治疗中心与社区创面治疗点双向联动降低患者住院时间和降低医疗费用的研究、采用 4G 先进技术实现在不同层级医院对创面患者开展同质化创面治疗等创新成果，获得了国际著名同行的高度评价。2012 年，*International Journal of Lower Extremity Wounds* 杂志主编、英国南安普顿大学 Mani 教授以"向东方看"对中国创面治疗进行高度评价。2015 年，"中国人体表难愈合创面发生新特征与防治的创新理论与关键措施研究"获国家科学技术进步奖一等奖，成为 2015 年度国家医药卫生临床医学唯一的国家一等奖，可以说在学术上登上了又一个新的高峰（图 2-1-11）。

图 2-1-11　国家科学技术进步奖一等奖证书（Ａ）和团队主要成员在人民大会堂参加颁奖大会后的合影（Ｂ）

　　与一些国家投资建设的宏大项目相比，创面治疗从体量来讲的确是一个"小问题"。但对于我国每年 1 亿人次左右的需要创面治疗的患者（包括各种需要修复的组织损伤，严重的难愈合创面每年治疗需求在 3 000 万人次左右）来讲，它又是一个"天大"的难题。付小兵团队重视创面治疗，以"小"博"大"，体现了习近平总书记提出的以人民为中心的思想。

　　回顾 30 余年来我国现代创面修复学科体系的建设与发展之路时，付小兵团队可以自豪地说，在大家的共同努力下，中国特色创面修复学科体系不仅在理论与技术上有创新，而且在管理与政策支撑上也具有中国特色，由一个"小"的创面发展成一个"大"的产业。但我们也应该清醒地认识到，取得的成果仍然是阶段性的，如何进一步解决剩余 6% 难愈合创面患者的治疗问题，如何进一步提升创面愈合质量等，仍然任重道远。

（四）国际人类基因组计划的"中国卷"宣告完成

　　包括人类在内绝大部分物种的遗传信息是书写在其基因组 DNA（脱氧

核糖核酸）的碱基序列上的，对基因组 DNA 序列所携带的遗传信息的研究
是探索生命规律、解开人类疾病密码的钥匙。

20 世纪初，多国研究人员证实 DNA 由脱氧核糖、磷酸基团及四种含
氮基团（腺嘌呤、胸腺嘧啶、鸟嘌呤及胞嘧啶）组成。20 世纪 50 年代初，
詹姆斯·沃森和弗朗西斯·克里克阐明了 DNA 的分子结构，发现 DNA 分
子是"双链互补，反向右旋"的双螺旋结构，相关文章发表在 1953 年 4 月
25 日的 *Nature* 上，并获得了 1962 年的诺贝尔生理学或医学奖。直到 20
世纪 80 年代，为了揭示人类基因组的奥秘，认识人类的遗传信息，了解
人类各种疾病与基因间的相互关系，进而达到预防人类疾病的发生和有效
治疗人类疾病的目的，世界各国的生物学家联合起来，提出人类基因组计
划（Human Genome Project，HGP）的设想，旨在从整体上研究人类
的基因组，分析人类基因组的序列。1988 年，国际人类基因组组织（the
Human Genome Organization，HUGO）宣告成立，以协调各国人类
基因组研究为宗旨。

美国国会于 1990 年批准了人类基因组计划，并由美国国立卫生研究院
（National Institutes of Health，NIH）和能源部（Department of Energy，
DOE）自 1990 年 10 月 1 日起组织实施。计划在 15 年时间内（即 1990—
2005 年）投入 30 亿美元，完成人类全部 24 条染色体的 30 亿个碱基序列
的测定（含 X、Y 染色体）。其核心内容是构建 DNA 序列图，即分析人类
基因组 DNA 分子的基本成分——碱基的排列顺序。与此同时，人类染色体
图谱数据库开始建立，人类基因组计划项目开始了将染色体图谱上的基因
位点标定（基因定位）和"表达序列标签（Expressed Sequence Tag，
EST）"等工作，人类基因组计划正式启动。随后，该计划逐步扩展为国际

合作计划，英国、日本、法国、德国、日本和中国先后加入，形成了国际基因组测序协作组。就其研究规模、投入财力及社会影响来看，该项研究计划可与曼哈顿原子弹计划、阿波罗登月计划相提并论，是一项重大的国际合作项目。

尽管我国国家高技术研究发展计划（"863计划"）自1987年针对基因组相关技术研究开展资助，但关于是否参与序列图绘制的国际合作问题，国家决策部门及相关研究人员一直在谨慎思考。经反复讨论研究，1994年，中国HGP在谈家桢、吴旻、强伯勤、陈竺、杨焕明的倡导下启动。在党中央、国务院领导的关怀下，在国家自然科学基金委员会和"863计划"等项目的支持下，先后启动了"中华民族基因组中若干位点基因结构的研究""重大疾病相关基因的定位、克隆、结构和功能研究"等项目。1998年，在国家科技部的领导和支持下，国家基因组南方和北方中心分别在上海和北京成立。同时，在中国科学院领导的支持和帮助下，中国科学院遗传所人类基因组中心成立，杨焕明出任主任，并于1999年7月7日正式提交了参与国际人类基因组计划的申请。1999年9月1日，国际人类基因组计划协作组公布了中国正式加入并承担人类基因组计划"中国部分"（1%计划）的消息。中国科学家主要承担的任务是完成人类3号染色体短臂上约3000万个碱基对的精细测定，主要内容包括：物理图谱的建立与大规模克隆筛选、霰弹法测序与"工作框架图"的构建、序列组装与"完成图"的构建、生物信息学技术的建立和大量数据的整理分析。中国成为继美国、英国、法国、德国、日本之后的第6个人类基因组计划参与国，也是参与国中唯一的一个发展中国家（图2-1-12）。

IHGSC 关于 ISMHGS-5 的新闻通报
（1999 年 9 月 1 日）

"上个星期，国际 HGP 协作组的 16 个中心的代表出席了在剑桥附近 Wellcome 基金会基因组中心召开的"人类基因组测序第五次国际战略会议"。中国已经成为 HGP 的最后一个贡献者，跻身于法国、德国、日本、英国和美国之列。"

The researchers from 16 centers representing the international consortium working on the Human Genome Project (HGP) last week attended the Fifth International Strategy Meeting on Human Genome Sequencing held at the Wellcome Trust Genome Campus near Cambridge. China has become the latest contributor to the worldwide sequencing effort alongside France，Germany，Japan，the United Kingdom and the United States.

图 2-1-12　1999 年，中国基因组科学工作者抓住了时代机遇，积极参加了国际人类基因组计划的国际合作

　　"1%计划"从申请到执行都面临重重困难。为了快速推进项目，研究人员们四处求援筹集经费，甚至自掏腰包，开始筹划练兵。在不到半年的时间里递交了人类基因组序列 40 万个碱基的测序和精确组装结果，展示了我们具备执行国际人类基因组计划的能力。

　　"1%计划"的实施几乎从"零"开始，因为当时的实验室没有"大型平台、大型团队及大型数据"，且必须在 6 个月内进行"50 万次成功的测序反应"。从某种意义上来说，加入 HGP 只是为了证明"我们有能力做到其他人可以做到的"，但这绝对不是"其他人可以做到的"简单重复，因为与其他组织相比，考虑到当时的客观评估情况是"即使我们投入所有的测序仪器、政府在全基因组及相关领域的全部资金和全部有资格参加'1%计划'的人员，在6个月内也很难完成任务"，大多数国家都不看好我们能按时完成这一重大使命。

即使是当时最先进的平板电泳测序仪也存在致命的缺点，例如平板清洗和涂覆、凝胶制作和填充、样品加载和运行等，尤其是复杂而多步骤的后期处理程序均需通过手动操作来完成。中国科研团队在短时间内从全国各地招募大量志愿者，凭借着勤劳的双手和智慧克服重重困难，保障测序仪高效运行，并保质保量地推进各项工作（图2-1-13、图2-1-14）。由于资金不足，大部分资金都用于购买平板电泳测序仪，为了省下为数不多的经费，科研人员们甚至回收利用运输仪器的集装箱搭成工作平台，开展测序前后的各项实验操作。此外，对短时间内招募的如此庞大的团队的专业培训也成了

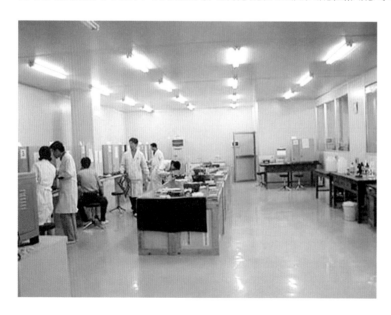

图2-1-13 中国人类基因组计划实验室之一，中国科研工作者在简陋而整洁的实验室有序地开展基因组测序工作（图片转载自中国科学院官网）

一个严峻的挑战。为了让这些甚至都没有见过真正测序仪的志愿者们能够尽快且高效地参与到测序工作中，项目组对他们进行了高强度、严格的培训，并进行评估测试，只有成功通过评估才能参与测序工作。在经过反复

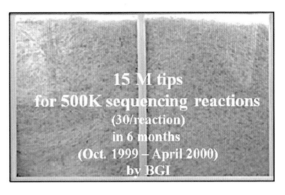

图 2-1-14　中国人类基因组计划使用过的 1 500 多万吸管头的一小部分

的摸索和改进之后，最终将平板电泳测序仪高质量高效读取的序列长度从 400 个碱基提升到超过 600 个碱基，达到了当时使用同类型测序仪器的世界水平。据了解，深居京郊的这些科研人员，收入不高，也没有娱乐活动。因此，除了技术培训外，还需要让工作人员意识到做这项工作的必要性、紧迫性及非凡意义，增强每个人的主观能动性。当时项目组团队让中外记者自由采访任何一个在北京基因组研究所（Beijing Genomics Institute，BGI）的工作人员，因为每个人都会非常高兴和自信地回应："我们努力做的科学研究是为了我们伟大祖国的荣耀。"

面对意想不到的阻力和困难，我国科研工作者们以艰苦卓绝的意志、夜以继日地辛勤工作进行任务攻坚，通过加强人员培训、提高效率、降低成本等措施，在有限经费的资助下高质量地完成了"1%计划"任务，在人类基因组计划进展的一个重要里程碑上刻下了"中国"两个字，为绘制可解读人体基因密码的"生命之书"贡献了中国力量，受到了党和国家领导人的高度肯定。中国的"1%项目"具有重要意义，它改变了国际人类基因组研究的格局，提高了人类基因组国际合作的形象，受到国际同行特别是参与 HGP

图 2-1-15 人类基因组计划框架图研究论文在 *Nature* 发表，并获得了国家自然科学奖二等奖

的 15 个中心及其他发展中国家的认可与赞扬，同时使我国拥有相关事务的发言权（图 2-1-15）。通过参与这一国际合作，我国分享了历时多年的人类基因组计划实施过程中积累的技术与资料，建立了基因组大规模测序的全套技术及科学技术队伍，为我国基因组科学的进一步研究奠定了基础，同时，这也是保护、发展及利用我国丰富的生物遗传资源的重要前提，为 21 世纪的中国生物产业带来了光明和希望，也推动了人类命运共同体的发展（图 2-1-16）。

图 2-1-16 人类基因组计划相关事迹被刻上北京中华世纪坛的青铜甬道，永载史册

人类基因组计划开启了一场基因组学领域的科技革命。随后的几年内，国际人类基因组单体型图计划（Hap Map）、国际千人基因组计划及国际肿瘤基因组计划如火如荼地推进。由于人类基因组计划测定的是欧洲人的基因组，对我国人群高发特异性遗传疾病的治疗参考价值有限，因此建立我国的参照基因组图显得尤为重要。2007 年 10 月 11 日，在相继参与完成了 1% 的国际人类基因组计划、10% 的国际人类单体型图计划之后，我国的科研工作

者们采用新一代测序技术独立完成了 100% 的中国人基因组图谱的测绘，迈出了"从 1% 到 100%"个体基因组序列分析里程碑式的一步。这一巨大的跨越体现了我国生物技术的竞争力和创新力，翻开了我国健康和医学事业的新篇章。近年来，基因组大数据的积累，结合转录组、蛋白组及代谢组等组学的研究，使人们对健康和疾病的各个方面有了更深入的了解。科学技术的发展和进步也让基因测序的成本不断降低，伴随着精准医疗、全民医疗理念的提出，基因组测序在不远的将来将以全新的模式造福大众。

（五）中国人自己提出的基础生物化学理论——邹氏理论

蛋白质是由 20 种常见氨基酸组成的一类生物大分子，其结构与功能的关系是分子生物学研究的核心问题之一。20 世纪 60 年代以前，用化学修饰的方法改变蛋白质分子中氨基酸侧链基团的性质并观察其对蛋白质生物活力的影响，是研究蛋白质结构与功能关系的主要方法。但是，化学修饰剂通常会与蛋白质分子中多个，甚至多种基团发生反应，即使是同一种基团，因为所处的具体环境不同，其修饰反应的程度也不尽相同。因此，在用某一修饰剂对蛋白质进行化学修饰后，常常无法准确判断被修饰基团中究竟有几个基团与蛋白质的活性丧失直接相关。这些蛋白质分子表现其生物活力所必需的氨基酸残基被称为必需基团。1961 年，Ray 和 Koshland 提出了一种动力学方法：基于对化学修饰反应和酶活性丧失反应的动力学分析，通过比较两者的反应速度常数来确定蛋白质分子中必需基团的数目。然而，这一方法只适用于反应速度较慢的假一级修饰反应，因此在应用时受到了较大限制。1962 年，邹承鲁提出了一种统计学方法：假定一个蛋白质分子中含有 n 个可修饰基团，其中 i 个基团是必需的，那么仅当一个蛋白质分子中所有（i 个）必需基团均未被修饰时，该蛋白质才具有生物活性；如果所有可修饰基团与修饰剂反应的速度都相同，且为相互独立的事件，则活性剩余分数 a 应为必需基团剩余分数的 i 次方。

$$a = \left(1 - \frac{m}{n}\right)^{i}$$

其中 m 为平均每个蛋白质分子中已修饰基团的数目。根据这一公式，邹承鲁提出了确定必需基团数目的作图方法。邹承鲁在论文中考虑了对蛋白质进行化学修饰的六种可能情况，根据当时文献中已有的大量数据，针对不同情况逐一进行分析，发现虽然一个蛋白质分子常常含有多个同类基团，但其中只有少数是蛋白质表现活性所必需的。因此，对酶分子而言，其活性部位仅处于整个蛋白质分子中有限的区域。邹承鲁以木瓜蛋白酶、胰岛素、胰蛋白酶等为材料做了几个新的实验，确定了它们的必需基团数，就这样就把必需基团的修饰和酶活性丧失的定量关系确定了下来。这一结论改变了当时流行的观点，也被其后大量实验所证实。该方法在《中国科学》上发表后，得到了国际同行的广泛认可，邹承鲁所提出的方法、关系式及作图法在国际上分别被称为"邹氏方法"（Tsou method）、"邹氏公式"（Tsou equation）及邹氏作图法（Tsou Plot），已多次被国内外的酶学教科书和专著详细介绍，成为经典的教科书理论。其后，有学者采用更加严格的统计学方法，证明了在独立事件假定不成立的条件下，邹氏公式依然成立。《蛋白质功能基团的修饰与其生物活性之间的定量关系》这一研究成果获得了 1987 年国家自然科学奖一等奖。

除邹氏理论外，邹承鲁还在很多国家科技攻关的项目中发挥了重要的作用，其中包括人工胰岛素的合成问题。1958 年年底，他参与了人工合成胰岛素研究。次年，他领导的胰岛素拆合组取得重大突破：先是完全拆开天然胰岛素的三个二硫键，将其变成稳定的 A 链和 B 链；然后完成不可能的任务，将拆开的 A 链和 B 链又重新组合成有 5% ～ 10% 生物活性的产物；后来又将产物中的胰岛素提纯、结晶出来。简单来说，他们不仅完成了人工合成胰岛素的最后一步，还发现拆开的 A、B 两链能够按天然结构自动折叠成胰岛素。基于邹承鲁先生在人工胰岛素合成中做出的重要贡献，1982 年 7 月，中国国家自然科学奖在断评二十多年后再度开评，人工合成胰岛素工作获"国家自然科学奖一等奖"，邹承鲁是列于奖状上的八位主要完成人之一（图 2-1-17）。

图 2-1-17　1959 年中国科学院生物化学所胰岛素工作参加者合影。中排左四～七：钮经义、邹承鲁、曹天钦、沈昭文。后排：左四，杜雨苍；左八，龚岳亭；左九，戚正武；左十一，张友尚；左十二，许根俊

1981 年，邹承鲁重新开始从事相关研究工作，实验条件改善后，重新展开 1965 年开始的酶不可逆抑制动力学的研究，他用胰凝乳蛋白酶对

1965 年提出的方程进行了重新验证。新论文次年发表在 *Biochemistry* 上，16 年前的两篇原始论文压缩起来，作为新论文的附录发表。和 16 年前那两篇根本就没有国际同行知道的中文论文不一样，此文发表之后，很快就在国际上受到广泛关注，并且被迅速推广到酶的活化、变性酶的重活化等领域。1988 年，邹承鲁应邀在国际酶学领域权威的丛刊 *Advances in Enzymology* 上发表以介绍自己工作为主的长篇综述论文，又对这项研究进行了更为详尽的介绍。相关工作也成为经典的酶学理论。这不仅是邹承鲁本人受引用最多的工作，也是国内生物化学家所做出的最受关注的工作之一。1993 年，这项工作获得了国家自然科学奖二等奖。

邹承鲁先生一生致力于生物化学的前沿研究，包括胰岛素的人工合成、蛋白质结构与酶的活性理论、酶不可逆抑制动力学方面的问题，均对世界科学产生深远影响。此外，邹承鲁先生一生也致力于科学发展的公共问题，推动中国整个科技制度的改革，为中国的科技进步做出了不可磨灭的贡献。

（六）人工全合成牛胰岛素

胰岛素是一种蛋白质类激素，主要用于控制血糖，1921 年由加拿大人 F.G. 班廷和 C.H. 贝斯特首先发现，1922 年开始用于临床，使过去不能被治疗的糖尿病患者得到救治。现在人们对胰岛素并不陌生，随时在药店都可以买到，既便宜又好用。但在 20 世纪 50 年代，人工合成蛋白质还是一座从未有人攀登上的科学高峰，然而却是中国的科学家在那个时期极其困难的环境下攻克了这个科学难题，在实验室内首次人工合成了具有全部生物活性的结晶牛胰岛素。这是怎样的一个艰苦历程，期间又会出现什么波折呢？这是当时人工合成的具有生物活性的最大的天然有机物，实验的成功使中国成为第一个合成蛋白质的国家。

1956 年周恩来总理在政协二届二次会议上明确提出向科学事业发展的口号："我国人民正在社会主义道路上大踏步前进，在社会主义旗帜下，我国人民已经开始向科学进军。"同年，中央政府还明确地制定了 1956—1967 年的十二年科技发展远景规划。当时社会各界人民以极大的热情投入到了社会主义建设中，各条战线上捷报频传，科学家们也摩拳擦掌，鼓足干劲，要在科学领域为建设祖国做出贡献，向全世界显示中国是有人才的。做什么，怎么做，如何做，一系列问题还需要确定。

20 世纪 50 年代，蛋白质是世界生物化学领域研究的热点。1955 年英国科学家 F. 桑格率先测定了牛胰岛素的全部氨基酸序列，开辟了人类认识蛋白质分子化学结构的道路，也因此获得了 1958 年诺贝尔化学奖。虽然牛胰岛素的结构清楚了，但受限于当时的条件，要想人工合成是非常困难的事情。

1958 年 8 月，中国科学院上海生物化学研究所的科研人员提出研究"人工合成牛胰岛素"。1959 年，该项目获得了国家重大科学技术项目立项。这一意义重大、难度奇高、国际上还从未有人开始研究的基础科学项目，起初设定的完成期限为 20 年。然而，在那个亟须证明中国实力的特殊年代，20 年太久，参与项目的科学家决定把期限缩短为 5 年。这个看似有一点违背科学研究发展规律的计划，对于当时满腔热血的青年科学家而言却是那样的理所当然，他们要为祖国攻下这个科学高峰。

当时确定采用"大兵团作战"的研究方式，由中国科学院上海生物化学研究所、中国科学院上海有机化学研究所、北京大学生物系三个单位联合进行。那个时候中国没有任何蛋白质合成方面的经验，除了制造味精之外，甚至没有制造过任何形式的氨基酸，更不用说比氨基酸更加复杂的多肽合成。一切都是从零开始，摸着石头过河。这在科学研究中，是多么困难而又可怕的事情。

胰岛素配套的 17 种氨基酸，都需要进口，然而就在项目开始的前一年，苏联援华专家被撤走，中苏关系走向冰点，而当年欧美国家正在全力想把新中国扼杀在摇篮里，绝不可能让中国进口到合成牛胰岛素所需要的氨基酸。

年轻的科学家们用几个月的时间亲手建立起了专门合成氨基酸的厂房，保证研究过程中氨基酸的供应。因陋就简，在一座老的大楼屋顶上搭起一个棚，科学家们自己戴防毒面具去生产，一不怕苦，二不怕死，用大无畏精神实现跳跃，采摘挂在树梢上的科学胜利果实。1959 年，项目开始几个月之后，邹承鲁领导的小组首先实现了天然胰岛素的拆合，为人工合成牛胰岛素的研究解决了第一个关键问题。1960 年 1 月，在全国第一次生化学术会议上，邹承鲁小组的年轻科学家杜雨苍代表全组发表了天然牛胰岛素拆合研究的成果。但由于当时保密需要，这个重大研究成果并没有在国际上发表，也使之与诺贝尔奖擦肩而过。

初战告捷，证明设定的研究方向是正确的，参与的每个人都无比振奋。为了充实研究队伍，相关部门又从当年的毕业生里面挑选了 300 多名从生物或化学专业毕业的大学生参加牛胰岛素的合成研究工作。然而这些凭借着一腔热血想出来的发明在进入应用阶段全部宣告失败。原本团结协作的大兵团作战，在扩军后却陷入僵局，成了一盘散沙，这让当时原本就捉襟见肘的研究资源更加难以为继。同时因为 3 年自然灾害的影响，新中国人工合成牛胰岛素的研究工作从 1960 年开始陷入了困顿之中。

　　1964 年，中国科学院经过一段时间的深入调研后，决定改革，《国家科学技术委员会党组、中国科学院党组关于自然科学研究机构当前工作的十四条意见（草案）》发布，其中很重要的一条建议就是精简机构，集中优势力量和资源，进行重点攻关。根据工作需要，原本几百人的人工合成牛胰岛素的研究团队精简为一个 20 人左右的精干团队。很快，振奋人心的捷报传来，牛胰岛素 A 链和 B 链成功合成，标志着人工合成牛胰岛素的研究工作进入到了最后阶段——A 链和 B 链成功连接产生出了与天然牛胰岛素相同的蛋白质。最后合成 A 链和 B 链的重担压到了杜雨苍的肩上。经过杜雨苍不分昼夜地实验工作，几次的模拟操作后，1965 年 9 月 3 日，杜雨苍完成了 A 链与 B 链的人工全合成实验。合成物冷藏 14 天后，1965 年 9 月 17 日清晨，杜雨苍小心翼翼采集了一份样品，采用高倍显微镜检验合成结果，项目组所有人都在翘首等待奋斗了 6 年多的结果揭晓。显微镜下，一个个完美的六面体结晶体晶莹透明，像宝石一样在透明的溶液当中闪闪发光。"我看到了，完美的结晶，我成功了！"当杜雨苍抑制不住内心的喜悦喊出看到结晶时，整个实验室沸腾了，每个人脸上都洋溢着幸福。

　　这个完美的六面体晶体，就是人工合成的牛胰岛素（图 2-1-18）。参与合成工作的龚岳亭先生回忆说："当小白鼠开始抽筋乱跳的时候，整个实验室在场的人们都开始为实验成功欢呼起来，情不自禁地拥抱庆祝，那实在

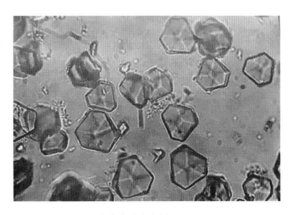

图 2-1-18　人工合成牛胰岛素结晶

是一个无法用语言来形容的激动时刻（图2-1-19）。"自此，人工合成牛胰岛素研究圆满完成。1965年11月，这一重要研究成果首先以简报形式在《中国科学》发表，并于1966年4月全文发表（图2-1-20、图2-1-21）。

图2-1-19 人工全合成牛胰岛素动物实验获得成功的场面，右二为杜雨苍，右三为龚岳亭

图2-1-20 1966年的《科学通报》中的相关文章

图 2-1-21　1966 年 12 月 24 日《人民日报》的相关报道

　　1966 年 4 月，国际生化学会邀请王应睐、邹承鲁、龚岳亭作为华沙欧洲生物化学联合会会议的演讲者，向全世界宣读这一伟大的胜利成果，轰动了全世界。

（七）中国科学家首次合成一个完整的核酸分子

　　1965 年，我国在世界上首次合成蛋白质——牛胰岛素，并获得与天然牛胰岛素完全相同的结晶。此后，中国科学院上海地区和北京地区的多个研究所的年轻学者，进行了多次座谈，讨论"人工合成核酸"问题。经过相互交流，激烈辩论，大多数人认为应该从速开展核酸的合成工作。因为核酸与蛋白质同为生命活动的最基本物质，我国应该在这个首创性研究上有所贡献。

要合成核酸，首先要选择合适的合成对象，即其核苷酸序列是已知的。经过查阅文献，世界上第一个被测定全序列的核酸分子是：酵母丙氨酸转移核糖核酸（酵母 tRNAAla），该序列的测定工作在美国科学家霍利（R. W. Holley）的领导下于 1965 年完成，并获得了 1968 年的诺贝尔生理学或医学奖。酵母丙氨酸转移核糖核酸来源于酵母，能够接受丙氨酸和将丙氨酸转移至核糖体的一类转移核糖核酸（tRNA）。由于它的分子较小（与其他生物大分子相比）、功能明确、易于在实验室测定其生物活性，研究人员一致决定将酵母丙氨酸转移核糖核酸选为合成核酸的对象。

1967 年，人工合成酵母丙氨酸转移核糖核酸课题被上报国家科委，1968 年年初得到批复同意开展此项研究。1968 年秋天中国科学院发文批准这项研究课题。至 1978 年，经过调整，中国科学院参加这项研究的有 4 个研究所，即上海生物化学研究所、上海细胞生物研究所、上海有机化学研究所及北京生物物理研究所。此外，北京大学生物学系和上海试剂二厂也先后参与本项工作。据不完全统计，从 1968 年批文算起，先后参加工作的约有 180 人之多。历时约 13 年。我国科技工作者在基本研究材料匮缺的条件下，做出了出色的工作，在世界上继 1965 年 9 月首次人工合成蛋白质——胰岛素之后，于 1981 年 11 月，首次人工合成了与天然完全相同的核酸分子——酵母丙氨酸转移核糖核酸。该成果于 1982 年和 1983 年以中英文在《科学通报》和《中国科学》上发表。

酵母丙氨酸转移核糖核酸由 76 个核苷酸组成，除了通常的腺苷酸（A）、鸟苷酸（G）、胞苷酸（C）及尿苷酸（U）外，分子中还含有 9 个稀有核苷酸，即 D、I、m1G、m1I、m22G、T 及 ψ，其二级结构呈三叶草形状（图 2-1-22）。

研究人员根据酵母丙氨酸转移核糖核酸的特殊结构，结合当时国外的研究结果，进行了大量探索，决定采用"半分子合成方案"，即通过先合成两个半分子：5'-半分子（35核苷酸，位于1-35）和3'-半分子（41核苷酸，位于36-76），然后连接成整个分子（76核苷酸）。而为了合成两个半分子，先合成6个大片段，分别是：13、9、13、10、12及19核苷酸，而连接起

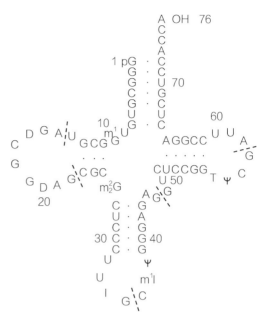

图2-1-22　酵母丙氨酸转移核糖核酸（酵母 tRNAAla）的结构

来。这条合成路线是经过反复探索和无数次实验才建立起来的。

在具体合成方法上，研究小组最初采用已有的化学合成法，但合成效率很低，不良反应多。就在此时，外国报道发现一种新酶——T4 RNA连接酶。该课题的领导王应睐和王德宝随之向认识的一位美国科学家要来了相关的菌种，并成立独立的小组制备出 T4 RNA 连接酶，对该酶的催化性质进行了非常深入的研究，提出坚守将该酶用于合成的信念，并把化学法与酶促法有机结合起来，最终取得成功，这是该项工作的最大创新点。

合成工作面临诸多挑战与困难，一开始就碰到原材料短缺。但研究人员迎难而上，充分发挥主观能动性，啃下一块块硬骨头。合成酵母丙氨酸转移核糖核酸的原料——核苷酸需求量很大，当时不能进口，都是在上海生化所附属东风生化试剂厂和上海化学试剂二厂自主生产的。生产 ψ 时，需要

用人尿为原料。为克服人尿可能带病的问题，研究人员联系到解放军上海警备区，放几个桶在部队的厕所里，定期骑人力三轮车将尿桶搬运到上海试剂二厂。工厂采用三班倒进行生产。还有，所需的各类化学试剂，以及合成所需的除 T4 RNA 连接酶外的十几种酶，基本都是在实验室或工厂从零开始制备。

经鉴定，我国人工合成得到的酵母丙氨酸转移核糖核酸分子与天然分子具有完全相同的结构，合成的产物的活性（包括接受丙氨酸活性与将丙氨酸参入核糖体活性）也与天然分子（70% ～ 80%）非常接近。20 世纪后期，国外（如 1981 年的日本、1988 年的加拿大及 1992 年的法国）的科学家也在进行类似的转移核糖核酸（tRNA）人工合成研究。但是，他们合成得到的转移核糖核酸分子不含或只含有很少数的稀有核苷酸，其产物活性远低于天然的转移核糖核酸分子。因此，我国的这项成果无论在完成时间上，还是在生物活性结果上，都居于世界领先地位。

人工合成酵母丙氨酸转移核糖核酸成果鉴定会于 1982 年 1 月在北京友谊宾馆举行，随即，《人民日报》《红旗》《光明日报》等媒体都在显要位置对这项成果进行广泛报道和宣传。该成果先后获得 1984 年中国科学院重大科技成果奖一等奖、1987 年国家自然科学奖一等奖及 1991 年陈嘉庚生命科学奖。该项目的主要负责人之一——王德宝由于领导该工作取得突出成果，1996 年获得何梁何利基金的科学与技术进步奖（生命科学奖）（图 2-1-23）。在国外，1982—1984 年，王德宝先后向第 10 届国际 tRNA 学术讨论会，以及在日本、美国、加拿大、英国、德国等国的大学和研究所做报告，获得了广泛重视和赞赏。1982—1983 年，许多国际刊物都报道了我国这一成果，如 1983 年 8 月英国 Nature 发表"Pinyin RNA（拼音 RNA）"一文，指出中国"人工合成有生物活性的、与天然提取物一致的 tRNA 分子，这在世界上是第一次"。

图 2-1-23　王德宝（中）与科研人员在一起

　　这项历时 13 年，总共有约 180 人（其中有专家，有一般的研究和技术工作者，也有工人）参与的工作，是我国在特殊环境下，科学规划和精心组织完成的。这一成果的取得，不仅标志着我国核酸合成研究领域达到了当时的世界最高水平，更重要的是培养了一大批专业科技人才，对其后我国核酸合成及与此相关的核酸研究、基因工程等攀登世界高峰，奠定了良好的基础。

（八）沙眼病原体的发现之路

　　中华人民共和国经过经济恢复时期，各条战线形势大好。到了 1954 年，烈性传染病已被控制，防疫的重点转向常见的、多发的传染病。汤飞凡呈请卫生部批准他摆脱行政事务，恢复他中断了 20 年的研究工作。获准后，他首先恢复了对沙眼的研究。那时沙眼在世界上许多地区广泛流行，中国人口中有 50% 患有沙眼，边远农村有"十眼九沙"之说，危害极大。

沙眼流行至少已有三四千年，自微生物学发轫之始已受到重视。1887年，微生物学创始人之一——科赫曾从沙眼病灶中分离出科-魏杆菌，这被认为是沙眼的致病菌。其最早提出了沙眼的"细菌病原说"，但很快被否定了。1907年哈伯斯忒特和普罗瓦采克在沙眼病灶中发现了包涵体，认为沙眼的病原体可能是病毒，但未定论。20世纪 20年代中期，尼古拉证明沙眼材料用砂棒滤掉细菌后仍有感染性，首先提出了沙眼的"病毒病原说"，但未能被证实。1928年野口英世从沙眼材料里分离出一种细菌——颗粒杆菌，认为这是沙眼的病原菌，重新提出了"细菌病原说"，此学说曾引起广泛注意。1930年，汤飞凡和周诚浒曾重复野口的实验，却得到了阴性结果。1933年，汤飞凡将美国保存的野口"颗粒杆菌"种进包括他本人在内的 12名志愿者的眼睛里，证明其不致病，又推翻了"细菌病原说"，"病毒病原说"重新占了上风。直到 1954年虽然经过许多实验室的努力，因病毒未被分离出来，仍然不能定论。汤飞凡早在 20世纪 30年代研究病毒性状和包涵体本质时已逐渐形成一种想法，即微生物在自然界是从小到大的一个长长的系列，在已知的病毒和细菌之间存在着"过渡的微生物"，如立克次氏体、牛胸膜肺炎支原体等。他认为沙眼病原体是比牛痘病毒更大的、接近立克次氏体的"大病毒"，许多性质近乎鹦鹉热和鼠蹊淋巴肉芽肿病毒。循着这条思路，他制订了研究计划，同步进行了沙眼包涵体研究、猴体感染实验和病毒分离实验。为了保证病理材料可靠，他特别请北京同仁医院眼科专家张晓楼鉴定所选的典型病例，从 1954 年 6 月开始了工作。

在这一年的时间里，汤飞凡亲自带助手从北京同仁医院沙眼门诊取回材料 201 份，在 48 例中找到包涵体，并发现包涵体有四种形态：散在型、帽型、桑葚型和填塞型，阐明了它们的形成和演变过程，澄清了自从 1907 年发现沙眼包涵体以来的混乱认识。他在论文里写道："原体和始体均为沙眼病毒的演变形式……原体代表静止，始体代表活动繁殖状态。原体变始体，始体又产生原体……我们可推论沙眼病毒的原体侵入或被吞噬至上皮细胞内，即增大其体积变为始体，繁殖发展成散在型包涵体，以后继续发展成帽型或桑葚型，终至填塞型的包涵体。此时或在此以前，始体复变为原体，最后细胞被原体填塞以致破裂，原体涌出，再侵袭别的健康细胞，重复感染。"他实际上描述了沙眼病原体侵入宿主细胞后的发育周期，在沙眼衣原体被分离成功后，已在人工感染和动物模型中被完全证实。现已知道沙眼衣原体的一个发育周期约为 48 小时。

这一年，汤飞凡所进行的猴体感染实验也获成功。他和助手使猴子造成沙眼，从中发现：猴子与人的眼结膜解剖学构造不同，患了沙眼后症状也不同：没有瘢痕和血管翳。他们还在猴子的沙眼病灶中找到了从来没有人发现过的猴沙眼包涵体（图 2-1-24）。

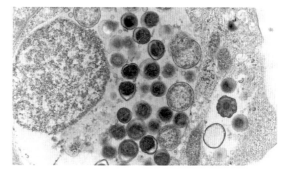

图 2-1-24　猴沙眼包涵体

但是，这一年他们所进行的分离病毒的努力失败了。1951 年和 1953 年

图 2-1-25 汤飞凡

日本学者荒川和北村报告用幼鼠脑内接种或鸡胚绒毛尿囊膜接种法分离病毒成功，不过因为没有能够拿到病毒而未得到承认。汤飞凡（图 2-1-25）认为用他们的方法分离出沙眼病毒是可能的。因为他相信沙眼与鹦鹉热和鼠蹊淋巴肉芽肿病毒性质相近，而后二者能在鼠脑内生长。于是他决定病毒分离实试验先从重复荒川、北村的实验入手。一年中他和助手从 201 例典型 II 期沙眼患者中取样，接种了 2 500 余只幼鼠，没有一只发生类似荒川、北村所描写的症状，没分离出一株病毒。实验失败了，汤飞凡虽没有完全否定用幼鼠分离沙眼病毒的可能性，但决定把它搁置起来，改用鸡胚来分离。

1955 年 7 月，重新开始分离病毒实验，这次他没有采用荒川的绒毛尿囊膜接种，而采用了研究立克次体常用的卵黄囊接种。他分析了影响病毒分离的因素，认为除了选择敏感动物和适宜的感染途径外，还需抑制杂菌生长，决定在标本中加抗生素作为抑制剂。因为当时临床上已经知道链霉素治疗沙眼无效而青霉素有无疗效还不明了，所以选了这两种抗生素，没想到竟然那么顺利，只做了 8 次实验就分离出了一株病毒。

这个世界上第一株沙眼病毒被汤飞凡命名为 TE8，T 表示沙眼，E 表示鸡卵，8 是第 8 次实验，后来许多国家的实验室把它称为"汤氏病毒"。虽然分离出了病毒但成功率太低，后来知道是因为青霉素能杀死病毒。他们改进了方法：取消了青霉素，加大了链霉素的量，延长了链霉素在标本中的作用时间，大大提高了成功率。用改进的方法，病毒分离率达到 50%，两个半月内又连续分离出病毒 8 株。实验成功了，有人建议汤飞凡赶快发表成果，因为世界上许多实验室在竞相分离沙眼病毒，不赶快发表，怕被人抢先。但作风严谨的汤飞凡没有同意，他认为还没有达到 Koch 定律的要求。Koch 定律要求确定一种微生物是某种传染病的病原体，第一要能从相应的病例里分离出这种微生物；第二要能在宿主体外培养出这种微生物的纯培养；第三分离出来的微生物要能在另一健康宿主中引起典型的病变和症状；第四还要能把这种微生物从这个宿主中再分离出来。汤飞凡又做了很多工作，证明了 TE8 能在鸡胚中继续传代，用它感染猴子能造成典型的沙眼并能找到包涵体，能把它从猴子眼里再分离出来，得到"纯培养"。他还用分级滤膜证明 TE8 是可过滤的并测出它的大小在 120 ～ 200nm。然后，他才于 1956 年 10 月发表了论文。最后，他又在 1957 年除夕将 TE8 种进自己的一只眼睛，引起了典型的沙眼，并且为了观察全部病程，坚持了 40 多天才开始接受治疗，无可置疑地证明了 TE8 对人类的致病性。

沙眼病毒分离成功在国际科学界引起了巨大的反响，因为这是一个关键性的突破，将长期处于低潮的沙眼研究一下子推上了高潮。英国李斯特研究所的科利尔 1957 年得到 TE8 和 TE5 后很快证实了汤飞凡等的工作。1958 年他又用汤飞凡的方法在西非冈比亚分离出沙眼病毒。不久，美国、沙特阿拉伯、以色列等国家和地区的医学家也相继分离出沙眼病毒。1958 年，琼斯在美国从一个患性病的妇女子宫颈中分离出沙眼病毒，解决了获取这种仅在美国每年就有上万人受害的性病病原体的问题。有了病原体便可进行系统的、深入的研究，从而确定了沙眼与鹦鹉热和鼠蹊淋巴肉芽肿的病原体同属于介于细菌与病毒之间的一组微生物。这导致了微生物分类的重大变革，增加了一个衣原体目，沙眼病毒正式改名为沙眼衣原体。有了病原体可供实验，证明许多简单的方法，如干燥、日晒、热水烫，以及许多常用的消毒药都能有效地消毒，同时还筛选出许多特效药。沙眼的治疗和预防在短短几年里取得了前所未有的进展。

（九）细胞遗传学探索破解生命密码

细胞遗传学是遗传学与细胞学相结合的一个遗传学分支学科。中国医学科学院基础医学研究所联合多家临床医院，在我国创建了细胞遗传学，开展了遗传病、复杂性状疾病的基因研究。

1961 年，吴旻教授在北京协和医学院建立了我国第一个细胞遗传学研究组，开创了人体细胞遗传学和肿瘤细胞遗传学研究。他领导的研究小组系统开展并建立了人和小鼠等哺乳动物染色体研究技术，对中国人从儿童到成年人的 8 000 余个体细胞进行了相关参数的测量，得到了中国人体细胞染色体的基本数据和模式图。这不仅是我国第一个最全的染色体基本数据，也是当时世界上该领域最详尽的参考资料。该研究组还开展了哺乳动物细胞遗传学的研究，制定了中国地鼠、小鼠、大鼠等的核型图和小鼠染色体 G 带的标准模式图，为实验动物的细胞遗传学研究提供了基本技术方法和参考数据；建立了姊妹染色单体互换（SCE）方法，提出了我国正常人姊妹染色单体互换的参考数据；制作了中国正常人体细胞染色体的高分辨模式图，进行高分辨 G 带分析，制作核型图，并与国际标准的带纹模式图进行比较。以上工作，对我国人类和哺乳类动物细胞遗传学的建立和发展起到奠基和推动作用。

20 世纪中叶，一门新兴学科——医学遗传学开始在西方国家迅速发展。

北京协和医院内科主任张孝骞，以其敏锐的思维，认识到遗传在疾病发生中的重要作用，于 1963 年委派罗会元在北京协和医院内科建立医学遗传组，但当时遗传病被认为是罕见病，备受批判，工作难以开展，不久医学遗传组即被解散。在同一时期，中国医学科学院在实验医学研究所（现基础医学研究所的前身）成立了核酸研究组，由梁植权领导，开展核酸研究工作。吴冠芸于 1961 年调入实验医学研究所后，加入了这支研究队伍，并开创了中国遗传病基因诊断研究。当时，中国华南流行着一种常见的、高发的遗传性溶血性贫血病——地中海贫血。吴冠芸所领导的小组率先和南方 6 个单位协作开始了 α- 地中海贫血的基因分析及早期产前诊断的研究，在实验室建立了一套完整的基因分析方法，完成了中国桂、粤、川三省 54 例 α- 地中海贫血患者的 α- 珠蛋白基因型，首次提供了中国 α- 地中海贫血基因组织的特点和基本情况，并发现了新的基因型。作为我国遗传病基因诊断的先驱，吴冠芸非常注重人才培养，从 1984 年起几乎每年都举办学习班和培训班，推广遗传病基因诊断研究成果，学员遍及全国各地，这些推广工作推动和促进了我国基因诊断和产前诊断工作的蓬勃发展。她的学生沈岩后来也成了我国知名的医学遗传学家。

1979 年，中国医学科学院在基础医学研究所成立了我国第一个医学遗传学教研室，并委任罗会元为主任，此时他才真正投入到了医学遗传学的工作中。在担任医学遗传室主任期内，为解决遗传病的诊治与预防问题，他将该室逐步建成一个既包括临床遗传组，又有细胞遗传、生化遗传与分子遗传组的较全面、水平较高的医学遗传学教研室。1987 年 8 月卫生部批准在中国医学科学院、上海医科大学及湖南医科大学设立三个国家级遗传医学中心。位于北京的中国遗传中心由中国医学科学院基础医学研究所医学遗传学教研室和北京协和医院儿科、妇产科共同组成，罗会元任中心主任，赵时敏和孙念怙任中心副主任，主要从事遗传病（优生）相关的科研、临床服务、人员培训等工作。1983—2000 年，罗会元利用他丰富的内科临床经验与广博的遗传病知识，多次诊断出国内尚未报道过的罕见遗传病，包括 Lowe 综合征、Stickler 综合征、假性软骨发育不全、GM1 神经节苷脂贮积症、Ⅰ 细胞病、甲基丙二酸血症等。2000 年，罗会元主持的"中国人经典型苯丙酮尿症（PKU）突变基因的鉴定与产前诊断"获得国家科学技术进步奖二等奖。

从 20 世纪 60 年代初到 90 年代末，经过近 40 年的努力，我国在遗传诊断方面已经形成了多支成熟的科研团队，保障了遗传咨询和产前诊断工作的开展，提高了我国遗传筛查和诊断技术的水平，在控制、减少遗传性疾病和出生缺陷，提高我国出生人口素质方面贡献了力量。遗传诊断是针对已经发现的疾病致病基因，建立成熟的技术方法并开展个体基因筛查工作。而医学遗传学研究的创新源头在于鉴别疾病的致病基因。自 1974 年世界第一个人类疾病基因被克隆鉴定以来，到 20 世纪 90 年代末全世界共克隆鉴定了超过 1 400 个疾病基因，其中只有 1 个遗传性神经性高频性耳聋基因是我国中南大学细胞遗传学系的夏家辉于 1998 年克隆鉴定的。

2001 年，中国医学科学院基础医学研究所的沈岩成功克隆鉴别出了遗传性乳光牙本质的致病基因——牙本质涎磷蛋白基因（*DSPP*），在 *Nature Genetics* 杂志 2001 年第 2 期发表。遗传性乳光牙本质致病基因的克隆是国际口腔医学和医学遗传学的热点。国外已于 1995 年将遗传性乳光牙本质致病基因定位于人类 4 号染色体长臂 4q12-q23，并克隆和研究了若干候选基因，但一直未找到该病的致病基因。沈岩利用我国在天津、江苏等地发现的 4 个遗传性乳光牙本质患病家系，采用定位候选克隆策略，在国际上首先发

现 *DSPP* 基因突变导致遗传性乳光牙本质的发生。这一发现为遗传性乳光牙本质致病机制的研究提供了关键性的线索，对于开发遗传性乳光牙本质的遗传诊断和治疗技术具有重要的应用价值。*Nature* 配发的评论认为："这一研究工作标志着中国致病基因克隆鉴定工作已经进入提速阶段。""乳光牙本质基因克隆鉴定研究"获得了 2002 年度国家自然科学奖二等奖。此外，沈岩还鉴别出 *CACNA1H* 基因变异与儿童失神癫痫发病有关、*SCN9A* 基因突变导致红斑肢痛症、*CRYGS* 基因突变导致单纯先天性白内障。

2003 年，人类基因组图谱成功绘制，此后国际上掀起了一阵挖掘单基因病致病基因的浪潮，期间成功克隆到了大量的致病基因，而剩余的则是用传统遗传学研究方法难以啃动的"硬骨头"。

2001 年，中国医学科学院基础医学研究所在医学遗传室的基础上成立了医学遗传学系，张学任首任系主任。在之后的十多年里，张学先后成功鉴别了多个之前认为已经"走进死胡同"的单基因病致病基因。例如，国外研究者在十年前已证明 *HR* 基因突变是导致先天性无毛症的原因，但还一直没在患者中发现该基因的突变。张学发现 *HR* 基因编码区的上游非翻译区有一段序列编码一种由 34 个氨基酸组成的小肽（命名为 U2HR），在来自不同国家的 19 个患者家系中存在影响 U2HR 功能的突变。U2HR 的功能是抑制 *HR* 基因自身的蛋白质合成过程，U2HR 的致病突变却是引起 HR 蛋白量的增加。因此，HR 蛋白水平必须维持在一定范围内才能阻止毛发脱落。这一研究成果的意义不仅仅在于揭示遗传性脱发的一种新机制，同时也证明基因非翻译区同样也可以是致病突变发生的主要部位，研究发表于 *Nature Genetics*。另一个例子是家族性反常性痤疮的研究，当时国际遗传学界一直十分困惑其连锁分析信号定位于不同的染色体，这让传统的连锁分析方法捉襟见肘。张学和沈岩采用了当时才刚刚发明的高通量测序技术，在中国患者家系中发现 γ-分泌酶亚单位基因 *NCSTN*、*PSEN1* 及 *PSENEN* 的丧失功能性突变，确定该病发生的遗传机制为 γ-分泌酶亚单位基因的单倍性不足，研究发表于 *Science*。张学还成功鉴别了先天性全身多毛症、新型短指-并指综合征、并指、先天性白内障、遗传性对称性色素异常症等疾病的致病基因，改写了国际最权威的人类遗传病数据库 OMIM 的 9 个条目，为强化产前诊断、提高人口素质做出了重要贡献。相关成果《遗传病致病基因和致病基因组重排的新发现》在 2014 年获得国家自然科学奖二等奖。

自从 2008 年高通量测序技术发明以来，医学遗传学研究的重心已经从单基因病向多基因复杂疾病发展。中国医学科学院肿瘤医院肿瘤研究所的詹启敏、赫捷、王明荣 3 个课题组在食管鳞癌基因组学方面的研究结果，展示了中国人食管鳞癌中最重要的突变基因与信号通路，发现了多个与发病或预后显著相关的突变基因，具有潜在的诊断、分型及治疗应用价值，论文在 *Nature* 和 *Nature Genetics* 杂志上发表。林东昕和顾东风两个课题组通过全基因组关联研究，发现一批食管癌等肿瘤和冠心病等心血管疾病的易感基因，在 *Nature Genetics* 等杂志发表系列论文，相关成果"乳腺癌精准诊疗关键技术创新与应用"获国家自然科学奖二等奖。

从"模仿"到"原创"，从"落后"到"领先"，从"空白"到"超越"。中国医学科学院的医学遗传学研究史几乎代表了我国医学遗传学近 60 年的发展步伐，从老一代科学家的白手起家，一步步创立起我国的基因诊断和产前诊断方法，再到近 20 年来，我国的医学遗传学研究在国际上占据一席之地，这背后是一代又一代领军科学家和他们团队的默默耕耘和无私奉献。

（十）干细胞与生命创造

　　一个人每一分钟有上万的皮肤细胞死亡和更新，我们的血液甚至骨骼几年就会更新一次。这是因为在我们生命的发生和延续过程中，大量干细胞在发挥作用。

　　干细胞是一类具有自我更新和多向分化潜能的细胞群体，在机体病损细胞、组织或器官的修复、重建或替代方面具有巨大潜能，被认为是再生治疗中重要的"种子"细胞。干细胞可以自我更新，并且可以分化成特定类型的功能细胞，后者进一步增殖、分裂、分化、发育成为相应的组织和器官，最终长成完整的个体。根据来源不同，干细胞一般分为胚胎干细胞和成体干细胞。胚胎干细胞来自生命发育的早期，可以发育成为体内所有类型的组织和器官。成体干细胞可以分化成相应组织类型的细胞，如造血干细胞可以分化成红细胞、白细胞等造血系统的细胞。

　　由于干细胞在再生医学领域的广泛应用前景，干细胞研究已成为生命科学高新技术的制高点，世界各国竞相在干细胞领域投入大量资源。我国也越来越重视干细胞研究，并取得了一系列创新性成果。

　　2009 年，我国科学家在改进诱导多能干细胞（induced pluripotent stem cells，iPS 细胞）诱导培养方法的基础上，首次获得了完全由 iPS 细胞发育而成的健康小鼠及后代（图 2-1-26）。

图 2-1-26　iPS 细胞产生的小鼠"小小"

这是世界上第一只非胚胎来源，而是由干细胞生成的动物。该成果充分证明了 iPS 细胞具有与胚胎干细胞相似的发育全能性，能够发育为健康的个体，为 iPS 理论的完善及其在再生医学领域的应用做出了突出贡献。该成果发表后，受到国内外科学家的普遍关注，*Science*、*Nature*、*Reuters*、*Time Magazine* 等杂志分别对该成果发表了专题评论，并被国内外千余家媒体转载；入选 2009 年度美国《时代周刊》评选的十大医学突破（排名第五位）、中国基础研究十大新闻和两院院士评选的中国十大科技进展。

干细胞一般是二倍体细胞，也就是有两套染色体，一套染色体来自父方，一套来自母方。在发育过程中，有两类细胞是单倍体细胞，一类是精子，一类是卵子，它们的结合就是生命的起始——受精卵。那么，如果制造出只有一套染色体的单倍体干细胞，是不是可以做很多有意思的研究呢？

我国科学家成功建立了小鼠精子来源的孤雄单倍体胚胎干细胞系，证实其兼具多能性和单倍性；并发现这种单倍体胚胎干细胞能够替代精子产生健康可育的后代，并利用此方法获得了健康转基因小鼠。该研究为灵长类等大动物的基因功能研究及疾病模型的建立开辟了一条新的道路，为研究生殖与发育的调控机制提供了新模型，并提示类似技术可能对于人类致病基因的筛查和通过辅助生殖技术进行基因修正提供新的途径。该成果入选了 2012 年度"中国科学十大进展"。

在此基础上，我国科学家进一步证实卵子来源的孤雌单倍体胚胎干细胞可以替代卵母细胞遗传物质，完成到期发育。那么，是否可以利用干细胞技术获得来自"同性"小鼠的后代？这一生殖过程的调控机制是什么？我国科学家结合单倍体干细胞和基因编辑技术，通过对孤雌、孤雄单倍体干细胞基因组印记模式研究和遗传修饰，首次获得正常生长的孤雌小鼠和发育到期的孤雄小鼠，揭示了若干新的基因组印记区段在生殖与发育中的功能（图2-1-27、图2-1-28）。这些发现极大地推进了对基因组印记的进化、调控及功能的理解，对研究基因组印记紊乱导致的多种人类疾病及其治疗方法具有重要意义，对于开发新的动物生殖手段也有重要价值。相关成果于2018年发表后立即引起国内外学界的广泛关注，被认为是生命科学前沿研究的重大突破。世界知名学术期刊 *Cell*、*Nature*、*Science* 网站均对该成果进行了持续报道，其中 *Nature* 网站数日以该论文相关新闻作为首页报道。该成果入选 *The Scientist* 杂志评选的2018年度科技进展。

图2-1-27 双雌生殖的小鼠及其后代　　　　图2-1-28 双雄生殖的新生小鼠

物种间杂交个体在进化生物学、生殖发育生物学及遗传学中被广泛应用，例如"杂交优势"的研究及其在农业育种中的应用。然而由于物种间存在生殖隔离，哺乳动物远亲物种间的配子无法受精和发育，因此种间杂交只在近亲物种间发生，如马和驴杂交产生骡子。那么，能否绕开生殖隔离的屏障，创造出哺乳动物远亲物种间的二倍体杂合细胞？

我国科学家依托哺乳动物的单倍体胚胎干细胞技术，绕开了小鼠和大鼠的精卵融合后无法发育的生殖隔离障碍，获得了异种杂合二倍体胚胎干细胞。这项研究是首例人工创建的、以稳定二倍体形式存在的异种杂合胚胎干细胞，它们包含大鼠和小鼠基因组各一套，并且异源基因组能以二倍体形式稳定存在。异种杂合二倍体干细胞能够分化形成各种类型的杂种体细胞和早

图 2-1-29　大鼠－小鼠异种杂合二倍体胚胎干细胞示意（工艺品）

期生殖细胞，并展现出兼具两个物种特点的独特的基因表达模式和性状，以及独特的 X 染色体失活方式，从而为从天然存在生殖隔离的物种制备包含稳定二倍体基因组的杂交干细胞提供了新方法（图 2-1-29）。这些具有胚胎干细胞特性的异种二倍体杂合干细胞将为进化生物学、发育生物学、遗传学等研究提供新的模型和工具，从而完成更多的生物学新发现。

（十一）首次提出蛋白质变性学说

生命体由诸多生物大分子组成，比如：核酸、蛋白质、多糖等。其中，蛋白质是生命活动的主要承担者。

天然蛋白质分子受到某些物理因素（热、紫外线照射、高压等）或化学因素（有机溶剂、酸、碱、胍等）影响时，生物活性丧失，溶解度降低，不对称性增高，以及其他理化系数发生改变，这种过程称为蛋白质变性（protein denaturation）。蛋白质变性的实质是蛋白质分子中的次级键被破坏，引起天然构象解体。蛋白质变性的特点是不涉及共价键的破坏，一级结构仍保持完好。以上基本的生物化学常识，对于生物专业的学生来说耳熟能详，也常常见诸科普报刊，但在 100 年前，这些如今教科书上的常识却是当

时研究的最前沿问题，困扰了科学家们几十年。在蛋白质变性的本质是什么这个问题上，有一位科学巨匠的身影——中国生物化学之父吴宪（图 2-1-30）。

图 2-1-30　蛋白质变性学说的首位提出者，中国生物化学之父吴宪

在 20 世纪初期，遗传物质的化学本质尚未明确，当时"蛋白质是主要的遗传物质"还是科学家的主流认识。因此，科学家们投入了极大的热情研究蛋白质。科学家们观察到，在一些因素的影响下，天然可溶的蛋白质十分容易变得不可溶，这种现象被称为蛋白质的变性。当时对于蛋白质的变性本质尚未阐述清楚，并且常常将蛋白质"变性"与"沉淀""结絮""凝集"相混淆。蛋白质变性的化学本质成了当时的领域难题。

1924 年，时任北京协和医学院（Peking Union Medical College，PUMC）生物化学系首任系主任的吴宪带领研究小组向"蛋白质变性的本质"这一难题发起了冲锋，该研究一直持续到 1940 年，前后一共 16 年。小组成员包括严彩韵、邓葆乐、李振翮、林国镐、林树模、陈同度、黄子卿、刘思职、杨恩孚、周启源、徐嘉祥、王成发等。期间先后发表蛋白质变性专题系列论文 16 篇，相关论文 14 篇。1929 年，在第 13 届国际生理学大会上，吴宪汇报了关于"蛋白质变性学说"的摘要内容，认为蛋白质变性的发生与结构变化有关，但这一理论并未引起国际同行的重视。随后在 1931 年，吴宪在《中国生理学杂志》（*Chinese Journal of Physiology*）上正式发表了题为"Studies on Denaturation of Proteins XIII. A Theory of Denaturation"的学术论文，首次提出了"蛋白质变性学说"。文章通过对变性、凝固、结絮等概念的区分，单个分子构型的分析，蛋白质变性作用的分析，蛋白质分子构型的分析，以及天然可溶蛋白质分子坚密结构的分析，最后提出了"蛋白质变性学说"：天然的蛋白质的坚密晶体结构是由分子中副价的相互联系而形成的，所以容易被物理和化学的力量所破坏。变性作用是天然蛋白质分子组织的松解，也就是从刚性结构的有规则排列形式变成柔性开链的不规则散漫排列形式。该学说极好地解释了蛋白质在不同条件下的变形作用、变性作用的可逆性及变性作用的机械性质与蛋白质分子体积的关系。

在吴宪论文发表5年后的1936年，诺贝尔奖获得者鲍林（Linus Carl Pauling）教授在 *PNAS* 上发表了蛋白质变性理论的论文"On the Structure of Native，Denatured, and Coagulated Proteins"，其实质上与吴宪5年前已经提出的观点极为相似。相似的工作由于发表刊物的差异，导致后人引用"蛋白质变性学说"常常引用鲍林的文章。不过依然有科学家还原了吴宪教授在"蛋白质变性学说"的历史地位。

拓展阅读

次级键：除了典型的强化学键（共价键、离子键及金属键等），依靠氢键，以及弱的共价键和范德华作用力（即分子间作用力）相结合的各种分子内和分子间作用力的总称。

共价键：指由几个相邻原子通过共用电子，并与共用电子之间形成的一种强烈作用叫做共价键。

蛋白质一级结构：指蛋白质肽链中氨基酸的线性排列顺序。

遗传物质的化学本质：1928—1944年，艾弗里的肺炎链球菌转化实验证明了DNA是转化因子；直到1952年赫希的噬菌体侵染细菌实验才最终证明DNA是主要的遗传物质，终结了蛋白质是遗传物质的错误认识。

1979 年，美国著名蛋白质生化学家约翰·埃德萨尔（John T. Edsall）在回顾蛋白质生理化学的发展时这样写道：“最后，我将提及两篇重要的早期发表的解释蛋白质变性的论文。第一篇是中国生物化学家吴宪在 1931 年写的。”他将吴宪的工作与鲍林的工作并列，并强调了吴宪工作的时间更早。随后在 1995 年出版的蛋白质研究领域内国际上最具权威性的综述性丛书 *Advances in Protein Chemistry*（《蛋白质化学进展》）中，约翰·埃德萨尔再一次肯定了吴宪提出蛋白质变性学说第一人的历史地位。更为震撼的是，该书全文重新刊登了吴宪 1931 年关于蛋白质变性论文的全文，前后时隔 65 年，这在学术界极为罕见，实乃学术界的一件盛事。学术论文全文重刊，雄辩地证明了这一学说的学术价值（图 2-1-31）。

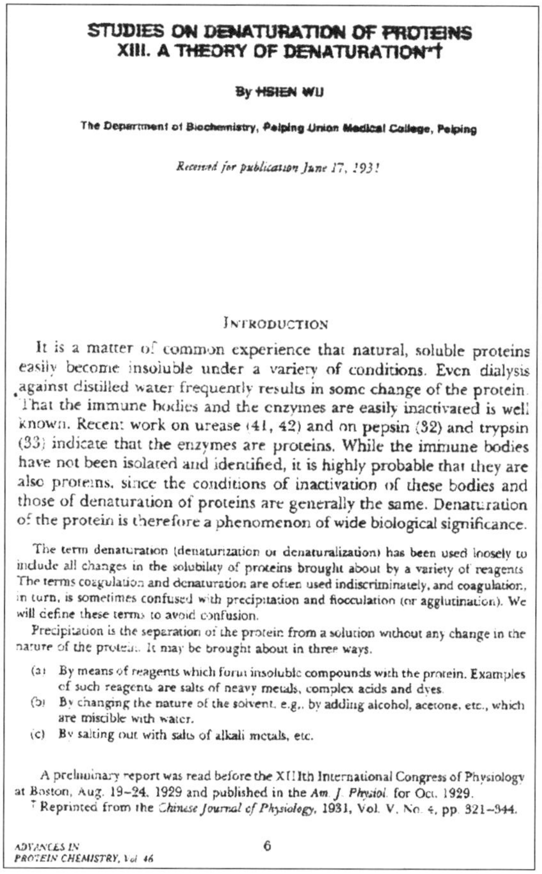
STUDIES ON DENATURATION OF PROTEINS
XIII. A THEORY OF DENATURATION*†

By HSIEN WU

The Department of Biochemistry, Peiping Union Medical College, Peiping

Received for publication June 17, 1931

INTRODUCTION

It is a matter of common experience that natural, soluble proteins easily become insoluble under a variety of conditions. Even dialysis against distilled water frequently results in some change of the protein. That the immune bodies and the enzymes are easily inactivated is well known. Recent work on urease (41, 42) and on pepsin (32) and trypsin (33) indicate that the enzymes are proteins. While the immune bodies have not been isolated and identified, it is highly probable that they are also proteins, since the conditions of inactivation of these bodies and those of denaturation of proteins are generally the same. Denaturation of the protein is therefore a phenomenon of wide biological significance.

The term denaturation (denaturization or denaturalization) has been used loosely to include all changes in the solubility of proteins brought about by a variety of reagents. The terms coagulation and denaturation are often used indiscriminately, and coagulation, in turn, is sometimes confused with precipitation and flocculation (or agglutination). We will define these terms to avoid confusion.

Precipitation is the separation of the protein from a solution without any change in the nature of the protein. It may be brought about in three ways.

(a) By means of reagents which form insoluble compounds with the protein. Examples of such reagents are salts of heavy metals, complex acids and dyes.
(b) By changing the nature of the solvent, e.g., by adding alcohol, acetone, etc., which are miscible with water.
(c) By salting out with salts of alkali metals, etc.

* A preliminary report was read before the XIIIth International Congress of Physiology at Boston, Aug. 19–24, 1929 and published in the *Am. J. Physiol.* for Oct. 1929.
† Reprinted from the *Chinese Journal of Physiology*, 1931, Vol. V, No. 4, pp. 321–344.

ADVANCES IN PROTEIN CHEMISTRY, Vol. 46　6

图 2-1-31　1995 年 *Advances in Protein Chemistry* 全文重刊吴宪 1931 年发表于《中国生理学杂志》的蛋白质变性学说

吴宪一生著作等身，“蛋白质变性学说”只是其诸多学术成就中的一项，仅“Folin-Wu 血糖测定法”一项学术成果就足以让先生雄踞 20 世纪伟大的科学家之列。但科学最本质的特征就是求真，回顾"蛋白质变性学说"的研究历史，还原吴宪在"蛋白质变性"领域的学术地位，既是对吴宪的尊重，更是对科学本身的尊重。唯如此，科学之光才能更好地绽放；也因如此，吾侪后辈更该将先生科学家精神领悟、继承，并发扬。

参考文献

[1] SHI Y,PING Y F,ZHOU W,et al.Tumour-associated macrophages secrete pleiotrophin to promote PTPRZ1 signalling in glioblastoma stem cells for tumour growth[J].Nat Commun,2017,8:15080.

[2] WU H B,YANG S,WENG H Y,et al.Autophagy-induced KDR/VEGFR-2 activation promotes the formation of vasculogenic mimicry by glioma stem cells[J].Autophagy,2017,13(9):1528-1542.

[3] WANG B,WANG Q,WANG Z,et al.Metastatic consequences of immune escape from NK cell cytotoxicity by human breast cancer stem cells[J].Cancer Res,2014,74(20):5746-5757.

[4] YAN G N,YANG L,LYU Y F,et al.Endothelial cells promote stem-like phenotype of glioma cells through activating the Hedgehog pathway[J].J Pathol,2014,234(1):11-22.

[5] SHAN J,SHEN J,LIU L,et al.Nanog regulates self-renewal of cancer stem cells through the insulin-like growth factor pathway in human hepatocellular carcinoma[J].Hepatology,2012,56(3):1004-1014.

[6] PING Y F,YAO X H,JIANG J Y,et al.The chemokine CXCL12 and its receptor CXCR4 promote glioma stem cell-mediated VEGF production and tumour angiogenesis via PI3K/AKT signalling[J].J Pathol,2011,224(3):344-354.

[7] PING Y F,BIAN X W.Consice review: Contribution of cancer stem cells to neovascularization[J].Stem Cells,2011,29(6):888-894.

[8] YAO X H,PING Y F,CHEN J H,et al.Glioblastoma stem cells produce vascular endothelial growth factor by activation of a G-protein coupled formylpeptide receptor FPR[J].J Pathol,2008,215(4):369-376.

[9] YI L,ZHOU Z H,PING Y F,et al.Isolation and characterization of stem cell-

like precursor cells from primary human anaplastic oligoastrocytoma[J].Mod Pathol,2007,20(10):1061-1068.

[10] BIAN X W,WANG Q L,XIAO H L,et al.Tumor microvascular architecture phenotype (T-MAP) as a new concept for studies of angiogenesis and oncology[J].J Neurooncol,2006,80(2):211-213.

[11] ZHOU Y,BIAN X,LE Y,et al.Formylpeptide receptor FPR and the rapid growth of malignant human gliomas[J].J Natl Cancer Inst,2005,97(11):823-835.

[12] BIAN X W,CHEN J H,JIANG X F,et al.Angiogenesis as an immunopharmacologic target in inflammation and cancer[J].Int Immunopharmacol,2004,4(12):1537-1547.

[13] HONG F,ZHANG F,LIU Y,et al.DNA origami:scaffolds for creating higher order structures[J].Chem Rev,2017,117(20):12584-12640.

[14] MISTELI T.The cell biology of genomes:bringing the double helix to life[J].Cell,2013,152(6):1209-1212.

[15] GREEN E D,WATSON J D,COLLINS F S.Human Genome Project:Twenty-five years of big biology[J].Nature,2015,526(7571):29-31.

[16] GIBBS R A.The Human Genome Project changed everything[J].Nat Rev Genet,2020,21(10):575-576.

[17] WANG X L,XIA Z,CHEN C,et al.The international Human Genome Project(HGP)and China's contribution[J].Protein Cell,2018,9(4):317-321.

[18] 李白薇 . 基因组计划的中国记忆 [J]. 中国科技奖励 ,2015(12):35-36.

[19] 杨焕明 . 科学与科普——从人类基因组计划谈起 [J]. 科普研究 ,2017,12(3):5-7,104.

[20] LANDER E S,LINTON L M,BIRREN B,et al.Initial sequencing and analysis of the human genome[J].Nature,2001,409(6822):860-921.

[21] 陈竺 , 黄薇 , 傅刚 , 等 . 人类基因组计划进展与中国 HGP[J]. 中国科技月报 ,2000,6:20-24.

[22] 杨焕明 .DNA&HGP 对人类未来的影响 [J]. 海南医学 ,2019,30(S1):22-28.

[23] 中国科学院上海生物化学研究所 , 中国科学院上海细胞生物学研究所 , 中国科学院上海有机化学研究所 , 等 . 酵母丙氨酸转移核糖核酸的全合成 [J]. 科学通报 ,1982,27(2):106-109.

[24] 王德宝 . 酵母丙氨酸转移核糖核酸的人工全合成 [J]. 化学通报 ,1989,52(10):8-13.

二、临床医学　救死扶伤

乔杰院士谈临床科技
发展

现代科技武装医学领域，使医疗高新技术为人类防病治病和提高健康水平做出了重大贡献，推动了医疗事业的迅速发展。

建党 100 年来，临床医学的进步大大提高了患者的生存率。器官移植、血液透析、人工脏器等新方法、新药物的出现，明显改善了肿瘤患者、慢性疾病患者的缓解率和治愈率。20 世纪 50 年代实验诊断学发展迅速；70 年代以后，超声诊断仪、内镜和医用电子仪器更多地应用到临床中，丰富了临床诊断手段；70 年代前的 X 线片、胃肠道钡餐造影、泌尿系统碘剂造影，70 年代后的 CT、MRI，80 年代后的多重聚合酶链式反应（MPCR）、核磁共振水成像（MRU）、内镜逆行胰胆管造影（ERCP）、经皮肝穿刺（PTC）等检查技术，不仅可以准确地诊断疾病，而且可以协助制定治疗方案。

本节介绍了建党 100 年来我国临床医学重要科技的发展，展示了我国临床医学的重大科技成就、重大科技事件及重要的科技人物，以描画临床医生和临床研究者们为民救死扶伤的不懈探索与奋斗。

（一）中国首例肾移植

20 世纪 50 年代末，我国对肾衰竭患者的救治工作开始起步，主要包括血液透析和肾移植两个方面。1958 年，在北京医学院第一医院吴阶平院士的指导下，郭应禄院士开始了肾移植研究，当时他带着一些比自己更年轻的医生做动物实验。1960 年 2 月，吴阶平、沈绍基完成了两例尸体肾移植，郭应禄担任吴阶平的助手。由于当时对移植免疫排斥的认识有限，移植的肾仅仅在受体身体里存活了 1 个月就坏死了。这次尝试，尽管移植的肾没有长期存活，但这为后来我国器官移植工作奠定了基础。

手术之后，吴阶平、郭应禄为了带动北京市甚至全国肾移植工作的开展，合作撰写了第一篇《肾移植》综述，基础部分由吴阶平完成，临床部分由郭应禄完成。1972 年，郭应禄在北京市介绍慢性肾衰竭、血液透析及肾移植，于惠元、侯宗昌赴广州协助当地完成第一例亲属间肾移植。

肾移植作为治疗慢性肾衰竭的一种有效手术，引起了周恩来总理的重视。1973 年 10 月，加拿大总理特鲁多首次访华，两国总理签订了多项双边协议。两国总理确定立即开展交换学习，加拿大派医生来中国学习烧伤和断手再植知识和技术，中国派医生去加拿大学习血液透析、肾移植及神经电生理知识和技术。1974 年，卫生部委托郭应禄负责组织北京医学院王海燕、朱洪荫等 5 人赴加拿大进行肾移植和血液透析考察 1 个月。回国后郭应禄编写了我国第一部《血液透析与肾移植》专著，详细介绍了此次在加拿大看到的国际上先进的肾移植手术流程、规范；术前进行组织配型的概念、理论及方法；在手术中如何取供体，如何保存，如何移植；术后有哪些方法来对抗排斥反应等。这本小册子印刷出来后，他们将其免费送给其他医院搞肾移植的同行，以供大家在临床工作中参阅。这本小册子，第一次阐述了器官移植是一个非常复杂的系统工程。这种直接学习国外先进知识和技术的做法，对当时我国基本是自己闭门摸索的肾移植工作，起到了重要的指导作用。

1975 年，上海中山医院泌尿外科做了一例尸体肾移植，获悉郭应禄刚从加拿大成归来，工作人员向郭应禄请教术后抗排异的用药方案。郭应禄向他们建议了加拿大医生使用的"冲击疗法"，最后，这例患者存活了数年。

1977年，北京医学院第一医院泌尿外科专门辟出一个病房接收肾移植患者，肾移植成为了全科的重点工作之一，郭应禄也全身心投入到了肾移植的临床研究工作中，并培养了大量来自全国各地来学习肾移植的进修医生。

1977年以后，北京友谊医院、解放军总医院、北京协和医院、309医院、中日友好医院等多家医院开展肾移植工作，并取得了满意效果。

（二）腔内泌尿外科和体外冲击波碎石中国经验

20世纪末，微创外科在世界范围内迅速发展，并成为21世纪外科学的发展方向之一，腔内泌尿外科和体外冲击波碎石术（ESWL）是微创外科的重要代表。在此发展阶段，北京大学泌尿外科研究所积极推动腔内泌尿外科和ESWL的应用与推广，为创立和推动我国腔内泌尿外科学科，保持其与国际先进水平同步发展做出了贡献。

1982年7月，在吴阶平、郭应禄、王德昭的主持下，北京大学泌尿外科研究所与中国科学院声学研究所共同研究ESWL，当年末即完成了体外破碎肾结石标本的实验，制成了可供实验用的冲击波聚焦碎石装置。1983年初将实验结果总结发表。其后，又完成了ESWL对肾组织的影响和大动物碎石实验，为ESWL的临床应用奠定了基础。1984年，ESWL应用于肾结石的治疗并取得了成功。

1987年3月，郭应禄等首先提出采用俯卧位ESWL治疗输尿管中、下段结石及膀胱结石，并获成功。经过对大量临床病例的实践，效果甚为满意，不仅扩大了 ESWL 的适应证，也大大提高了疗效，并将此成果于 1987 年 8 月通过卫星向德国做了介绍。此外，郭应禄积极向全国推广 ESWL 设备国产化和 ESWL 技术，使其推广速度及国产化比例均居大型医疗设备之首。郭应禄主持的"体外冲击波碎石系列研究"于 2000 年获北京市科技进步奖二等奖。

20 世纪五六十年代，吴阶平开始施行经尿道膀胱肿瘤和前列腺疾病的电灼、电切技术，使我国腔镜技术基本上与国际同步发展。20 世纪 70 年代末，北京大学泌尿外科研究所在国内较早开展经尿道前列腺切除术（TURP），并由潘柏年等大规模进行开展，使该技术逐步成熟，且将该技术和经验毫无保留地向年轻医生和全国各地同道传授。

1986 年，郭应禄在国内首先报告经尿道输尿管镜取石碎石术和经皮肾镜取石术，之后由薛兆英、郝金瑞、张晓春等逐步开展，达到成熟的技术水平。

1991 年，国际上开始应用腹腔镜治疗泌尿外科疾病。次年起，那彦群最早在国内报告了一系列泌尿外科腹腔镜手术，包括腹腔镜盆腔淋巴结切除术（1992）、腹腔镜精索静脉高位结扎术（1992）、腹腔镜肾切除术（1993）、腹腔镜肾囊肿切除术（1994）。1992 年，周利群、郭应禄等首先报道经尿道接触式激光膀胱肿瘤切除术和前列腺切除术。2010 年周利群报道北京大学泌尿外科研究所独创的腹腔镜建立腹膜后腔技术——"IUPU 技术"，并总结发表了解剖性肾脏切除术的概念。

2001 年以来，北京大学泌尿外科研究所每年举办腔内新技术学习班 1～2 次，全面介绍腔内新技术的进展。郭应禄主编的《腔内泌尿外科学》是国际上该学科第一部全面系统的专业书籍；郭应禄主编的《泌尿外科内镜诊断治疗学》荣获首届中华优秀出版物奖；那彦群等主持的《腔内泌尿外科技术的应用和推广》于 2005 年获中华医学科技奖二等奖和北京市科技进步奖二等奖；周利群等主持的《腹腔镜在泌尿外科的应用与推广》于 2012 年获得华夏科技进步奖二等奖；周利群的一次性单孔腹腔镜套管及腹腔镜手术用线夹获得 2012 年和 2013 年国家实用新型专利各 1 项。

（三）重症肝病诊治的理论创新与技术突破

肝脏是人体的重要器官之一，具有合成、解毒、代谢、分泌、生物转化、免疫防御等功能。当病毒、酒精、药物等因素引起肝脏严重损害时，肝细胞会大量坏死，导致其功能发生严重障碍或失代偿，进而出现以凝血机制障碍和重度黄疸、肝性脑病、腹水等为主要表现的一组临床综合征，称之为肝衰竭。肝衰竭属临床危急重症，病死率达 50%～ 80%。

1. 我国首创李氏人工肝技术

作为我国"人工肝技术的开拓者"，接诊过众多肝衰竭患者的浙江大学医学院附属第一医院李兰娟院士对于肝衰竭的凶险有着刻骨铭心的记忆。刚工作不久的李兰娟曾接诊了一位二十多岁的年轻小伙，该患者患有暴发性肝衰竭，入院后病情迅速恶化并死亡。彼时，面对病魔束手无策的李兰娟决心啃下这块硬骨头，她说："作为一名临床医生，有责任探索如何降低重症肝病的病死率。"

在此后的工作中，如何降低肝功能衰竭的病死率一直萦绕在李兰娟的心头。1986 年，浙江大学医学院附属第一医院接诊了一位已经处于昏迷状态的暴发性肝衰竭患者。该患者伴有肾衰竭，无尿，因此医生给他进行了肾透析滤过治疗。堪称奇迹的是，经过一周的抢救，患者清醒过来了，并且后来康复出院了，这让李兰娟喜出望外。由此，她萌生了创建人工肝的想法。在查阅了大量资料后，李兰娟率领团队展开了人工肝研究的攻关工作。

李兰娟团队将基础研究与临床转化相结合，历经了 30 余年的艰苦努力，根据肝衰竭病理生理特性，有机结合血浆置换、持续透析滤过吸附系列技术，探明了人工肝治疗的机制（图 2-2-1），攻克了治疗过程中易出血、低血压、严重内环境紊乱等难关，创建了独特有效、有自主知识产权的新型李氏人工肝（Li-ALS）（图 2-2-2），确定并不断拓宽了人工肝的适应证，优化和标化了治疗流程，急性、亚急性肝衰竭病死率由 88.1% 大幅降低到了 21.1%。

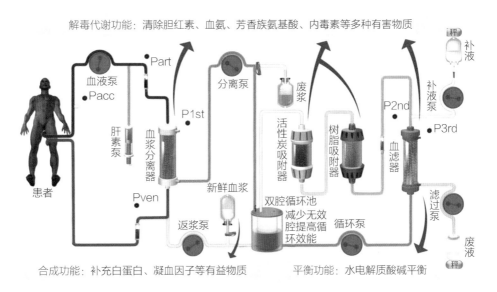

图 2-2-1 李氏人工肝系统（Li-ALS）的工作原理

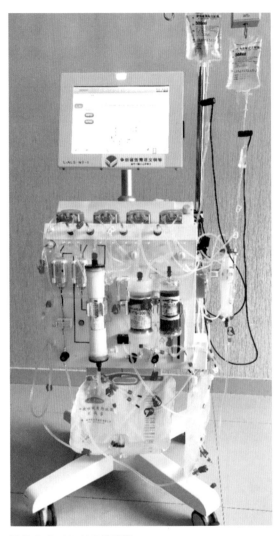

图 2-2-2　Li-ALS 治疗仪

目前该技术已在全国被推广应用，治疗患者十余万例次，挽救了众多患者的生命。为了更方便地推广应用李氏人工肝，李兰娟团队还有效突破了传感、控制等方面技术，成功研制出了新一代 Li-ALS 治疗仪，该治疗仪于 2020 年 2 月 28 日获中华人民共和国医疗器械注册证（编号：国械注准 20203100180）。李氏人工肝系统入选了国家"十二五"科技创新成就展。

同时，为了更好地进行病情评估，抓住救治的最佳时机，团队运用系统生物学技术方法，率先发现了 39 个肝损伤相关的分子标志物，创建了肝衰竭早期诊断和病情预后评估模型。该模型人工肝治疗预后预测准确率达 96%，优于国际通用的用于晚期肝病危重程度评价的终末期肝病模型（MELD）评分，为肝衰竭个体化治疗、提高人工肝疗效提供了可靠的预测方法。

在非生物型人工肝方面取得突破性进展的同时，李兰娟团队进一步创新，突破了生物型、混合型人工肝的关键核心技术。这一类人工肝仿生性更强，但因有肝细胞参与其中，需要解决细胞源、体外大规模培养方法、生物反应器三大技术难题。团队目前已建立了国内首个正常人源性永生化肝细胞系——HepLL 和可逆性永生化人肝细胞系——HepLi4，细胞系与原代肝细胞具有类似形态学和生物学特征，为人工肝提供了新的细胞源；创建肝细胞微囊－转瓶大规模培养新方法，可获得满足人工肝临床治疗大量细胞（1010 级）；创建漏斗型流化床式生物反应器等一系列具有自主知识产权的新型生物反应器。动物实验结果显示，李氏生物人工肝系统（Li-BAL）能显著改善肝衰竭猪血生化指标，延长存活时间；李氏混合型人工肝（Li-HAL）治疗 15 例重型肝炎肝衰竭取得显著疗效。

2. 李氏人工肝联合肝移植治疗重症肝病

李兰娟还创新性地将李氏人工肝与肝移植联合用于治疗重症肝病，有效解决了高 MELD 评分重症肝病肝移植治疗效果差、病死率高的难题。在肝移植术前 48 小时内实施李氏人工肝治疗新方法、新策略，可显著降低重症肝病患者的 MELD 评分，明显改善术前肝、肾及凝血功能，减少术中出血量（可减少 22%），缩短气管插管时间（可缩短 27%），重症肝病肝移植受者术前 MELD 评分降至 30 分以下者 5 年生存率可显著提高到 80% 以上。

一名重症肝病患者，病情危重，已无法手术。患者家属抱着最后一线希望将他送到了浙江大学医学院附属第一医院。在进行了 8 次人工肝治疗后，患者的病情得到了缓解。两个月后，患者在该院接受了肝移植手术，顺利康复后高高兴兴地回家过年了。另一位 15 岁的花季少女因急性肝衰竭伴肝昏迷入院，MELD 评分高达 35 分，大大超过了肝移植的手术标准。经过人工肝的治疗，患者的 MELD 评分下降到了 22 分。病情稳定后，患者接受了肝移植手术，并顺利康复出院。

肝移植是内科治疗效果不理想的重症肝病患者最后的生存希望。但由于供体短缺，不少患者在等待移植期间往往因病情恶化失去了生存的机会。针对这一瓶颈，研究团队首创了李氏人工肝联合肝移植治疗重症肝病的新技术、新方法，为患者架起了一座生命之桥。

研究人员发现，重症肝病患者肝移植术前进行人工肝治疗可显著降低其 MELD 评分，明显改善其肝功能、肾功能及凝血功能。对于这部分"高危"患者，术前人工肝治疗能取得"1+1＞2"的效果。这一新方法突破了 MELD 评分大于 30 分的肝移植病死率高的世界难题，重症肝病肝移植受者的 5 年生存率从 60% 提高到了 80%。

肝脏病领域的国际知名杂志 *Liver INT* 发表评述，高度评价李氏人工肝联合肝移植治疗重症肝病新方法丰富了肝移植围手术期治疗新理论，为重症肝病治疗提供了新技术、新方法，为早期干预降低病死率发挥了关键作用。前国际肝移植主席 John Fung 教授认为李兰娟、郑树森两院士团队取得了只有世界上少数肝移植中心才有的成就。

此外，研究团队还创建了重症肝病肝移植评估与预警体系和急性肾损伤预警模型，丰富了郑树森院士于 2008 年提出的肝移植"杭州标准"新内涵，得到了国际认可。郑树森团队将肝移植技术率先跨出国门并走向世界，先后于 2010 年和 2011 年在印度尼西亚首次成功开展活体肝移植，5 例重症肝病患者全部获得新生，开创了印度尼西亚肝移植成功的历史，为当地培养了一支肝移植专家队伍，此事成为了热点新闻，获得了高度赞誉。中国驻印度尼西亚大使章启月高度评价其为器官移植外交的里程碑，为国争光，极大提升了我国肝移植的国际学术地位。美国加利福尼亚大学洛杉矶分校肝移植中心主任、前国际肝移植主席 Busuttil 教授在国际肝脏移植协会年会上高度评价郑树森团队在肝移植领域做出的杰出贡献，所开展的肝移植治疗终末期肝病取得了确切的疗效，为其他中心提供了积极的辐射。香港著名肝移植专家范上达院士评价其为国内该领域当之无愧的领军者。

面对重症肝病病死率居高不下这一世界医学难题，来自浙江大学医学院附属第一医院的李兰娟团队将基础研究与临床转化相结合，获得了系列重大创新性成果，创造了新的医学奇迹。这一围绕重症肝病演变进程，在治疗、早期预警和干预、发病机制等关键环节层层深入并步步设防的"中国答案"令世界为之瞩目。2014 年 1 月 10 日，在北京隆重举行的 2013 年度国家科学技术奖励大会上，李兰娟团队完成的"重症肝病诊治的理论创新与技术突破"项目被授予国家科学技术进步奖一等奖（图 2-2-3）。

图 2-2-3　2014年 1 月 10 日李兰娟团队在国家科学技术奖励大会颁奖后合影

（四）中国首例体外循环心脏手术

19 世纪中期以来，科学技术的进步使得现代外科学得到了飞速发展与应用。但直到 19 世纪末，心脏外科一直被视为外科手术的禁区。"外科学之父"西奥多·比尔罗特（Theodor Billroth）曾直言："在心脏上做手术，是对外科艺术的亵渎。任何一个试图进行心脏手术的人，都将落得身败名裂的下场。"但随着外科学技术的不断发展，怀着对生命的敬畏与探索的精神，人们开始对心脏手术发起了一场"由外向内"的挑战。1953 年，美国医生约翰·吉本（John Gibbon）经过几十年研发的人工心肺机正式用于临床，完成了世界上首例体外循环支持下的房间隔缺损修补手术，实现了真正意义上的第一台"心内"直视手术，首次确立并证实了人工心肺机所提供的体外循环条件，是开展心脏手术的前提。

体外循环，指通过特殊的体外人工心肺装置暂时代替人体心脏和肺脏工作，进行血液循环及气体交换的技术。对于打开心腔的心内直视手术而言，在心脏停搏前，必须先建立体外循环以维持全身的血流灌注和血氧交换。传统的体外循环系统主要由循环驱动装置、气体交换装置、变温装置、微栓滤过装置，以及附属监测系统等通过体外循环管道及各种传感系统依次连接组成一个整体。

20 世纪 50 年代，是我国心脏外科事业直面挑战、迎来曙光的重要时期。我国心脏外科事业在此阶段所取得的突破与崛起，正是源自体外循环技术的实现。1953 年，正值约翰·吉本（John Gibbon）成功实现世界首例运用人工心肺机进行体外循环心脏手术之时，作为我国心脏外科的开拓者之一的苏鸿熙教授正于美国留学。在美国 7 年间，苏鸿熙辗转多家研究机构和医院学习心脏外科和体外循环的知识和技术，这为之后将体外循环技术带回国内并运用奠定了坚实的理论与实践基础。1957 年，苏鸿熙用其多年来的全部积蓄在美国购买了一套极为昂贵的 De Wall-Lillehei 人工心肺机，并克服重重阻挠与困难，最终将人工心肺机带回国以用于研究与应用。

学成归国后，苏鸿熙出任第四军医大学第一附属医院心胸外科主任，于 1957 年迅速组建了一批技术团队如火如荼地开启了体外循环的动物研究项目。在苏鸿熙团队的艰苦努力下，共完成 168 只实验动物研究，整体生存率达到 76%，熟悉并掌握了体外循环血流动力学、病理生理机制、组织保护等方面的知识与技术，摸索、建立并完善了一套切实可行的体外循环操作流程，并紧接着着手开展人体临床运用。

1958 年 6 月 26 日，距世界首例体外循环应用的 5 年之后，在第四军医大学第一附属医院，苏鸿熙团队为一名 6 岁的室间隔缺损患儿开展了我国首例体外循环下的心内直视手术（图 2-2-4）。这场手术所用的体外循环设备正是当年从美国带回国的人工心肺机。由于当时医院硬件条件不甚理想，手术室尚无空调且患儿身盖厚重的手术铺巾，术中患儿因体温升高而发生了抽搐，苏鸿熙团队迅速完成了体外循环的建立。随着体外循环

图 2-2-4　1958 年苏鸿熙团队开展我国首例体外循环心脏手术

的建立，人工心肺机开始流转血液充盈全身，患儿状态迅速稳定，抽搐即刻停止。之后苏鸿熙仅用 20 多分钟便顺利地完成了整台手术。术后患儿情况稳定，恢复良好，术后一周后顺利出院。该患儿出院后生长发育均正常，后续几十年的长期随访显示，其生活一切正常。

我国首例体外循环下心内直视手术的成功，可谓一时间轰动全国，国内报刊媒体封面头条均争相报道。自此，我国心脏外科也迈入了与同时期欧美国家并行发展的心脏外科新纪元。此后不到一个月，上海胸科医院的顾恺时教授及其团队与上海医疗器械厂共同研发了我国第一台人工心肺机，并成功开展了首例体外循环下右心室流出道狭窄矫正手术。同年，在当时国内少有医院能够掌握低温直视心脏手术的情况下，中国医学科学院阜外医院的侯幼临教授相继完成了一系列低温下心脏直视手术，并于次年开展了包括室间隔缺损修补术、法洛四联症根治术等在内的一系列突破性体外循环下心内直视手术。此后，国内越来越多的医院能够开展体外循环心脏手术，并相继在体外循环技术、围手术期管理等各领域取得了长足的进步与突破，使得国内心脏外科向纵深发展。60 多年以后的今天，我国已有超过 700 家医院能常规独立开展体外循环下心脏手术，全国心脏手术的年手术量达 23 万～ 24 万例，其中近 70% 的（约 17 万例）为体外循环下的心脏手术。随着科技的发展，医生们可以通过 AR 技术了解心脏的解剖和生理，掌握听诊技能，便于更好地开展心脏疾病的诊疗工作（图 2-2-5、图 2-2-6）。

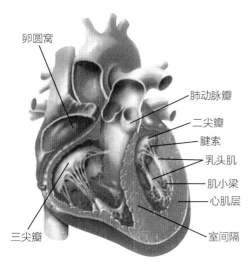

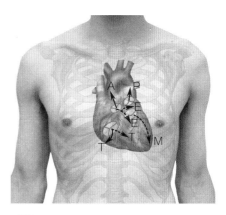

卵圆窝

肺动脉瓣

二尖瓣

腱索

乳头肌

肌小梁

心肌层

三尖瓣

室间隔

ＡＲ　图 2-2-5　心脏的解剖与生理

ＡＲ　图 2-2-6　心脏听诊

前人栽树，后人乘凉。任何学科的发展、技术的突破，都建立在前人的辛勤付出与不懈努力之上。回顾历史，从"能做体外循环"到如今"做好体外循环"，若没有苏鸿熙、顾恺时、侯幼临等建设我国医药卫生事业的决心与努力，我国心脏外科事业将大大落后。当下的中国，随着社会经济的飞速发展，心血管疾病已成为我国首要的疾病负担。因此，作为心血管疾病治疗主要手段之一的心血管外科手术，还将持续不断发挥着保障国民卫生健康水平的重要作用。我国体外循环心脏手术的成功，不仅仅是一个学科专业的成功，其所标志的更是我国医药卫生水平发展与技术突破的一次重大变革，具有深远且重大的历史意义。

（五）生命诞生的突破

妇幼生殖健康决定着一个民族的未来。

1978 年，人类首例试管婴儿——路易斯·布朗在英国降生，这是人类生命科学发展的里程碑。世界首例试管婴儿的缔造者、试管婴儿之父罗伯特·爱德华也因此获得了诺贝尔生理学或医学奖。而当时的中国，封闭已久的国门才刚刚打开，中国的医生们在技术缺乏、设备不足的条件下摸索着去做辅助生殖技术。

1985年国家启动"七五"攻关项目，北京医科大学成立了生殖工程组，当时的北京医科大学第三临床医学院（现名：北京大学第三医院，简称北医三院）、北京协和医院及湖南医学院附属第一医院三家医院共同承担了这项工作，北医三院妇产科张丽珠教授担任组长。1985年10月，张丽珠教授与北京医科大学基础医学院的刘斌教授合作研究的胚胎体外受精获得成功。但这只是万里长城的第一步，从体外受精的成功到试管婴儿的成功，是一个艰难而又漫长的过程。当时国内相关文献资料和相关设备极度稀缺，甚至连卵母细胞的获取都难如登天。

在辅助生殖技术攻坚阶段，由于当时没有阴道超声和微创技术，只能选择卵巢囊肿等盆腔有病变的患者，在开腹手术的同时取卵；而取卵针也只有为数不多的几根，用钝了都是送到钟表店去磨；卵泡液从人体取出后需要维持合适的温度和酸碱度，否则很快就会失去活力，可当时没有合适的容器，盛卵泡液的试管便放在保温桶里；没有现成的培养液，只能自己配制。一次次失败，一次次重来……

功夫不负有心人，在经历了十余次失败之后，张丽珠终于在患者郑桂珍的卵泡液中找到了卵子，并顺利完成了体外受精，再利用一根特制的塑料管将受精卵植入患者子宫。7周后，张丽珠在超声下看到了胎芽原始心管的有力搏动，临床妊娠宣告成功！但这也只是万里长征的第一步，大家一刻也不敢放松。怀孕期间，38岁的郑桂珍属于高龄产妇，血压有点高，她像大熊猫一样被医生们保护起来。如今的中国工程院院士、北医三院院长、著名的生殖医学专家乔杰院士，当时是北医三院的一名妇产科医生，她肩负着照顾郑桂珍的重任，每天负责监听胎心，直到宝宝平安出生。

1988年3月10日，中国大陆首例试管婴儿在北医三院诞生（图2-2-7）。那一天，众多生殖医学工作者夜以继日的辛勤付出化为中国大陆第一例试管婴儿一阵阵清脆啼哭；那一天，张丽珠眯着双眼，满怀爱意注视宝宝的瞬间注定定格成她最广为流传的照片；那一天，中国辅助生殖医学的史册又增添了一笔浓墨重彩，醒目耀眼。第一例辅助生殖技术的成功应用让中国的医务工作者看到了希望，并且给了他们强大的动力和信念——要坚持不懈地走下去。

图2-2-7　张丽珠和中国大陆首例试管婴儿

随后，北医三院举办了中国大陆第一次试管婴儿学习班。此后，国内各地生殖医学中心纷纷成立，辅助生殖技术推广至全国范围。1996年国内首例卵细胞质内单精子显微镜注射技术（ICSI）试管婴儿、2000年国内首例胚胎植入前遗传学诊断（PGD）试管婴儿相继在中山大学附属第一医院诞生，2006年国内首例三冻试管婴儿在北医三院诞生。卵母细胞冷冻、辅助孵化、囊胚培养、未成熟卵母细胞体外培养等技术也相继在中国被成功应用。

同时，伴随着人口和疾病模式的转变，我国出生缺陷问题成了婴儿死亡、儿童及成年人残疾的主要原因之一。如何提高治疗成功率，如何找到一级预防治疗方法，有效避免出生缺陷成为了摆在生殖医学工作者面前的难题。

植入前遗传学诊断技术，是指在胚胎植入前，分离其中一个或少数几个细胞进行遗传疾病的诊断，挑选正常的胚胎进行移植。这是一种更早期的产前诊断技术，可避免中期引产，有效防止新生儿出生缺陷的发生，从源头杜绝遗传疾病的前沿医疗技术。但是，理论上的良策，起初在应用上却十分局限。在2013年之前，PCR、荧光原位杂交技术（FISH）及芯片技术作为主要的胚胎检测技术普遍存在昂贵、费时、错误率较高、无法同时检测单基因突变等问题。所以生殖科的医生仅能做部分染色体疾病和极少数单基因病的检查。

近年来，随着高通量测序技术的出现，尤其是单细胞测序，生殖医学的发展进入了一个新纪元。北医三院生殖中心乔杰团队及北京大学谢晓亮团队和汤富酬团队，通过"单细胞基因组扩增"技术，在国际上率先完成了单个卵细胞高精度全基因组测序，利用极体高通量测序结果精确推演出了母源基因组信息，揭示了人卵染色体重组规律。同时，获得从受精卵到植入前胚胎的表观遗传图谱，详细描述了原始生殖细胞的基因组、转录组及表观遗传图谱，为遗传病连锁分析奠定了理论基础。同时在临床上，将单细胞扩增技术应用到遗传病家系的胚胎诊断中。2014年9月19日，世界首例经MALBAC胚胎遗传学诊断技术筛查而出生的试管婴儿在北医三院诞生（图2-2-8）。

图2-2-8　2014年9月世界首例经MALBAC基因组扩增高通量测序进行单基因遗传筛查的试管婴儿在北医三院诞生

随后的脐血基因检测再次证实，婴儿不来自父母的致病位点。

在几代人的不断努力下，中国目前不仅在辅助生殖技术实施的数量上成为了世界上最多的国家，更重要的是，我们不断突破创新将基础研究和临床转化相结合，逐渐走在世界前列。我国辅助生殖技术的研究成果也得到了国家领导人的高度关注和国际同行的广泛认可。国际著名刊物 *Nature* 专门用半年的时间做了这样一个专访，报道中国的辅助生殖技术和出生缺陷阻断的进步（图 2-2-9）。

CHINA'S PUSH FOR BETTER BABIES

A campaign to increase preimplantation genetic diagnosis could put the country on the path towards eliminating certain diseases.

BY DAVID CYRANOSKI

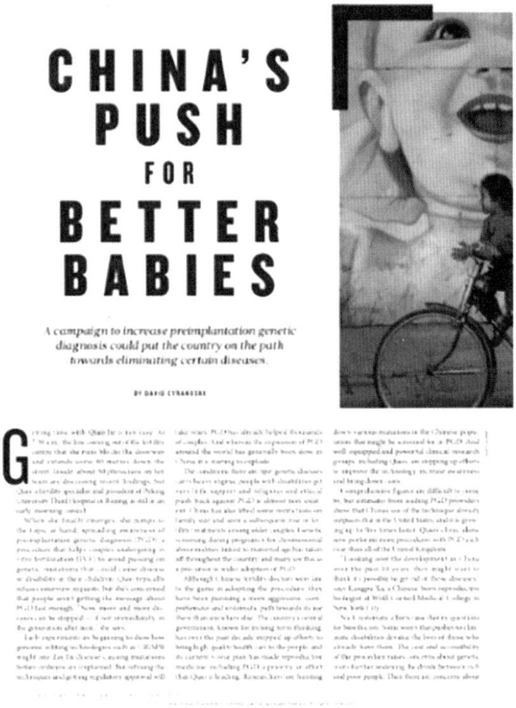

图 2-2-9　*Nature* 报道中国辅助生殖技术现状

2019 年 4 月 5 日，是另一个值得纪念的日子。我们中国大陆首例试管婴儿，升级成了妈妈，她的健康分娩，充分证实了辅助生殖技术治疗不孕症不仅有效，而且很安全（图2-2-10）。更是用事实回答了关于试管婴儿的下一代是否健康，是否能够正常怀孕、分娩的疑问。新闻媒体报道后，点击量迅速过亿，充分显示了社会对生殖健康的关注。生殖医学就是在这样不断的探索中向前发展的。

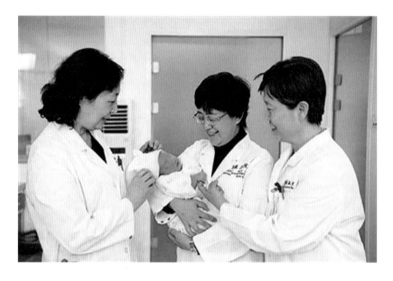

图2-2-10 中国大陆首例试管婴儿顺利分娩，"管二代"在北医三院降生

目前，全国有资质开展人类辅助生殖技术服务的医疗机构已经超过450家，其中能够开展体外受精－胚胎移植的医疗机构350家，能够开展胚胎植入前遗传学诊断的医疗机构已超40家，人类辅助生殖技术的从业人员已达上万人。中国辅助生殖技术临床妊娠率约为40%，活婴分娩率达到30%～35%。数据显示，我国每年试管婴儿数量逾20万例次，成为世界辅助生殖技术治疗第一大国。同时辅助生殖技术也带动了其他学科的发展，如生殖内分泌学、男科学、胚胎学、生殖遗传学等，并且近年来 我 国 学 者 在 *Cell*、*Nature*、*Science*、*Lancet*、*New England* 等 世

界顶级刊物发表大量高水平文章，让世界瞩目，让世界认可中国医学的发展。

辅助生殖技术在中国应用 30 余年来，有众多的患者受益，同时国家也对生殖技术管理提出了特殊要求，包括场地、人员、设备，这些都使得我国辅助生殖技术在国际上的发展在一个良好的状态下运行。30 年来辅助生殖技术的应用在每个阶段都有不一样的变化。最开始的 10 年，是逐渐学习探索的阶段，大家在艰苦的条件下努力开展工作，在技术层面也非常困难，需要学习很多东西和需要人工控制很多因素。1998—2008 年，辅助生殖技术在全国迅速普及，很多省市的医院都成立了生殖中心，也都能够在当地帮助患者解决生育需求的问题。最近十年，辅助生殖技术有了质的飞跃，中国的辅助生殖医生们通过不断的努力，攻克了一个又一个技术难题，不仅提高了不孕症治疗的成功率，而且在单细胞、单分子水平，甚至在单碱基的水平，不断阐明胚胎发育的机制，揭开了一个又一个"黑匣子"，走在了国际前列。

随着技术的发展，医生们可以通过 AR 技术了解女性生殖系统解剖、掌握分娩机制，这也有助于生殖相关临床工作的开展（图 2-2-11、图 2-2-12 ）。

在生殖医学这条路上，还有很大的空间可以去探索、去突破，还有很多生命未解之谜等待我们去揭开。路漫漫其修远兮，吾将上下而求索。中国的生殖医生们一直在路上，为中国健康、为人类健康，贡献着他们的全部力量。

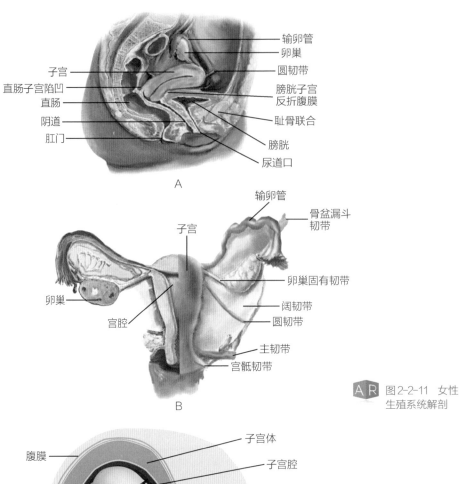

A

B

 图2-2-11 女性
生殖系统解剖

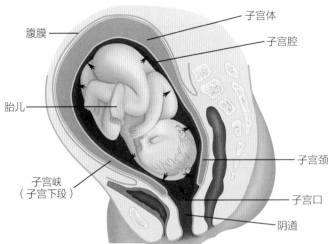

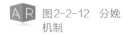 图2-2-12 分娩
机制

（六）外科微创技术发展之路

手术是外科最常见的治疗手段，科学技术的进步使得外科手术告别了200年前残酷的"三无"模式（无麻醉、无消毒、无止血），但是对自己身体动刀子的场景，总让人心生恐惧，远不如吃药打针让人容易接受。因此如何使手术这一略显可怕而又不可或缺的治疗手段变得微创，在保证手术安全和疗效的同时尽量减少手术带来的创伤成了外科医生和科学家们前进的动力。微创成为了外科学的发展方向，以腹腔镜为代表的微创手术成为了20世纪末外科学的重大进步。

世界范围内腹腔镜技术的发展可追溯到一百多年前，德国外科医生Kelling于1901年首次用一根膀胱镜插入实验狗的腹腔内进行检查，拉开了腹腔镜手术的序幕，但当时的腹腔镜仅作为腹腔检查的手段，并未用于开展手术。随着腹腔镜仪器设备的发展，20世纪80年代末，法国医生Mouret报道了世界第一例腹腔镜手术，这是人类第一次采用腹腔镜进行胆囊切除。在之后的近三十年时间里，技术不断发展，微创手术也逐步由早期的简单手术向复杂手术过渡，从最开始的普通外科向外科学所有分支推广。微创手术不仅仅局限于腹腔镜，从胸外科的胸腔镜到妇产科的宫腔镜，从泌尿外科的经皮肾镜到运动医学的关节镜，从耳鼻喉科的内镜到脊柱外科的椎间孔镜，传统"开膛破肚"的外科手术日益变得微创，极大地减少了患者的痛苦。

以腹部手术为例，腹腔镜手术相比传统开腹手术而言，具有切口小、创伤少、恢复快的优点。传统开腹手术一般需要将腹壁切开10～20cm，之后才能进行腹腔内的手术操作，腹腔镜手术仅须在腹壁打3～6个5～10mm

的小孔，孔内穿入操作套管，同时在腹腔内充入对人体影响较小的二氧化碳气体以建立手术空间，通过其中一枚套管插入腹腔镜进行观察，手术者将操作杆插入其他几个套管进入腹腔，控制操作杆完成手术。以腹腔镜为代表微创技术减轻了手术的痛苦，促进了术后康复，缩短了住院时间，同时还具备美观的优势。

随着腹腔镜技术的发展，近些年出现了单孔手术（Laparo-Endoscopic Single-site Surgery，LESS）和经自然腔道腹腔镜手术（Natural Orifice Transluminal Endoscopic Surgery，NOTES），将微创外科的发展推向了新的层面。LESS手术通过在腹壁打一个开口，经此置入单孔通道装置（类似多通道套管），通过此单孔通道完成腹腔镜手术操作，进一步减小创伤，而且开口位置多选择脐部，位置隐蔽，美容效果更为明显，但该术式增加了手术操作的难度。NOTES手术通过自然腔道开口完成手术，如通过内镜在胃壁切口完成胆囊切除手术、经阴道后穹隆开口完成阑尾或卵巢手术等。虽然NOTES手术在体表未见切口，但脏器内的切口（如胃壁切口、阴道后穹隆切口）增加了一定的手术风险。

随着光学技术、机械自动化、通信和计算机技术在医学领域的发展和应用，越来越多的先进设备投入到了实际使用，包括3D腹腔镜、荧光腹腔镜、机器人手术系统等。手术机器人集合了当代科技，改变了外科手术的面貌。机器人手术操作系统主要包括手术控制台、床旁机械臂系统、手术器械及3D腔镜图像系统。机器人手术通过在患者腹壁建立手术操作通道，将机械臂通过操作通道置入患者腹腔，主刀医生在手术控制台通过电脑操控机械臂完成手术。与传统腹腔镜手术相比，手术机器人能滤除医生手部抖动、降低医生疲劳度。随着技术的进步，国产外科手术机器人正在快速崛起，可以预见不远的未来它们不仅能应用于腹部手术、胸腔手术，还可以用于骨科手术、脑外科手术等，让我们的外科手术在微创的基础上变得更加智能和精确。

（七）破解白血病治疗的世界难题

如果将血液比作生命之河，那么骨髓就是生命之源。白血病是源于骨髓造血干细胞、严重危害人类健康的恶性克隆性疾病，具有治疗难度大、治疗周期长、死亡率高等特点，分别占儿童和成年人死亡原因的第 1 位和第 6 位。急性早幼粒细胞白血病（APL）患者单用化疗方法治疗，长期存活率不足 20%。尽管异基因造血干细胞移植（Allo-HSCT）是白血病有效，乃至唯一的治愈手段，但供者来源缺乏限制了其被广泛应用。面对白血病治疗的世界难题，从 20 世纪 80 年代开始，我国学者就试图建立白血病治疗的中国方案，随后来自上海和北京的血液学工作者从"改邪归正"到"破旧立新"，建立了白血病治疗的"上海方案"和"北京方案"，使千万白血病患者的骨髓再次成为生命之源，重获新生。

1. APL 的诱导分化治疗——改邪归正

APL 的发生是因为正常造血干细胞分化被阻滞在早幼粒细胞阶段，是一类十分凶险的疾病。20 世纪 80 年代，王振义院士率先提出通过诱导异常的早幼粒细胞分化为正常的成熟粒细胞，从而治愈白血病的设想。1988 年，研究团队使用全反式维 A 酸（ATRA）治疗 24 例 APL 患者，其中 23 例在诱导分化治疗后获得完全缓解，从而开启了 ATRA 治疗 APL 的先河。随后的研究发现，ATRA 和其他药物联合应用既可以减少 ATRA

用量，又可以提高疗效。20 世纪末，APL 患者的 5 年总生存率已经达到 60% ~ 70%。

如何进一步提高 APL 治疗的疗效是有一个临床难题，在哈尔滨团队发现砷剂可以有效治疗 APL 的基础上，王振义院士和陈竺院士带领的团队（图 2-2-13）发现砷剂可以通过促进 PML/RARα 蛋白发生泛素化降解，诱导 APL 细胞凋亡或分化。陈竺团队发现 ATRA 与砷剂联合治疗 APL，5 年总生存率可以达到 97.4%。在王振义的带领下经过几代人的努力，不仅建立了通过诱导分化使异常早幼粒细胞"改邪归正"的国际公认的"上海方案"，而且阐明了 ATRA 和砷剂治疗 APL 的分子机制，从而使 APL 从高度致死性疾病变成了可临床治愈的疾病。王振义因奠定了诱导分化理论的临床基础，在临床上实现了将恶性细胞改造为良性细胞的目标，获得了 2010 年度国家最高科学技术奖（图 2-2-14）。

图 2-2-13　左一：陈赛娟；左二：陈竺；右二：王振义

图 2-2-14　向最高科技奖获得者王振义院士学习座谈会

2.　白血病的单倍型相合移植新方案——破旧立新

20 世纪 60 年代，陆道培院士带领团队完成亚洲首例同基因骨髓移植，成功治愈 1 例重型再生障碍性贫血患者，20 世纪 80 年代完成我国第 1 例异基因造血干细胞移植（也称为骨髓移植）。长期以来骨髓移植仅能采用人类白细胞分化抗原（HLA）配型全合的同胞供者，但找到 HLA 全合同胞供者的概率仅为 25%，因此，供者来源缺乏是限制骨髓移植应用的世界性难题。单倍型相合是指具有亲缘关系的供者和需要骨髓移植的患者之间有一条染色体完全相同的情况。由于父母和子女之间 100% 的概率是单倍型相合，同胞之间 50% 的概率是单倍型相合，因此，单倍型相合移植如获成功，则可使人人都有移植供者。遗憾的是，用 HLA 配型全合同胞移植技术进行单倍型相合移植后移植排斥和抗宿主病高、免疫重建差，因此，单倍型相合移植被国内外学者认为是移植领域的"禁区"。

（1）单倍型相合移植的早期探索 1991—1992 年，陆道培院士带领黄晓军教授经过早期尝试得出结论，认为体外去除 T 细胞的单倍型相合移植行不通。既然不能去除供者来源的 T 细胞，那么能不能对供者 T 细胞进行改造呢？黄晓军团队发现利用粒细胞集落刺激因子（G-CSF）处理供者可以通过改造 T 细胞的功能降低抗宿主病，促进植入。2000—2013 年，黄晓军团队的系列研究证明基于 G-CSF 和抗胸腺球蛋白的新方案使单倍型相合供者植入率达 99% ~ 100%，抗宿主病发生率由 90% 降至 43%。2013 年，意大利学者 Di Bartolomeo 等采用黄晓军建立的技术进行移植，在植入、抗宿主病及生存方面获得了很好的疗效，证实其是颇有前途的方案。

（2）单倍型相合移植的"北京方案"——破旧立新如何使单倍型相合移植新方案形成体系，并在治疗白血病方面的疗效达到与 HLA 相合同胞供者相当的水平？黄晓军团队针对单倍型相合移植的关键问题，建立了一系列新技术，包括：①危险分层指导的预防，进一步降低抗宿主病的发生风险；②制定单倍型相合供者优选国际原则；③促进免疫重建，降低难治巨细胞病毒感染率；④创建移植后复发防治新方案，显著提高患者生存率；等等。黄晓军团队的系列工作使我国建立的单倍型相合移植技术体系被世界骨髓移植学会命名为"北京方案"，使单倍型相合供者成为缺乏 HLA 相合同胞供者的可靠替代供者来源。2012—2018 年，黄晓军团队发现，对于移植前微小残留病阳性的急性白血病而言，"北京方案"较 HLA 相合同胞供者移植复发率低、生存率高，预示着"北京方案"可作为此类患者的首选移植方式，颠覆了国内外学者关于"首选 HLA 相合同胞供者移植"的传统认知。

（3）推广"北京方案"，造福白血病患者迄今为止，全国 100 多家移植中心将"北京方案"常规用于血液病患者的治疗，国内单倍型相合移植比例由 2000 年的几乎为零至 2014 年超越 HLA 配型相合同胞供者移植，占骨髓移植总数的 50% 以上。"北京方案"还被推广至意大利、法国等，是全球应用最广泛、疗效最好的单倍型相合移植体系。黄晓军牵头撰写并发表于国际学术期刊上两项共识 [《中国移植适应证共识》（*JHO* 2018）《中国移植复发防治共识》（*Cancer Letters* 2018)]。*BMC Med* 专评："共识有助于转化形成适用于西方患者的治疗新策略。""北京方案"相关研究成果已被 40 余项国内外指南 / 共识引用。欧洲骨髓移植学会主席及科学委员会主席评述："单倍型相合移植由体外去 T 走向非体外去 T""将迎来移植的快速发展"。"北京方案"是"中国技术改变世界格局的典范"。

黄晓军于 2014 年、2017 年两次以第一完成人获国家科学技术进步奖二等奖，并获何梁何利科技进步奖、转化医学杰出贡献奖及吴阶平医药创新奖。2018 年 *Nature* 将"北京方案"作为北京大学百年校庆两个标志性医学成果之一进行介绍（图 2-2-15）。

图 2-2-15 *Nature* 介绍"北京方案"

（八）内镜微创治疗进展

近年来，我国的消化内镜技术不断进步和发展，白光内镜、窄带成像、色素、放大内镜等技术为消化道肿瘤的早诊早治奠定了基础。在治疗方面，随着内镜设备的不断升级，消化内科医生可以完整地切除部分早期消化道肿瘤，取得与外科手术相似的疗效。经过许多前辈的努力，我国消化内镜技术取得了巨大进步，由内镜诊断拓展到了内镜微创治疗领域。

1. 内镜诊断技术在探索中发展

图 2-2-16　郑芝田教授在工作

1950 年，兰州大学医学院附属医院院长杨英福教授利用留学归国带回的首台沃尔夫·辛德半屈式内镜进行胃镜检查，开创了我国的消化内镜事业。之后北医三院郑芝田教授和南京鼓楼医院的吴锡琛教授也开展了胃镜检查，用于食管和胃相关疾病的诊断，同时，郑芝田（图 2-2-16）也在国内率先开展了诊断性腹腔镜检查。1978 年北医三院消化科屈汉廷教授、吕愈敏教授将结肠镜技术引入国内，在国内最早开展乙状结肠检查。同时期开展结肠镜检查技术的代表性专家有第一军医大学南方医院周殿元教授、上海华东医院徐富星教授等。屈汉廷于 1982 年率先在国内开展了单人结肠镜检查，举办学习班进行技术推广。1985 年，北医三院李益农教授、林三仁教授在国内率先开展了超声内镜检查，于 1989 年报道了超声内镜对上消化道黏膜下肿瘤的临床应用。1986 年，林三仁研究并建立具有我国特色的胃癌序贯筛查方法，带领团队对胃癌高发区的 12 176 人进行胃癌序贯筛查。经过十余年的随访，发现以胃镜为最终手段的胃癌序贯筛查法可有效延长胃癌患者的生存时间。1996 年，北医三院消化科与香港中文大学合作，在山东胃癌高发区开展幽门螺杆菌与胃癌的人群干预试验（图 2-2-17），长达 10 年的人群追踪和胃镜随访显示幽门螺杆菌感染与胃癌高度相关，根除幽门螺杆菌对慢性胃炎、消化性溃疡病、慢性萎缩性胃炎患者有益。2007 年，北医三院林三仁教授、周丽雅教授和丁士刚教授在国内率先引进了超细经鼻内镜和电子染色 + 变焦放大内镜，并在临床推广应用。

图 2-2-17　北医三院消化科在山东牟平县开展幽门螺杆菌和胃癌关系的研究

　　2013 年，我国自主研发出了 Navicam 磁控胶囊内镜。其外观和普通胶囊一样，长 2.7cm，直径 1.18cm，重量不足 5g，通过遥控磁场技术，控制胶囊向各个方向运动。Navicam 胶囊内镜主要针对胃部设计，具有舒适、安全、无须麻醉、无交叉感染等优点，检查的结果与传统电子内镜高度一致。该技术在我国胃癌早诊早治中发挥着越来越重要的作用。

2. 内镜微创治疗由简单到复杂

1973 年，北京协和医院陈敏章教授在国内率先开展内镜下逆行胰胆管造影术（endoscopic retrograde cholangiopancreatography，ERCP），开创了胰腺疾病内镜诊治的先河。随后，沈阳军区总医院安戎教授、第二军医大学长海医院周岱云教授同时开展了内镜下十二指肠乳头括约肌切开技术来治疗胆总管结石。北医三院黄永辉教授对 ERCP 技术进行了新的拓展，开展了内镜下乳头成型术。该技术不仅能够保留括约肌压力，同时能够修复十二指肠乳头的抗反流功能，显著降低了近期并发症的发生率。

1992 年，北医三院林三仁和周丽雅在国内率先开展了早期胃癌内镜下切除术（endoscopic mucosal resection，EMR），并将相关研究结果在 1992 年的日本内镜学年会和 1995 年的世界胃癌大会上进行了报告。

1999 年，Gotoda T 首先报道了内镜黏膜下剥离术（endoscopic submucosal dissection，ESD）用于消化道肿瘤的治疗。2006 年令狐恩强教授和周平红教授同期在国内率先开展 ESD 技术（图 2-2-18），用于早期胃癌、食管癌及结肠癌的治疗。ESD 技术可以完整地

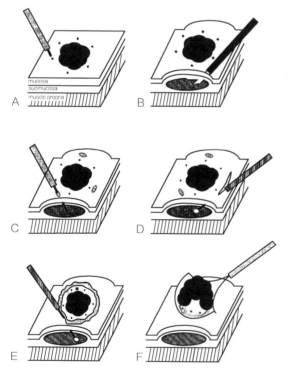

图 2-2-18 ESD 治疗流程示意图

切除病变，体现了内镜微创治疗的优越性，同时为病理诊断的准确性提供了保障。我国学者在开展 ESD 治疗的过程中，在技术方面不断创新发展，并提出了新的治疗理念。

2007 年，复旦大学附属中山医院周平红首创内镜黏膜下挖除术治疗消化道黏膜下肿瘤，使微创切除适应证由表浅层（黏膜层）拓展到消化道全层，从而使原来需要外科治疗的患者免于手术，缩短了住院时间，也减少了患者的花费。随后，他又首创了消化道全层切除术。2010 年，周平红在国内率先开展内镜下肌切除术治疗贲门失弛缓症，利用胃镜在食管内打通一条纵向的"隧道"，经此切断食管下段的环形肌，以达到松弛贲门的效果，从而使患者免于外科手术，且创伤小、恢复快。

2009 年，中国人民解放军总医院消化内科令狐恩强创立了消化内镜下经口隧道技术，该技术能够在消化道黏膜层与固有肌层之间建立一条通道，可对黏膜侧、固有肌层侧的病变进行治疗，而且能够穿过固有肌层到达消化道管腔外，实现食管大面积肿瘤、固有肌层肿瘤的切除及食管腔外疾病的诊断与治疗。

3. 内镜超级微创治疗方兴未艾

经自然腔道内镜手术（natural orifice transluminal endoscopic surgery，NOTES）是不经皮肤切口，通过自然腔道（口腔、阴道、肛门等）置入软式内镜治疗疾病的全新技术。2007 年，Marescaux 等完成了世界上第一例 NOTES 手术，经阴道进入腹腔进行了胆囊切除术。

2009 年，第二军医大学长海医院李兆申院士利用 NOTES 技术，进行了世界首例经自然腔道内镜肝囊肿开窗术，手术时将胃镜插至胃腔，用细的针刀在胃体下部前壁扎出一个小孔，利用扩展气囊将小孔扩大至 1.2cm，将胃镜送入腹腔。然后自胃镜左右两侧的活检管道送入圈套器和穿刺针，进行肝囊肿开窗引流，最后用止血夹夹闭胃内创口。之后半年，李兆申又成功实施了 6 例这类手术，均获成功。NOTES 手术在体表不留瘢痕，为追求形体美观的人提供了更好的选择。

哈尔滨医科大学附属第二医院刘冰熔教授（现任职郑州大学第一附属医院）在内镜微创治疗方面完成了一系列的创新：首次开展内镜下逆行阑尾炎治疗技术，这一技术改变了百年来阑尾炎必须手术切除阑尾的固有观念；首次提出固有肌层剥离术概念，率先完成了多例起源于固有肌深层的黏膜下肿瘤的内镜治疗，并在此基础上发展了经隧道固有肌层剥离技术；开创了经直肠入路纯 NOTES 胆囊息肉切除术；开创了经胃纯 NOTES 宫外孕手术和卵巢囊肿剥离术；进行内镜下胃开窗术治疗胰腺假性囊肿；完成世界首例经盲肠阑尾切除术。

虽然 NOTES 技术仍面临着许多难题需要解决，但微创治疗是未来发展的趋势，NOTES 技术的发展将为内镜微创治疗带来新的纪元。

经过数十年的发展，我国内镜微创切除治疗经历了由内而外、由表及里、由黏膜层到浆膜层的发展。在整个过程中，我国消化内镜医师始终以患者需求为中心，不断拓展新技术和新领域，以期为患者提供更加简便、快速、安全的治疗方式。

（九）"攻胃癌"的风雨阳光路

胃癌严重威胁着国民健康，多数胃癌患者确诊时常为中晚期，失去了手术机会，晚期胃癌的 5 年生存率不足 10%，而早期胃癌的 5 年存活率超过 90%。控制肿瘤重在预防，而在全世界仍缺乏预防胃癌的有效措施。

1978 年开始，我国著名消化病学家张学庸教授和陈希陶教授团队开始开展胃癌研究。那时候，实验室面积 12m²，设备价值 600 余元。张学庸和陈希陶确定胃癌研究方向之后，专家们开始走上"攻胃癌"的风雨阳光路。

关于胃癌发生的原因，众说纷纭，有人认为和吃腌菜、咸鱼等食物有关系，有人认为幽门螺杆菌是病因，胃癌的病因尚未明确。不能明确病因，就不能有的放矢去预防，只有靠早期诊断来改善预后。因此，在多年研究的基础上，1989 年年初，樊代明院士率领他的科研团队开始向胃癌恶性表型相关分子群及预防策略开始冲击，在胃癌病因预防、化学预防、早期预警、耐药机制四个方面进行了大量深入的研究。

（1）在国际上首次系统研究了胃癌发生发展过程中不同阶段影响其生物学行为的分子及其作用机制，发现了与增殖、凋亡、耐药、血管生成、转移等相关的 5 个分子群，以此为基础制定了胃癌"三级四步"的系列序贯预防策略，为降低胃癌发生率和死亡率提供了有效途径。

（2）在国际上首次证明根除 Hp 可减少人群 37% 胃癌的发生，可完全防止无癌前病变人群胃癌的发生，首次证实 Hp 满足 Koch 定律的第二和第三条标准，是胃癌的病原因素，可作为一级预防的靶点。通过对比涵盖中国 6 个大区 8 个城市约 10 年的病例资料，发现中国北方胃癌癌前病变－胃溃疡的发生率较南方高 1.6 倍，而南方的十二指肠球部溃疡发生率较北方高 2.4 倍，首次提示了十二指肠球部溃疡与胃癌的负线性相关关系。继而调查了同处于中国南方但胃癌发生率相差 10 倍的福建长乐（75/10 万人）与中国香港地区（7.5/10 万人）的 Hp 感染情况，发现前者的 Hp 感染率明显高于后者（分别是 80.4% 和 58.4%），且萎缩性胃炎发生率也高，提示 Hp 感染与胃癌发生存在流行病学联系。这是中国首次进行的 Hp 与胃癌关系的大规模血清流行病学普查（受检人数超过 2 400 人）。

（3）在国际上首次系统研究了长期使用 NSAIDs 药物的 24 037 例患者发生胃癌的情况，证实了 NSAIDs 对胃癌发生有化学预防的作用。最先发现 NSAIDs 能够通过线粒体通路和转录因子途径促进胃癌细胞的凋亡，其靶分子 COX-2 有促进胃癌血管生成、增殖和抑制凋亡的作用。通过对全球公开发表的 9 项病例对照和配对研究中的 24 037 例胃癌患者的分析发现，使用 NSAIDs 显著降低了非贲门胃癌的发生率，与不使用 NSAIDs 者相比，常规使用者发生胃癌的危险性（比值比，Odd Ratios，*OR*）低至 0.72，证实了 NSAIDs 对胃癌发生的预防作用。NSAIDs 主要通过线粒体途径（内源凋亡途径）诱导胃癌细胞凋亡，伴有凋亡基因 Bax/Bak 的表达上调、Bax 的构象改变和线粒体移位，以及 Caspase9 激活等。转录水平的研究发现选择性 COX-2 抑制剂可抑制转录因子 NF-κB 的核移位和 AP-1 激活，进而导致胃癌细胞凋亡。

（4）在国际上首次证明胃癌特异性抗原 MG7Ag 在胃癌诊断方面有理想的敏感性和特异性。对 3 400 例长达 10 年的人群大规模前瞻性的研究结果表明，MG7Ag 对胃癌癌前病变的癌变有预警作用，在胃癌二级预防中作用显著，其预测胃癌值较对照高近 40 倍，预测时间提前 5 年。

胃癌特异性抗原 MG7Ag 是樊代明团队在 20 世纪 80 年代建立的单克隆抗体所识别的抗原，其在胃癌上的表达方面有较高的特异性，在胃癌中的表达强度和阳性率均高于癌前病变组织，其诊断胃癌的敏感性和特异性分别可达 82.4% 和 78.9%。樊代明团队利用蛋白质组学的方法成功地对 MG7 抗原进行了鉴定，Western Blot 结果提示 MG7 抗体可特异性识别人糖基化的 CEACAM5。

　　肿瘤基因甲基化在肿瘤的发生早期就发挥着重要的作用，因此检测肿瘤特异性的基因甲基化的表观基因组学研究为肿瘤的预警和早诊研究奠定了基础。聂勇战和吴开春两位教授领衔研制出胃癌早诊液体活检试剂盒 [RNF180/Septin9 基因甲基化检测试剂盒（PCR 荧光探针法）]。该试剂盒用于胃癌早诊，灵敏度为 61.76%，特异度为 85.07%。

　　RNF180 和 *Septin9* 两个基因均是抑癌基因（肿瘤抑制基因），启动子区域的甲基化会导致 RNF180/Septin9 低表达或不表达，进而导致细胞增殖失控，甚至促进肿瘤形成。研究发现，在胃癌患者血浆样本中甲基化的 *RNF180* 和 *Septin9* 基因含量特征性增高。

　　（5）在国际上首次筛选到 114 个与胃癌多药耐药关系密切的分子，阐明了 PrPc、ZNRD1、RPS13、RPL23、RPL6、CacyBp、TSG101、Mad2、新基因 PTD001、CIAPIN1 等 13 个重要分子在胃癌多药耐药中的作用及机制，CIAPIN1、ZNRD1、CacyBp、MGr1Ag 的特异性单克隆抗体，筛选出 8 个噬菌体呈现肽，发现它们在胃癌多药耐药的不同层面发挥着重要作用，为胃癌化疗耐药的三级预防靶点的筛选奠定了基础。

（十）建立中国肺栓塞的规范诊治与预防体系

　　静脉血栓栓塞症，包括肺栓塞和深静脉血栓形成，是一类高发病率、高致死率及致残率的疾病，被认为是继冠心病和高血压病后的第三位常见的心肺血管疾病，尤其是急性肺栓塞，发病隐匿、容易导致猝死，是医院内非预期死亡的最常见原因，曾是严重影响人民健康的重要医疗保健问题。长期以来国内医学界对这一疾病认识严重不足，普遍认为其是一种少见病，大量患者被漏诊、误诊，即使得以诊断，治疗也缺乏规范性，病死率高，而且，完全没有对高危人群的预防意识，提高对肺栓塞的诊治意识和防治水平成为当时亟待解决的问题。

1. 在国家系列科技支撑课题的推动下，进行了系列流行病学、诊断、治疗相关的临床和转化医学研究，并取得了创新性的研究成果

自 20 世纪 90 年代起，在程显声教授、王辰院士等学者的带领下，我国先后开展国家"九五""十五""十一五""十二五""十三五"肺栓塞研究项目，成立全国肺栓塞防治协作组，从增强意识、规范诊治、强化研究、科学管理等方面入手，取得了一系列开创性研究成果，极大推动了我国肺栓塞防治事业的发展。医学界和民众对肺栓塞的认知水平显著提高，肺栓塞诊治普遍规范化，医院内静脉血栓栓塞症体系在全国被广泛建立，肺栓塞患者病死率显著下降。

（1）取得中国肺栓塞的流行病学和预防研究数据。研究获得了住院高危人群静脉血栓栓塞症的患病率资料，包括老年住院患者、不同外科手术患者、慢性阻塞性肺疾病、脑卒中等人群。更重要的是，研究发现，2007—2016 年，基于住院患者资料的静脉血栓栓塞症（VTE）人群患病率从 2007 年的 3.2/10 000 上升至 2016 年的 17.5/10 000（校正性别、年龄后），十年间我国急性肺栓塞患者住院期间病死率从 8.5% 下降为 3.9%。中国住院患者静脉血栓塞症风险特征的确定（DissolVE-2）研究结果显示：在 13 609 例住院患者中，内科住院患者中 36.6% 处于高风险。

（2）肺栓塞诊断和治疗研究获得突破。通过系列肺栓塞诊断学研究，获得基于国人资料的 D- 二聚体检测、CT 肺动脉造影、通气灌注扫描的诊断价值数据。在系列科技支撑计划的支持下，研究期间先后开展了普通肝素、

低分子肝素、系列新型口服抗凝药物抗凝治疗评价研究，重组链激酶、尿激酶、重组组织型纤溶蛋白激活物（rt-PA）溶栓治疗研究。在国际上首次通过随机对照研究证实了肺栓塞低剂量 rt-PA 溶栓方案的有效性和安全性，该方案成为了中国人溶栓治疗的标准方案，并被欧美指南采纳。开展华法林药物基因组研究，探讨了适于国人的华法林剂量调节模型。建立了我国肺栓塞诊断和治疗系列操作规程，并以此为基础更新了国内外肺栓塞诊治系列指南。

（3）基于基因组、蛋白质组等组学技术的精准医学研究。精准医学研究在肺栓塞防治中的价值在国内外已经初见端倪，深入探索肺栓塞临床表型与组学内型的相关性具有重要的现实意义。精准医学指导下的肺栓塞风险评估和早期识别、精确诊断及危险分层、规范化和精准化治疗是降低病死率、减少并发症、改善预后的关键。这些研究成果，丰富了国际肺栓塞诊治指南，规范了诊治技术，具有重大医疗经济学效益，使国内肺栓塞防治事业取得了显著的进步。

2. 出台系列肺栓塞与静脉血栓栓塞性疾病相关专业指南，全面规范疾病的诊治和预防

《肺血栓栓塞症诊治与预防指南》于 2018 年 4 月正式发布。该指南的制定严格参照国际指南制订流程和标准，科学评估国内外循证医学文献证据，充实了国人资料，将循证推荐和临床实践经验相结合。指南编写历时两年，由呼吸、心血管、血液、影像、超声、药学、检验、循证医学、统计等领域 100 余位国内外专家共同参与，指南由概述、诊断、治疗、慢性血栓栓塞性肺动脉高压、特殊情况、预防六大部分组成，涉及 21 个临床问题、68 条推荐意见、数百篇参考文献，内容翔实，对肺栓塞临床实践有重要的指导意义。

VTE 项目专家团队还对 2012 年《医院内静脉血栓栓塞症预防与管理建议》进行了更新，于 2018 年 5 月 15 日正式发表在《中华医学杂志》上。该指南的推荐要点包括：住院患者，特别是围手术期患者具有很高的 VTE 发生率，VTE 是住院患者，特别是围手术期患者非预期死亡的重要原因，值得关注。建议对医院内所有住院患者进行 VTE 风险评估和出血风险评估。对于 VTE 高危患者，如果没有出血风险，应考虑给予药物预防。如果出血风险较高，可给予物理预防。一旦出血风险降低或消失，应尽快启动药物预防。需要根据不同的 VTE 风险程度和患者具体情况确定相应的预防方案和疗程。进行药物预防或物理预防时，应注意相关适应证和禁忌证。需要对全体医务人员和 VTE 高风险患者（家属）进行 VTE 预防知识的宣教。各医院需建立 VTE 风险评估和预防体系，并纳入医疗质量控制。该指南的发表，对于推进国内医院内 VTE 的防治起到了至关重要的作用。

3. 建立了全国肺栓塞防治协作网、启动全国肺栓塞和深静脉血栓形成防治能力建设项目

在王辰院士等专家的带领下，全国成立了由 500 多家医院组成的肺栓塞 – 深静脉血栓形成防治协作组，同时，基于流行病学系列研究数据，国家卫生健康委员会医政医管局正式批准的"全国肺栓塞和深静脉血栓形成防治能力建设项目"在全国范围内正式启动，标志着医院内 VTE 防控正式从国家卫生管理层面全面启动，对进一步规范 VTE 的预防、诊断与治疗，进而改善患者预后具有重要意义。

经过 20 余年的努力，全国肺栓塞防治工作获得了长足进步，肺栓塞患者预后显著改善，我国肺栓塞防治研究水平也跨入了国际先进行列。

（十一）绒毛膜癌治疗从协和经验到国际典范

绒毛膜癌（简称绒癌）是一种高度恶性的妇科恶性肿瘤，绝大多数起源于妊娠时的滋养细胞，又称为滋养细胞恶性肿瘤，具有极强的侵袭性，往往很早就出现转移，致死率极高，曾有"凡是绒癌者不能存活，凡是能活者不是绒癌"之说。20世纪60年代前，由于缺乏有效的治疗方法，绒癌患者死亡率高达90%。

北京协和医院对绒癌的研究始于1949年，在宋鸿钊院士的带领下，经过数十年潜心研究，初治患者死亡率下降至15%以下，提出绒癌的临床分期方法并被世界卫生组织采纳，成为目前世界通用的临床分期框架的基础。上述系列研究成果为治疗这一高度恶性肿瘤提供了可靠有效的方法，挽救了大量患者的生命，在药物治疗癌症历程中树立了第一个成功的先例，促进了药物治疗癌症的发展。这些阶段性成果曾获1978年"国家科学大会集体成果奖"、1981年"卫生部科研成果一等奖"、1985年"国家科学技术进步奖一等奖"等。

1. 从"不治之症"到"彻底根治"——首个通过化疗治愈的实体肿瘤

新中国成立初期，北京协和医院对绒癌的治疗沿用了国际通用的治疗方式，即手术切除子宫，术后加用放射治疗，但是疗效很差，除了少数早期没有转移的患者可以存活外，凡是转移的患者无一幸免。1953年，宋鸿钊团队开始寻找有效的药物治疗方法。1955年开始，尝试6-巯基嘌呤（6-Mercaptopurine，6-MP）小剂量、长疗程方案对绒癌患者进行治疗，但结果依旧不容乐观。总结经验后，宋鸿钊积极制订新的治疗方案，将用药量加大到原来的一倍，用药时间缩短至原来一半后便出现了较好疗效。后又经长期反复探索与实践，终于找到了最合适的剂量和用法，疗效更加显著。1958—1962 年，以 6-MP 治疗的 93 例患者总体死亡率降至48%。绒癌成为人类历史上第一个通过化疗获得治愈的实体瘤（图 2-2-19、图 2-2-20 ）。

图 2-2-19 宋鸿钊、杨秀玉、吴葆桢、王元萼在讨论病例

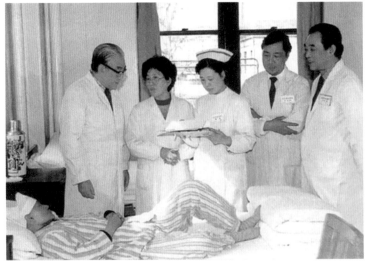

图 2-2-20 1985年宋鸿钊、杨秀玉、张伟、吴葆桢、王元萼在绒癌患者床旁查房

随后的研究中发现 5- 氟尿嘧啶（5-FU）和 6-MP 同属抗代谢药物，在动物实验中对胚胎滋养细胞有强烈的破坏作用，研究团队决定以 5-FU 代替 6-MP。经过反复探索，最终摸索出了最有效的用药剂量和输液速度。随后，宋鸿钊团队又找到了放线菌素 D、溶癌灵（AT1438）、硝卡芥（AT1258）等其他有效药物，通过交替或联合用药，绒癌的治疗疗效再次提升。

由于全身广泛转移的极晚期患者的疗效尚不能满意，宋鸿钊又开展了晚期患者的治疗研究。在总结与分析不同部位转移瘤特点的基础上，又尝试对不同部位的转移瘤进行有针对性、多途径的给药方式。通过局部注射、动脉插管、鞘内注射等措施，使得一些广泛转移的晚期濒死患者也获得痊愈，绒癌化疗根治取得了空前的成功。绒癌患者死亡率从从前的 90% 以上，逐步下降至 1976—1985 年的 20% 左右。

2. 凝心聚力再出发，百尺竿头更进步——保留生育功能的治疗

由于绒癌起源于妊娠，子宫是原发灶，因此子宫切除在当时是治疗措施的一部分。一些青年患者虽然得以保全生命，但永久丧失了生育能力。宋鸿钊认为，医生的责任不仅在于挽救患者的生命，还要考虑患者的生活质量，于是开展了保留生育功能的研究。首先，查阅文献寻找依据，认为绒癌没有遗传性，肿瘤患者化疗后也没有增加日后怀孕时胎儿的畸形率；其次，他通过测定发现停止化疗后，患者的卵巢仍具有排卵功能。然后，为一些有生育要求的年轻患者开展了化疗痊愈后保留子宫的尝试，在医患双方的共同努力下，终于有了化疗痊愈后保留子宫获得正常生产的病例。从此，手术治疗不再是绒癌患者的首选治疗方式。千万绒癌患者不仅肿瘤得到根治，而且生育的后代可健康成长。

3. 永攀学术巅峰，锤炼医学精英——深入研究绒癌的生物学行为，建立宋氏分期，攻克耐药病例

宋鸿钊另一个开创性的杰出贡献是他对于绒癌的生物学行为进行了深入研究，并提出了协和分期。通过对 1949—1975 年的 870 例患者的 3 915 张 X 线片进行分析，并对 65 例尸检和 32 例肺切除手术标本按照 X 线肺转移各类型取材作病理检查，阐明了肺转移的发生、发展及消退规律。复习了 98 例脑转移患者的病史、35 例尸检材料及一些实验诊断结果，提出脑转移的发生与发展可分为 3 个时期：瘤栓期（始发期）、脑瘤期（进展期）及脑疝期（终末期）。通过这一认识，提高了脑转移的早期诊断率，及时治疗也提高了治愈率。在总结大量北京协和医院绒癌患者的尸检和手术病例资料后，发现了绒癌发生发展的规律：绒癌起源于妊娠子宫；由于滋养细胞的侵蚀而扩散至宫旁和阴道；瘤栓随静脉回流到右心最终到达肺部终末血管而形成肺转移；肺转移瘤侵蚀肺静脉回流到左心最终到达远处器官形成转移。总结上述规律，宋鸿钊提出了绒癌的临床分期，将上述阶段分别称为 Ⅰ、Ⅱ、Ⅲ、Ⅳ期。这种分期方法科学、简便，可说明病变的发展过程，经世界卫生组织多次讨论，1982 年决定推荐给国际妇产科联盟（International Federation of Gynecology and Obstetrics，FIGO），并于 1985 年正式采用为国际统一临床分期标准。在 2002 年发表的 FIGO 2000 临床分期与预后评分标准中的分期就是以此解剖分期为框架的。

随着治疗效果的改善，新的问题又出现了。耐药已成为绒癌治疗失败的主要原因。北京协和医院的研究团队在杨秀玉教授、向阳教授的带领下，继续开展了新的研究，在基础研究中，对滋养细胞肿瘤耐药机制、耐药标志物

筛查、耐药逆转等多方面进行了深入探讨。在临床研究方面,对耐药患者采用化疗联合手术等综合治疗,并率先开展了耐药滋养细胞肿瘤患者免疫治疗的基础研究和临床试验,取得了可喜的研究成果,使得耐药患者综合治疗后完全缓解率达 70% 以上,治疗效果处于国际领先水平,在妇科肿瘤学术界享有盛誉。有关"耐药及危重绒癌病例治疗的研究"和关于"滋养细胞肿瘤综合诊治技术的进一步发展与推广"又获得多项省部级奖励。

课题组负责人向阳自 2005 年以来一直担任国际滋养细胞肿瘤学会执行委员,并担任第 19 届国际滋养细胞肿瘤学会执行主席。在 2015 年、2018 年、2021 年 FIGO 滋养细胞肿瘤指南更新中,作为编写专家参与了该指南的更新与修订(图 2-2-21),更是将北京协和医院制订的具有中国特色的滋养细胞肿瘤化疗方案写入了国际指南,这也标志着我国在该领域的研究水平得到国际同行的认可并保持国际领先水平,为推动该领域学术水平的发展起到了重要作用。

图2-2-21 2018年北京协和医院妇科肿瘤中心工作人员合影

（十二）垂体瘤的临床与基础研究

1959 年，美国科学家 Berson 和 Yalow 在《临床研究杂志》发表了一篇划时代的论文，首次用放射免疫测定法测定了血中胰岛素的浓度，从此内分泌激素的微量测定成为了可能。当数月后远在太平洋彼岸的北京协和医院内分泌科主任刘士豪教授收到这期学术杂志时，他立即判断，这是内分泌学发展历史上的一个里程碑式的成就：判断患者是否为内分泌腺功能异常从此不仅依赖于临床表现的间接证据，而且将会出现激素测定的直接实验室证据！刘士豪的判断极为准确，后来 Yalow 因这一成就获得了1977 年诺贝尔化学奖便是学术界对放射免疫测定法高度评价的明证。其在内分泌学的应用便是体现放射免疫测定法价值的最重要的方面之一。看到文章后，刘士豪立即着手研究这一方法，在 1962 年招收研究生，课题正是建立胰岛素的放射免疫测定法。到 1965 年，各方面条件已经非常成熟，但此后因为时代的原因该方法未能立即投入临床应用阶段。在胰岛素测定即将尘埃落定之前，刘士豪已经未雨绸缪地规划了第二步：建立生长激素的放射免疫测定法。然而这一高度超前的想法却只是停留在纸面上，刘士豪于 1974 年 6 月去世。但北京协和医院内分泌科对于放射免疫测定法的探索，为后续的研究培育了合适的土壤。

1975 年，陆召麟教授从英国进修归来，带回了极少量的生长激素标准品。当时英国已经建成生长激素的放射免疫测定法，但陆召麟带回的生长激素标准品的量实在太少，用常规的多点皮下注射方法是不足以产生抗体的，而这是建成放射免疫测定法必备的重要步骤。到 1977 年，在多次商讨后，内分泌实验室创新性地采用了静脉注射的方法，将生长激素标准品给 5 只实验用兔进行免疫，结果有 4 只都产生了大量抗体。这一步成功以后，生长激素的放射免疫测定法经过继续的艰难探索，最终顺利建成，最终论文由邓洁英、关炳江、陆召麟署名，这项成果也获得了 1981 年卫生部医药科技进步奖二等奖。

于此同一时期，担任垂体组负责人的史轶蘩教授已经制订了一系列应用放射免疫测定法测定生长激素的临床研究方案。首先是建立中国人的正常值范围，然后确定中国人生长激素分泌过多的疾病肢端肥大症和巨人症（绝大多数为生长激素分泌性垂体瘤）的病理值范围。然而对于生长激素这一波动性极大的激素，这一步变得尤为复杂：正常人在应激情况下的血浆生长激素水平和病理情况下的生长激素水平是难以区分的，于是就此开始了临床研究相应功能试验——生长激素的葡萄糖抑制试验。同时，另一步也已经开始筹划，即胰岛素样生长因子 1，一种比生长激素稳定得多的下游激素，开始在北京协和医院内分泌科垂体组的激素测定研究计划之内。与此相对应的生长激素缺乏性疾病——因生长激素缺乏而导致的矮小症，也在史轶蘩的严密规划下起步，只是他的功能试验更为复杂，一般在 3 种功能试验中选择 2 种进行。对于垂体生长激素轴相关的疾病，经过史轶蘩为首的垂体组的艰苦努力，终于在诊断方面能够和国际前沿水平相一致。

然而，垂体是一个非常神奇的内分泌腺，分泌的激素并不只是生长激素一种。因此，垂体分泌的其他激素如促肾上腺激素（ACTH）、催乳素（PRL）等也有相应激素分泌异常的多种疾病。在史轶蘩为首的垂体组的不懈努力下，先是由实验室建立相关激素的测定方法，然后通过临床样本的激素测定确定中国人该种激素的正常值和病理值，如果需要功能试验进行诊断，就建立功能试验的中国人正常值和病理值。在这一思路的指引下，垂体组逐渐完善了所有垂体激素相关疾病的诊断方法，使垂体疾病的诊断水平在10年左右的时间里上升到了国际前沿水平。

但是，仅仅完成诊断只是第一步，要造福垂体疾病患者，治疗同样不可偏废。一方面，史轶蘩积极开展了药物治疗：溴隐亭、奥曲肽、兰瑞肽、重组人生长激素等均通过史轶蘩牵头进入中国，使广大患者能够得到和发达国家一样先进的治疗方案。史轶蘩对临床药理研究的严谨治学态度，不仅保证了研究结果的可靠性，也发现了若干国际上未曾发现的新现象，如奥曲肽治疗可引起胆囊结石的副作用，由此也得到了国际同行的尊重和赞誉。另一方面，史轶蘩一直在不遗余力地推动着多科合作，因为垂体疾病尤其是垂体瘤的全面评价和治疗是离不开其他科室的支持的。这样，对于垂体疾病的诊治，长期以来在北京协和医院由一支多学科合作的团队共同完成，包括内分泌科、神经外科、眼科、放射科、放疗科、耳鼻喉科、妇产科、病理科等，后来整理总结资料时还联合了当时的计算机室。史轶蘩对这一模式的贡献是主导性作用。据北京协和医院内分泌科周学瀛教授回忆，曾经内分泌科获得了5万元的专项研究经费，史轶蘩考虑到当时垂体瘤诊治的短板是国际通行的经蝶窦入路手术因设备问题不能开展，毅然决定将所有经费全部交由神经外科购置手术显微镜。多科合作的方式迅速促进了这一领域的迅速发展，各科在这一领域均取得了不少成就，如眼科劳远琇教授从血运供养角度探讨了垂体微腺瘤发生视野缺损的机制，得到了国际国内同行的一致认可。这样，垂体疾病的治疗水平，在多科合作的模式下，互相促进，到20世纪90年代初同样也已经达到了国际前沿水平。

1992年，"激素分泌性垂体瘤的临床与基础研究"获得国家科学技术进步奖一等奖（图2-2-22），获奖人分别为史轶蘩、任祖渊、邓洁英、劳远琇、陆召麟、尹昭炎、王直中、臧旭、金自孟、周觉初、王维钧、张涛、赵俊、李包罗、苏长保（图2-2-23）。这是全国科学界对北京协和医院垂体瘤协作组的最大的认可和鼓励。

图2-2-22　史轶蘩团队的科学技术进步奖一等奖证书

图2-2-23　史轶蘩团队合影

（十三）断指再生的 60 年

手是人体的一个重要器官，可以说几乎所有的日常活动都与手的功能息息相关，因此手外伤的相关治疗，是医学中一个十分重要的命题。

当人的手指因外伤或其他原因造成完全或不完全断离，必须吻合动脉才能存活时，我们目前的手术方法是：将断指在光学放大（显微镜）的助视下，重新接回原位，恢复血液循环，使之成活并恢复一定功能的高、精、细度手术，即断指再植。

断指再植技术早已广为人知，在人们的眼中这项手术早已不是天方夜谭，但是在 60 年前，在那个物资、技术、人才都相当匮乏的中国，这项技术在积贫积弱中涅槃，完全是靠医学前辈们的卓绝努力，才使这项技术艰难地在我国生根、发芽。

1. 断指再生初步成功

朱洪荫教授，中国成形外科学的主要奠基人之一，曾任原卫生部医学科学委员会委员、中华成形外科学会副主任委员、《中华整形烧伤外科杂志》副主编、《中华医学杂志》（英文版）编委、《中华外科杂志》编委，他主编或参编的专著共 7 部，其中《成形外科学概要》是中国近代成形外科的第一本专著。他在鼻整形、断指再植、免疫学等多领域都有很高的成就（图 2-2-24）。

图 2-2-24 朱洪荫（1914.4—2007.7）

朱洪荫于 1943 年在协和医学院获得医

学博士学位，毕业后于北平中央医院（今北京大学第二临床医学院）任外科住院医师。1946 年转入北京大学医学院附属第三医院外科工作，于 1949 年在该院创建修复与再造外科（成形科）——我国最早的整形外科临床科室。

当时我国的整形外科正处于萌芽阶段，断指、断肢再植技术基本经验全无，又正值抗美援朝战争爆发，许多中国人民志愿军在战斗过程中，由于爆炸伤、冻伤等，出现了难以修复的瘢痕、畸形，甚至是器官缺损。作为抗美援朝医疗队的一员，朱洪荫见此深受触动，更是决心发展壮大我国的整形外科事业。并在此后积极开展各种创伤修复手术，并开办学习班，为全国培养大量整形外科学人才（图 2-2-25）。

图 2-2-25 国立北京大学医学院成形外科进修班第一期毕业合影（第一排左三为朱洪荫，第一排左二为王大枚）

可此时，仍有一个难题摆在我国整形外科医师的面前——断指再植。断指再植的难点不仅仅在于皮肤、骨骼、肌肉的对接，最困难的点应是如何将细小的血管完美接通。由于缺乏精密的仪器，当时全世界的断指再植技术都不够完善，可手又是如此重要的劳动器官，手指缺损，尤其是拇指缺损，对于手功能造成的损害是非常之巨大的。鉴于此，在 1954 年，当发现 Littler 报道了示指转位法拇指再造的先进技术后，朱洪荫最先引进该技术，并对该技术予以改进。至 1959 年，朱洪荫已完成 7 例成功的案例（图 2-2-26、图 2-2-27）。1960 年，*Acta Chrurgiae Plasticae*（《成形外科学报》）对朱洪荫成功完成的"用示指转位拇指再造术"进行了长篇介绍及报道（图 2-2-28）。

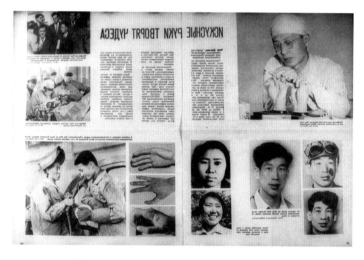

图 2-2-26　1957 年《人民画报》曾以"巧手夺天工"为标题，以中文和俄文分别报道了经朱洪荫手术治疗的数幅典型病例的图片

图 2-2-27　朱洪荫在伏案工作

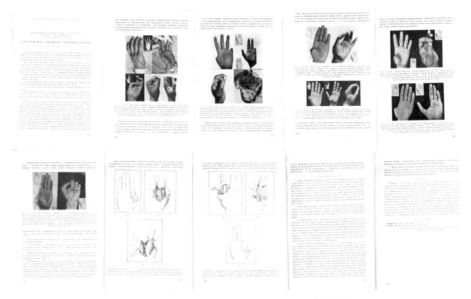

图 2-2-28 *Acta Chrurgiae Plasticae* 报道朱洪荫成功开展断指再植术

　　此后，许多国内外的实验也为断指再植术的发展提供了方向。1963 年，Kleinert 等通过临床实践证实了血管吻合技术对重建肢体血液循环的价值。同年，被称为"世界断肢再植之父"的陈中伟院士在上海第六人民医院为右手被完全切断的工人王存柏成功实施了世界首例断手再植术，并且术后功能恢复良好。这一手术惊动了全世界，成为医学史上公认的再植成功的病例。1964 年，王澍寰院士等成功为一示指完全离断的 6 岁患儿施行再植术，再植指存活率为三分之二。1966 年 1 月，陈中伟再次成功完成了一台断指再植术。同年，杨东岳教授利用第 2 足趾移植的方式再造拇指获得成功，开创了应用足趾移植再造拇指的先例。自此，我国的断指再植技术开始蓬勃发展，全国多所医院均相继报道了断指再植的成功案例。

　　2. 手术技术蓬勃发展

　　由于手指是人体较为精细的部位，手指供血的血管也较为纤细，虽然 20

世纪 60 年代人们已经逐渐意识到正确的血管吻合对于断指再植成功率的重要性，但是受限于当时科学技术的发展，手术多是在裸眼或自制的放大镜下完成，血管吻合的难度可见一斑。断指再植的成功率也仅为 50%。而 20 世纪 70 年代，显微技术的出现，解决了这一难题。显微镜的应用使人们的"视力"大幅提升，分辨精细结构再也不是困扰医生的难点，血管吻合的难度也大大降低。同时，对于肢体离断后组织损伤机制的研究不断深入，对断指再植技术的不断改进，以及对术后危险因素的预防和处理经验的积累，使得断指再植的成活率不断提升。国际上断指再植成活率甚至达到了 92.9%。

与此同时，在显微镜下进行断指再植术也已在我国的大中型医院开展，许多专业医生都掌握了对于直径在 0.3~0.5mm 的微小血管的吻合技术，我国的断指再植技术已经相当普及，手术的质与量都得到了极大的提升，国内再植手指的成功率达到 96%，高于国际水准。

3. 重点难点逐个攻破

断指再植手术在我国开展了 60 余年，取得了一系列突破性进展，目前我国断指再植手术的水平已处于世界领先地位。随着显微外科技术和器械设备的进步，断指再植成活率不断提高，常规的断指再植术在我国已经十分普遍，即使是基层医院的年轻医生也可以对一些常规病例进行修复。但是人们的追求显然不止于此，断指再植术的目标逐渐从提高再植成活率转向了增强术后患者手部的美观性、功能性，并不断尝试着解决一些复杂、特殊的疾病类型。甚至小儿断指再植、手指末节再植、指尖再植、撕脱脱套伤行离断再植、多手指离断再植、多平面离断再植等一些以往被认为是断指再植禁忌证情况，也被相继报道成功实施，且取得了较高的成功率，再植技术已日臻成熟。

手术时间窗的延长、手术适应证的增加、术后功能的良好恢复，以及断指再植的外观改良，这些都是我国断指再植技术飞速发展的直接体现，也是前辈们一步步通过努力拼搏换来的累累硕果。

诚然，目前我国的断指再植技术已经处于世界前列，但我们仍不能满足于现状，更应该百尺竿头更奋进。唯有不忘初心，努力前行，方能不负前辈们的嘱托，为祖国医疗事业的进步继续添砖加瓦，谱写新的篇章！

参考文献

[1]　李兆申. 沐风栉雨历久弥新：我国消化内镜事业发展回顾 [J]. 中华医学杂志, 2015, 95(48):3881-3883.

[2]　GOTODA T, KONDO H, ONO H, et al. A new endoscopic mucosal resection procedure using an insulation-tipped electrosurgical knife for rectal flat lesions: report of two cases[J]. Gastrointest Endosc, 1999, 50(4):560-563.

[3]　令狐恩强. 隧道技术的创建与前景 [J]. 中华腔镜外科杂志：电子版, 2011, 4(5):326-327.

[4]　SUNG H C, WU P C, HO T H. Treatment of choriocarcinoma and chorioadenoma destruens with 6-mercaptopurine and surgery. A clinical report of 93 cases[J]. Chin Med J, 1963, 82:24-38.

[5]　SUNG H C, WU P C, YANG H Y. Reevaluation of 5-fluorouracil as a single therapeutic agent for gestational trophoblastic neoplasms[J]. Am J Obstet Gynecol, 1984, 150(1):69-75.

[6]　SONG H Z, WU B Z, TANG M Y, et al. A staging system of gestational trophoblastic neoplasms based on the development of the disease[J]. Chin Med J (Engl), 1984, 97(8):557-566.

[7]　宋鸿钊. 晚期绒癌的处理 [J]. 中国实用妇科与产科杂志, 1993, 9(6):334-335.

[8]　SONG H Z, WU P C, WANG Y E, et al. Pregnancy outcomes after successful

chemotherapy for choriocarcinoma and invasive mole: long-term follow-up[J].Am J Obstet Gynecol,1988,158(3 pt 1):538-545.

[9] SUNG H C,WU P C,HU M H,et al.Roentgenologic manifestations of pulmonary metastases in choriocarcinoma and invasive mole[J].Am J Obstet Gynecol,1982,142(1):89-97.

[10] NGAN H Y S,SECKL M J,BERKOWITZ R S,et al.Update on the diagnosis and management of gestational trophoblastic disease[J].Int J Gynaecol Obstet,2018,143(Suppl 2):79-85.

[11] ZONG L,ZHANG M,WANG W,et al.PD-L1,B7-H3 and VISTA are highly expressed in gestational trophoblastic neoplasia[J].Histopathology, 2019,75(3):421-430.

[12] 程红燕 , 杨隽钧 , 赵峻 , 等 .PD-1 抑制剂治疗耐药复发妊娠滋养细胞肿瘤的初步探讨 [J]. 中华妇产科杂志 ,2020,55(6):390-394.

[13] 我国成形外科的开拓者朱洪荫教授 [J]. 中华外科杂志， 2001: 39（7）: 570.

[14] 乐文军 , 刘俊 . 手显微外科学的回顾及展望 [J]. 蛇志， 2019, 31: 276-277, 293.

[15] 朱振标， 倪江东 . 断指再植术新进展 [J]. 海南医学， 2011, 22: 130-132.

[16] 田万成 . 断指再植 30 年进展 [J]. 中华显微外科杂志， 1997: 21-23.

[17] 柴益民 . 中国再植再造发展与现状 [J]. 中国修复重建外科杂志， 2018, 32: 798-802.

三、口腔医学　健康之美

口腔医学是医学的重要组成部分，在医学的发展过程中，有一些发明和发现是从口腔开始的，如麻醉、麻药就是先从口腔开始然后应用到全身的。口腔医学是一个综合性的交叉学科，有外科体系、内科体系，还有材料学、美

王松灵院士谈口腔
医学发展

学等。口腔健康是全身心健康的一个基石，其发展对全身健康起着重要的作用，其与全身的很多疾病密切相关。

建党 100 年来，科技在进步，口腔医学也在同步发展，在口腔医学牙齿干细胞领域，包括干细胞的转化应用，还有牙齿发育、口腔病与全身性疾病方面，中国学者做出了一些突出贡献，在国际社会上引起了比较广泛的关注。随着口腔医学的发展，我国口腔医学有望在国际上发挥更大的作用，影响也将越来越大。

本节介绍了建党 100 年来我国口腔医学发展取得的主要成果，让我们了解发展、面对挑战、继续努力，共同书写口腔医学发展新篇章。

（一）由小到大，再由大到小

唾液腺，又称涎腺，是人体分泌唾液的器官。大唾液腺包括两侧对称的腮腺、下颌下腺及舌下腺三对，其中腮腺体积最大，位于人体面颊的后部、耳屏前及耳垂周围。腮腺组织内可发生肿瘤，其治疗主要依赖手术切除。腮腺组织内含有丰富的面神经，支配面部的表情运动。腮腺肿瘤手术时可能伤

及面神经，可引起导致口眼歪斜的面神经瘫痪。加之，腮腺位于颜面部，若手术不当将直接影响面部容貌（图2-3-1）。因此，一般来说，腮腺肿瘤手术不算大型手术，却是患者非常关注、技术要求非常精细的手术。腮腺肿瘤手术改进和发展的历史体现了人类对新事物认知螺旋上升的历程。

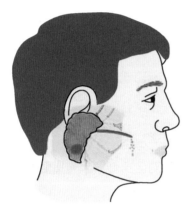

图2-3-1　腮腺及位于其中的肿瘤

腮腺肿瘤手术的历史可以追溯到18世纪80年代，英国学者John Hunter实施了有文字记录的人类历史上首例腮腺肿瘤切除手术，切除的肿瘤重达4kg，其后多国学者相继跟进。起初，由于对腮腺和面神经的解剖关系不熟悉，肿瘤切除术中未能对面神经进行妥善保护，术后面瘫发生率高，严重影响患者的生活质量。为了减少对面神经的损伤，学者们将腮腺肿瘤切除手术尽可能往"小"的方向倾斜，即仅仅从腮腺组织中剜除肿瘤，以尽量避开面神经，这种手术被称为腮腺肿瘤剜除术（图2-3-2）。然而这种"小"，虽

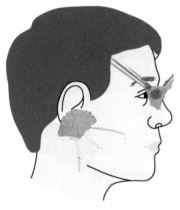

图2-3-2　腮腺肿瘤剜除术

在一定程度上降低了面瘫的发生率，却又带来了新的问题。有的腮腺肿瘤包膜很薄，而且与瘤体之间的黏着性很差，简单地缩小手术范围，术中可能损伤肿瘤包膜，导致肿瘤破裂；或者摘除了肿瘤，但是在腮腺组织内留下了肿瘤的包膜，会导致肿瘤种植性复发。面对新的问题，腮腺肿瘤切除手术又开始往"大"的方向倾斜。20世纪50年代，Martin、Patey及Thackray

提出了腮腺浅叶切除术（图2-3-3），该术式在分离解剖、保护所有面神经分支的基础上，强调切除整个腮腺浅叶组织及其中的肿瘤，相较于腮腺肿瘤剜除术而言，明显增加了手术的切除范围。该术式既能保护面神经，又可避免肿瘤复发，在很长一段时间内被作为腮腺浅叶良性肿瘤治疗的标准术式。然而这种"大"范围切除腮腺浅叶组织的手术方

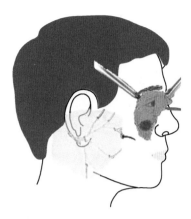

图2-3-3　腮腺浅叶切除术

式，又带来了新的问题：①腮腺术后功能低下或丧失；②较大范围的组织缺失，导致患者术后出现面部凹陷畸形；③面神经各分支均被暴露，面神经被不同程度损伤；④手术范围大，手术切口相应长，容易造成颜面部的明显瘢痕畸形；⑤出现味觉出汗综合征，表现为进食时手术区皮肤发红、流汗现象。

　　面对腮腺肿瘤手术做"大"之后出现的一系列新的问题，在20世纪70年代，北京大学口腔医院马大权教授在国际上率先采用了腮腺肿瘤及其周围部分正常腺体组织的部分腮腺切除术。俞光岩教授及其团队对于这一新术式进行了深入研究及推广应用。通过对大量病例的术后追踪观察和与传统的腮腺浅叶切除术相比较，新的术式具有以下优点：①手术范围缩小，手术时间缩短；②面神经暴露少，面神经损伤减轻；③切除腮腺组织少，面部凹陷畸形减轻（图2-3-4）；④降低了味觉出汗综合征的发生率；⑤更重要的是保留了大部分腮腺功能。基于这一新术式的诸多优点，2001年全国唾液腺疾病学术会议上，专家们将其确定为腮腺浅叶体积较小的良性肿瘤的标准术式。研究团队通过举办学习班、学

术会议等方式，使新术式得到普遍推广。据不完全统计，2010 年在 100多家医院为 3 万多例患者实施了这一新的手术，目前这种手术方式已经成为全国各家医院的常规术式。20 世纪 90 年代，俞光岩访问英国期间，在英国多家医院应邀进行了手术示范，将这一术式在国际上进一步推广。

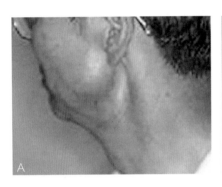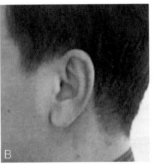

图 2-3-4　腮腺浅叶切除术术后局部凹陷明显（Ａ）；部分腮腺切除术后局部无明显凹陷（Ｂ）

腮腺肿瘤中有一类良性肿瘤被称为沃辛瘤，这类肿瘤的特点是常常多发，同一侧腮腺里可以有两个甚至多个肿瘤。肿瘤的发生与腮腺淋巴结发育相关，由于腮腺淋巴结主要位于腮腺后下部，因此沃辛瘤也常常位于这个部位。对于腮腺沃辛瘤的手术方式，不同学者持有不同的意见，有的学者认为这个肿瘤是良性肿瘤，只要单纯摘除肿瘤即可。然而，由于多发性的特点，术后常常出现新的肿瘤，肿瘤复发率较高。有的学者鉴于肿瘤多发，提出应该将整个腮腺浅叶切除。即便如此，如果不把腮腺后方的淋巴结切除，仍然有复发的可能。研究团队在系统研究沃辛瘤临床病理特点的基础上，提出了采用部分腮腺切除术切除肿瘤，以保留大部分腮腺的功能，同时切除腮腺后方的淋巴结以避免术后肿瘤复发。经大量病例证实，这一新术式既可避免肿瘤复发，又可保留大部分腮腺功能。

腮腺切除的常见并发症之一是出现进食后腮腺区皮肤发红、出汗，称为味觉出汗综合征（图2-3-5）。为了减少这种并发症的发生，有的学者采用胸锁乳突肌瓣转移法。采用这种方法，可以降低味觉出汗综合征的发生率，但是明显增加了手术创伤。也有学者采用脱细胞人工皮等放置在手术创面的方法，也可以降低味觉出汗并发症，但是这会增加手术成本和患者的经济负担。俞光岩团队率先采用腮腺咬肌筋膜下翻瓣，把筋膜保留在皮瓣内，形成皮瓣和腮腺床之间的一道机械性屏障，不但可以明显降低味觉出汗综合征的发生率（图2-3-6），而且不增加手术创伤及患者的经济负担。

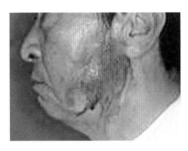

图2-3-5 传统手术方式术后出现味觉出汗综合征

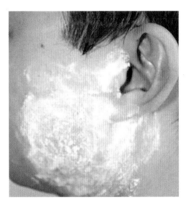

图2-3-6 改良手术翻瓣方式后，味觉出汗综合征的发生率大大降低

传统的腮腺手术采用"S"切口，术后在面部留下较为明显的手术瘢痕，这对于年轻患者，无疑会增加其忧虑。研究团队利用颜面部的解剖特点，采用类似于面部除皱切口的耳前和耳后发际内入路，使切口十分隐蔽，基本达到不留可见瘢痕的美观效果（图2-3-7）。

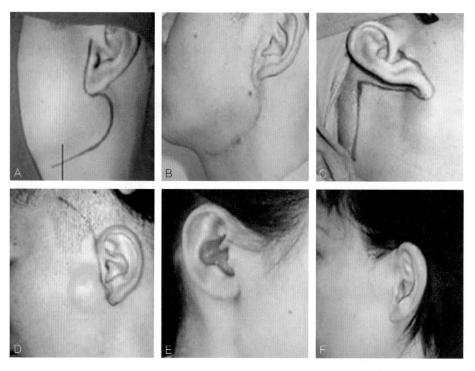

图 2-3-7　腮腺浅叶切除术采用传统手术切口（A），术后瘢痕明显（B）；部分腮腺切除术采用改良手术切口（C）（D），术后瘢痕隐蔽（E）（F）

腮腺区的皮下有耳大神经经过，支配耳垂和耳郭的感觉。因其位置表浅，传统腮腺手术方式常规切断耳大神经，导致耳垂麻木。研究团队在术中保留耳大神经，可以避免或减轻术后耳垂麻木。

对于腮腺深叶巨大肿瘤，传统的手术入路是在下颌角部截骨，离断下牙槽神经，引起下唇麻木。如果是恶性肿瘤，术后常需进行放疗。然而由于截骨线位于放射野内，术后放疗容易引起放射性骨坏死。研究团队创立了颏孔前截骨入路，保留下牙槽神经，避免下唇麻木。截骨线位于照射野外，可避免放射性骨坏死。

腮腺肿瘤手术改进和发展之路永不止步，近些年，研究团队研究腮腺良性肿瘤与面神经紧贴时，其接触面腮腺肿瘤包膜的组织学结果显示，腮腺良性肿瘤虽然有的包膜很薄，但是有较为完整的包膜，提示如果保证手术中肿瘤包膜不受损，包膜外切除腮腺良性肿瘤是安全的。基于研究结果，研究团队对于腮腺浅叶达到一定体积的良性肿瘤，采用包膜外肿瘤切除术。在部分腮腺切除术的基础上，进一步缩小手术范围，减轻手术损伤，保留更多的腮腺功能，更具有功能性腮腺外科的特色和优点。

回顾腮腺肿瘤切除手术的发展历史，似乎经历了"从小到大"，又"从大到小"的循环过程。但这绝对不是简单的重复，不是腮腺肿瘤剜除术的"返祖"。认知初期的剜除术，是在对腮腺和面神经解剖不熟悉，对唾液腺肿瘤病理性质不了解的基础上，想当然地缩小手术范围，也因此造成了明显的临床问题。而现在的部分腮腺切除术和包膜外切除术，则是通过对相关解剖和病理的系统研究、大量临床经验积累和数据验证，以科学知识为基础的缩小手术范围，是保存性功能外科的具体体现。腮腺肿瘤切除手术的发展历史，很好地体现了人类对新事物认知螺旋上升的过程。回顾研究团队的研究过程，针对手术的各个关键环节，从切口的选择、手术入路的改进、保留面神经和耳大神经、保留腮腺咬肌筋膜、优化腮腺切除范围等方面创新改进，使腮腺肿瘤手术变得越来越精致，手术并发症明显减少，患者的生活质量显著提高。

腮腺肿瘤手术改进的思路和技术在近些年又得到了进一步延伸和发展。对于人体另一个大唾液腺即下颌下腺的良性肿瘤，传统的手术方式是肿瘤连同整个下颌下腺切除，患侧下颌下腺的功能随之消失。受部分腮腺切除术的启发，对于位于下颌下腺侧面的良性肿瘤，研究团队采用肿瘤和周围部分正常腺体的部分下颌下腺切除术，同样在根治肿瘤的基础上，可以减轻组织损伤，保留大部分下颌下腺的功能，实现了腮腺肿瘤手术的精细化、功能化及

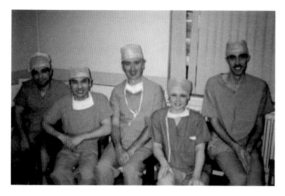

图 2-3-8　俞光岩（左二）应邀在英国 St.Richard 医院演示部分腮腺切除术

微创化，造福了广大的唾液腺肿瘤患者，明显提高了我国唾液腺肿瘤的诊治水平。俞光岩应邀在英国 St. Richard 医院演示部分腮腺切除术（图 2-3-8），与国际同行分享经验。

（二）重建口腔功能

口腔是机体具有生态活力的环境之一，包括唾液腺、牙、颌骨、关节等组织结构，他们组成相互制约又相互协调的功能整体，共同完成发声、表情、咀嚼、吞咽等一系列复杂且重要的功能运动。人体唾液腺包括腮腺、下颌下腺及舌下腺三大唾液腺及其他小唾液腺，主要分泌唾液，维持口腔功能，好发急慢性炎症、自身免疫病、放射损伤等疾病。唾液腺和牙是实现咀嚼吞咽功能的两大核心器官，其功能重建一直是口腔基础研究与临床研究的重点与热点，王松灵院士带领其团队对这两种器官的功能重建开展了系列研究。

1. 提出慢性腮腺炎性疾病新分类并创建新疗法

传统观点认为，儿童复发性腮腺炎可能是自身免疫病，而王松灵团队的研究表明其与儿童腮腺保护性免疫低下有关，该病大多可自愈或转归为腺体良性肥大，并非自身免疫病。采用腮腺局部碘油灌注可取得良好疗效，规范治疗可避免腮腺毁坏性治疗，保留该病的腮腺功能。研究团队按照治疗原则提出腮腺慢性炎性疾病新分类，首次命名慢性阻塞性腮腺炎，解决了传统分类命名混乱而难以指导治疗的临床难题。该分类被教科书和相关学术专著采用，在国内外广泛应用。团队应用唾液腺内镜微创技术，发现导管腔内纤维样阻塞物为慢性阻塞性腮腺炎的新病因，内镜微创介入技术剔除纤维样阻塞物具有较好的临床疗效。王松灵还主持制定了我国《内镜诊断治疗唾液腺疾病操作指南（试行）》，推动了我国唾液腺内镜微创技术的应用。该系列研究成果获 2003 年国家科学技术进步奖二等奖。

舍格伦综合征（Sjögren's syndrome）是一种以炎症细胞浸润唾液腺、泪腺等外分泌腺为主的慢性、系统性自身免疫疾病。患者多有明显口干、眼干等症状，严重影响患者吞咽、言语等功能。其发病机制尚不清楚，尚无有效治疗方法。王松灵研究发现舍格伦综合征患者全身间充质干细胞免疫调节能力低下，在小鼠动物模型上明确异体间充质干细胞可通过基质细胞衍生因子——CXC 趋化因子受体 4 轴（SDF-1/CXCR4 轴）趋化至病损区发挥免疫调节作用达到治疗干燥综合征的效果，并进一步发现异体间充质干细胞可通过分泌 BMP4 和 PGE2 调控局部免疫。基于以上研究发现，团队率先开展异体干细胞全身注射治疗舍格伦综合征的临床试验，临床试验结果证实该方法可显著改善患者口眼干燥症状，患者唾液流率增加。荷兰皇家科学院 Mummery 院士和美国 Hematti 教授发表述评称该研究建立了治疗舍格伦综合征新的有效方法。

因头颈部肿瘤的放射治疗导致的唾液腺放射损伤机制不清，治疗棘手。王松灵团队首次建立小型猪腮腺放疗损伤疾病模型，明确放疗剂量和时间，为唾液腺放射损伤研究提供了有效的平台。在此基础上，明确早期微血管损伤为唾液腺放射损伤的重要致病机制，并建立了小型猪腮腺导管基因转导技术，运用该技术，通过转导 *AQP1*、*FGF2* 及 *SHH* 基因，能显著防治腮腺的放射损伤。该成果为唾液腺放射损伤防治提供了新方法。

2. 发现哺乳动物细胞膜硝酸盐转运通道，揭示了硝酸盐对器官保护的新功能

一般认为，硝酸盐及亚硝酸盐对人体健康的不利影响较大，而人唾液中的硝酸盐含量比血液高约 10 倍，其生理意义不明。王松灵团队对唾液中硝酸盐的转运来源、机制、功能等进行系列研究，发现了转运硝酸盐的关键器官，揭示了硝酸盐有利于人体健康的新功能。

（1）发现腮腺是硝酸盐转运的关键器官：发现腮腺主动转运体内约 25% 的硝酸盐至唾液中，进而发现首个哺乳动物细胞膜硝酸盐转运通道（Sialin，SLC17A5），Sialin 在腮腺、脑、肝、肾等重要脏器中高表达，负责转运硝酸盐进入细胞的关键第一步（central first step），硝酸盐进入细胞内转化为一氧化氮，进而发挥相应功能。同期在《美国科学院院报》（*PNAS*）发表专题述评，认为该研究为硝酸盐在人体各组织器官的功能研究和全身性疾病的防治提供了关键性科学依据。

（2）揭示硝酸盐保护器官的新功能：明确唾液中亚硝酸盐抑制口腔致病菌的作用。发现应激时唾液腺可主动分泌硝酸盐进入胃肠道以减少胃溃疡、出血等，发挥胃肠道保护功能。在 *Curr Opin Gastroen* 发表的综述将该成果列为胃十二指肠主要防御机制之一。研究还表明口服硝酸盐可通过调控肠道菌群平衡预防肠道炎症和肥胖，降低活性氧水平预防全身放射损伤，抑制细胞凋亡来保护唾液腺功能，并可预防肝脏衰老。

上述研究发现腮腺通过调控硝酸盐循环通路在全身健康中的新作用，为进一步研究硝酸盐与全身健康功能奠定了基础，该研究成果获 2018 年北京市科学技术奖一等奖（图 2-3-9）。

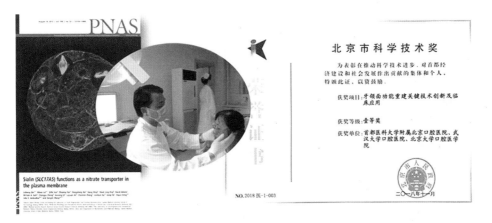

图 2-3-9 王松灵团队发现人的细胞膜硝酸盐转运通道（Sialin），阐明腮腺液中硝酸盐浓度较高的分子机制，证明硝酸盐具有保护胃肠等器官的新的重要生理功能，获 2018 年北京市科学技术奖一等奖

3. 创建小型猪牙发育研究平台，发现组织内应力调控恒牙萌出新机制，提出"组织内应力调控器官发育"学说

阐明牙发育机制是牙缺失等牙相关疾病防治的核心。以往国内外研究牙发育的动物模型主要为啮齿类动物，因其牙发育模式和牙列形式与人类相差较大，有明显局限性。王松灵经过十余年的研究，利用与人类牙发育模式相似，具有乳恒牙替换的小型猪动物模型，创建了小型猪牙发育研究平台。系统研究了小型猪不同牙列期各牙位发生发育的时间点和形态学变化。建立了小型猪牙胚发育不同阶段的 cDNA 文库、基因表达谱、非编码 RNA 表达谱、DNA 甲基化谱及蛋白质调控网络。发现颌骨通过外泌体调控牙冠形成及颌骨组织内应力调控恒牙发育的新机制。首次发现乳牙发育快于颌骨产生的内应力可抑制恒牙发育，乳牙萌出内应力释放启动恒牙发育，揭示了组织内应力调控器官发育启动的分子机制，提出"组织内应力调控器官发育"（stress-mediated development theory）学说（图 2-3-10）。该研究为阐明乳恒牙替换及生物力学对口腔组织器官的作用和机制研究奠定了坚实基础。

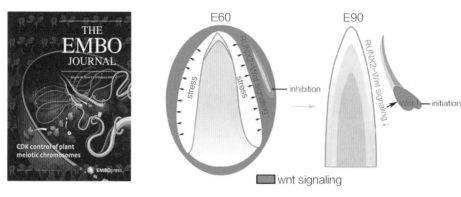

图 2-3-10 王松灵团队发现组织内应力调控恒牙的发育启动的机制,提出"组织内应力调控器官发育"(stress-mediated development theory)学说

4. 利用异体干细胞成功实现生物性牙周组织、牙根及全牙再生

牙是直接行使咀嚼功能的器官,与发声、言语、保持面部协调美观等均有密切关系,形态上分为牙冠和牙根,结构上由牙釉质、牙本质、牙骨质及软组织(牙髓)组成。其周围的组织叫牙周组织,包括牙周膜、牙槽骨等。由于其结构复杂,自我修复能力有限。目前针对牙列缺失、牙周组织缺损的传统治疗方法主要为赝复体修复,难以实现形态和功能的生理性修复。王松灵团队在已建立的小型猪研究平台基础上,开展基于异体干细胞介导的牙周、生物牙根及全牙功能性再生的临床前研究,并率先进入临床试验及转化研究。

(1)牙周组织再生:针对牙周炎发病率高、致病机制不清、无有效再生手段等棘手问题,首次提出牙周膜干细胞受损是该病发生的重要机制;揭示异体牙源性干细胞对宿主 T 细胞、B 细胞的免疫调节机制,并率先利用牙源性干细胞成功再生小型猪牙周炎所致的牙周缺损组织。为利用异体干细胞再生牙周组织提供了免疫学依据,为异体牙源性干细胞的临床转化应用奠定了理论基础,极大地扩展了牙周组织再生的干细胞的应用来源。东京医科齿科大学 Komaki 教授在 *Tissue Engineering* 撰写的综述中指出:"牙源性干细胞免疫调节功能的发现，提示可以采用同种异体牙周膜干细胞移植，尤其是可用来自健康年轻捐助者的牙周膜干细胞治疗老年牙周病患者，解决干细胞来源不足的难题。"团队根据临床转化需求，建立了人的牙齿干细胞库。发现牙髓干细胞在来源、增殖、抗衰老等方面有明显优势，进而研发出新药——牙髓间充质干细胞注射液，这是我国新的干细胞管理条例颁布以来首个被国家受理的干细胞新药（受理号为 CXSL700137），并通过 IND 申请，获得国家药品监督管理局药品审评中心临床试验默示许可并开展临床试验。前期临床试验研究表明，局部应用该注射液可有效治疗牙周炎，应用此药有望成为治疗牙周炎的新方法（图 2-3-11）。

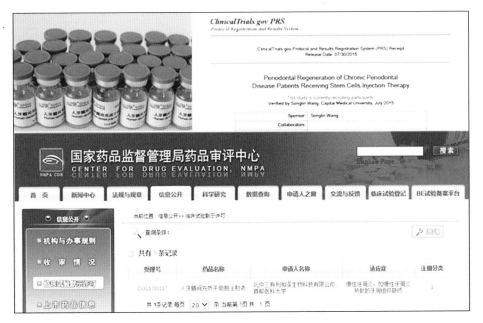

图 2-3-11　王松灵团队建立异体干细胞注射治疗牙周炎的新技术，研发出新药——牙髓间充质干细胞注射液，是我国新的干细胞管理条例颁布以来首个被国家受理的干细胞新药（受理号为 CXSL700137），获得临床试验默示许可，开展异体干细胞注射治疗牙周炎的随机、开放、对照临床试验

（2）生物牙根再生：王松灵团队与合作者提出"生物牙根再生"新理念，利用干细胞复合支架材料，在小型猪颌骨中成功再生具有咀嚼功能的生物牙根，且与种植牙相比有明显生物学优势。该生物牙根被美国国立牙科博物馆永久收藏，展览注释为"为牙列缺失提供全新的生物性修复方法"。王松灵应邀撰写国际教科书"生物牙根"章节，该成果获 2010 年国家科学技术进步奖二等奖。

（3）全牙再生：发现 *C-kit* 阳性骨髓细胞是全牙再生新的种子细胞，为全牙再生提供了新的种子细胞来源。该成果获得口腔医学权威期刊 *Journal of Dental Research*（*JDR*）最佳封面论文奖及国际口腔权威奖项 William Gies Award。率先利用解离重组技术实现了小型猪全牙再生，为全牙再生提供了可靠的技术方法。进一步通过体外器官培养实验追踪大型动物牙胚单细胞交互和早期牙发育的形态发生过程。在此基础上，优化实验方案，解决了小型猪大尺寸牙齿需要体内长期发育和生长的难题，并首次在小型猪颌骨原位实现了基于细胞重组构建的牙胚再生全牙，为进一步开展大型动物和人类牙发育调控机制及全牙再生研究奠定了基础。

2019 年，王松灵当选中国科学院院士（图 2-3-12）。

图 2-3-12　王松灵当选 2019 年中国科学院院士

（三）挑战口腔颌面 - 头颈肿瘤"手术禁区"

口腔颌面 - 头颈肿瘤是一类严重危害人类健康的恶性疾病，约占全身恶性肿瘤的 7%，每年有新发病例近 30 万例，死亡病例 12.8 万例，是全球范围内的重要公共卫生问题。口腔颌面部与颅底邻近，头颈部恶性肿瘤一旦侵犯颅底就会向颅内扩展，前、侧颅底均是常见的受侵部位。由于解剖部位隐蔽、结构复杂、重要组织器官密集、术野深，在手术中切除的难度和风险极高。累及颅底的颌面头颈肿瘤因而也一度被医学界公认为是手术禁区或"不治"之症。

1978 年，邱蔚六教授团队实施了国内首例患有颞下窝软骨肉瘤累及颅前、颅中窝的颅颌面联合切除术，取得成功，突破了这一"手术禁区"，填补了我国此项医疗技术空白。

然而累及颅底的颌面肿瘤通常还伴有颅底骨和硬脑膜的缺损，创面与污染环境的口腔相通易引起颅内感染、脑脊液漏，导致手术失败。此外，局部留有巨大无效腔，并有大面积软硬组织（尤其是舌、颌骨、牙齿等器官）的缺失，可导致语音、吞咽、呼吸、咀嚼等功能的减退甚至丧失，严重影响患者的生存质量，成为颅颌面联合根治术亟待解决的瓶颈问题。

张志愿教授和张陈平教授团队采用显微外科技术将血管化游离组织瓣移植修复缺损，创新性地运用血管化组织瓣折叠、两块组织瓣瓦合、单蒂双瓣、串联皮瓣等方法修复颅底及软组织缺损，大大减少了术后脑脊液漏、颅内感染等严重并发症的发生，显著提高了侵犯颅底的口腔颌面部恶性肿瘤患者的生存率和生存质量（图 2-3-13、图 2-3-14）。团队对于接受颅颌面联合根治术的患者进行的长期随访结果显示，患者 3 年、5 年、10 年生存率分

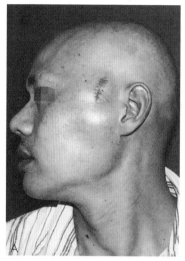
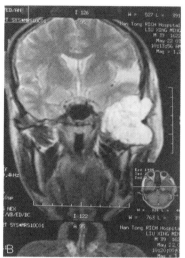
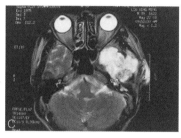

图 2-3-13 左侧颞下窝肿瘤侵犯颅中窝，行颅（中窝）颌面联合根治术前
A. 术前侧面像；B. 术前冠状面 MRI；C. 术前横断面 MRI

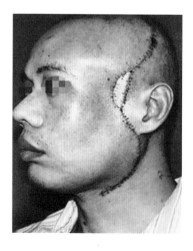

图 2-3-14 左侧颞下窝肿瘤侵犯颅中窝，行颅（中窝）颌面联合根治术后侧面像

别为 48.8%、35.1%、20.0%，最长生存时间超过 20 年，患者术后脑脊液漏、脑膜炎、脑水肿等严重并发症的发生率分别仅为 6%、4%、3%。组织瓣移植总成功率接近 98%。

累及颈动脉的口腔颌面部肿瘤，通常要将动脉一并切除，一旦切除一侧颈动脉后，对于少数基底动脉环先天性缺损或发育不良者不能有效地建立侧支循环，会影响对脑部的血供，导致大脑缺血坏死，甚至死亡。颈动脉重建术可迅速恢复大脑血流，防止脑缺血的发生，是保证肿瘤彻底切除，改善局部控制和降低手术风险的重要措施。团队在大量解剖和动物实验研究的基础上，在国内进行了首例高位颈动脉重建术，成功治疗术前脑侧支循环评价阳性的颅底高位颈动脉受累患者，确保了术后大脑的血供和患者的生命安全（图 2-3-15）。

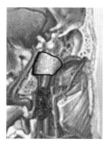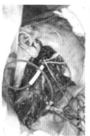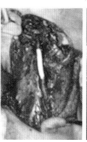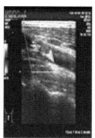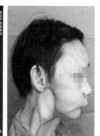

去除颞骨岩部、高　　采用内分流术　　高位颈动脉移植　　术后评估患侧　　　术后
位暴露颈内动脉　　　　　　　　　　　　　　　　　　大脑血供良好

图 2-3-15　对于累及颈动脉的口腔颌面部肿瘤，在内分流技术的支持下，进行高位颈动脉移植，确保了术后大脑的血供

该团队于 2005 年在国内成功实施了首例腮腺腺癌侵犯颅后窝的颅后颌面联合根治术，用血管化的背阔肌肌皮瓣修复创面缺损，术后恢复良好（图 2-3-16）。与时俱进，拓展了颅颌面联合术。鉴于上述成果，张志愿于 2007 年以第一完成人获国家科学技术进步奖二等奖。

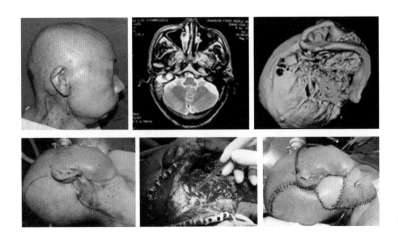

图 2-3-16 恶性肿瘤侵及颅后窝的颅颌面联合根治术

　　颌面是支撑整个颌面部形状的框架。颌骨上各种类型的肌肉、牙齿、神经、血管各司其职，综合协调行使了人说话、呼吸、吞咽、咀嚼等维系生命的重要功能。而由于来源颌骨的肿瘤或侵犯到颌骨的软组织的晚期肿瘤都需切除颌骨。如何重新把塌陷的框架颌骨重建，是口腔颌面肿瘤外科医师面临的又一大挑战，张陈平团队围绕这一问题经过二十多年的不懈努力，在国内外提出功能导向的"四段式"新策略：按照功能区域将下颌骨划分为髁区、口区及肌区，通过标定颌骨功能性解剖位点，重现各解剖标志点的三维空间位置关系，反求计算获得缺损的上、下颌骨，成功解决了跨中线颌骨缺损"无参照可依"的临床难题，分析得出"体部－颏部－颏部－体部"的下颌骨成型法，从而建立了功能导向的"四段式"颌骨重建策略。与传统术式相比，更利于恢复正常牙弓形态，获得咬合生理位点，实现咀嚼、呼吸功能重建。首创种植体牵引腓骨增宽新技术（dental implant distracter，DID），开创性地将牙种植、牵引成骨与腓骨移植融为一体，可在术后 6 个月完成牙列的恢复，缩短疗程 2 年以上，成功解决了腓骨重建下颌骨垂直骨量不足及多次手术的问题，创立了下颌骨功能重建的新术式，实现了下颌骨从"形态修复"到"功能重建"的重大突破（图 2-3-17）。

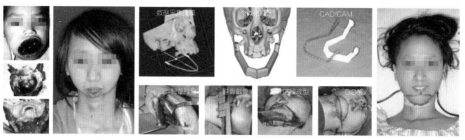

| 4岁
骨肉瘤 | 18岁
下颌骨缺损 | 颌骨功能导向塑形策略+同期种植牵引技术 | 颌骨重建术后 |

图 2-3-17 张陈平团队首创种植体牵引腓骨增宽技术，将牙种植、牵引成骨与腓骨移植融为一体，缩短疗程 2 年以上，成功解决了腓骨重建下颌骨垂直骨量不足及多次手术的问题，创立了下颌骨功能重建的新术式

张陈平团队颌骨重建水平得到了国内外同行的高度评价，曾在国内外举办了 50 多期继续教育学习班，创建了国内首家被英国爱丁堡皇家外科学院授予的以修复重建为主的"口腔肿瘤外科医师培训中心"，张陈平为主任，并以第一完成人获得 2019 年国家科学技术进步奖二等奖。

尽管张志愿已到古稀之年，张陈平、孙坚也都已到甲子之年，在过去的岁月中已经培养出一大批优秀的骨干。但他们仍然活跃在临床一线，牢记自己永远是个外科医生，强调愿意将有限的生命奉献给无限的为口腔颌面－头颈肿瘤患者解决病痛、提高生存率与生活质量中，不断开拓进取。

（四）更适合国人的牙体牙髓病的防与治

牙体牙髓病是最常见的口腔疾病，以龋病、牙髓病、根尖周病为代表，由细菌感染引发，导致牙齿形态、颜色、功能的破坏。我国是牙体牙髓病的高发国家，发病率高达 76.6%，尤其是儿童和中老年人。作为牙源性病灶，牙体牙髓病是诱发或加重全身系统性疾病的主要口腔疾病。因此，牙体牙髓病不仅严重危害人类口腔健康及全身健康，与生活和生存质量也有着密切的关系，被世界卫生组织列为人类重点防治的非传染性疾病。牙体牙髓病防治的关键是守护天然牙、保留患病牙、留住牙根。长期以来，对引起牙体牙髓病的核心微生物和致病机制、中国人牙齿根管系统解剖特征等关键科学问题研究的缺乏，对牙体牙髓病特异性关键防治技术的缺乏，严重制约了对牙体牙髓病的有效防治。四川大学华西口腔医院周学东团队，在国内率先开展了牙体牙髓病病因、发病机制、临床治疗新技术等从基础到临床的系列研究，取得了突破性进展，是目前国内外具有影响的牙体牙髓病研究团队之一。

1. 锁定牙体牙髓病核心微生物，探索发病新机制

牙体牙髓病是发生于牙齿的慢性感染性疾病，由于引起疾病的关键微生物、致病毒力与相关致病机制不清楚，导致难以形成针对性的疾病防治策略。周学东团队（图 2-3-18）建立的口腔微生物菌种保藏库，是中国人口腔微生物资源数据库的前身，为 20 世纪 90 年代至今国内口腔医疗、教学机构及企业口腔微生物相关研究提供了重要的菌种资源和评价指标体系。

随着口腔微生物生物膜理论的提出，国外陆续开发了牙菌斑生物膜模型，但这类模型往往结构复杂、造价昂贵、使用投入大，运转一

图 2-3-18　周学东团队开展牙体牙髓病病因与防治的相关研究

次须花费上万元，且易污染，这成为了限制牙体牙髓病病因与发病机制原创性研究的重要瓶颈。针对该难题，周学东团队在 20 世纪 90 年代率先建立了具有自主知识产权的人工口腔模型并获得国家发明专利，为牙体牙髓病发病机制和防治技术研究提供了稳定可靠的国产化模型。人工口腔模型可有效模拟天然牙菌斑的结构与细菌组成，并在人牙齿标本上产生与自然龋损类似的人工龋，模型各项参数稳定，模拟性强，重复性好（图 2-3-19）。

 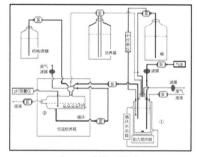

人工口腔模型　　　　　　　　　　　　人工口腔模型模式图

图 2-3-19　人工口腔模型

　　周学东团队在全国最早开展口腔微生态研究，发现引起口腔感染性疾病的细菌均为口腔常驻微生物，全身的、局部的、环境的因素造成口腔微生态失衡，口腔微生物的生理性组合转变为病理性组合，常驻菌成为条件致病菌，导致疾病的发生发展。提出了口腔微生态学理论，维持或恢复口腔微生态平衡是早期有效防治口腔感染性疾病的关键，主编出版了全国第一本《口腔微生态学》专著，为疾病防治关键技术的研发与评价奠定了坚实基础。

　　2007 年，人类微生物组计划（Human Microbiome Project）启动，通过全球多中心联合攻关，借助高通量组学技术手段，全面揭示肠道、口腔、皮肤、呼吸道、泌尿生殖道五大人体微生物菌库的菌种组成、功能代谢及其与人体健康和疾病的关系。获得健康与疾病状态下中国人口腔微生物组学大数据，是全面绘制口腔健康状态下微生物群落正常生理基线，找寻驱动口腔微生态失衡和疾病发生发展关键因素的重要基础。周学东带领的口腔疾病研究国家重点实验室口腔微生物与微生态研究团队作为国内最具代表性的口腔微生物研究团队，积极参与国际合作攻关，开展中国人口腔微生物组学研究，先后获得了科技部国际科技合作项目、"973"前期项目、"十一五""十二五"国家科技支撑项目及国家自然科学基金委重点项目的支持。在口腔微生物菌种保藏库的基础上，进一步增加了中国人口腔微生物基因组、宏基因组学数据与相关临床表征，建立了中国人口腔微生物资源数据库（图2-3-20）。研究团队全面解析了中国人口腔微生物生理演替规律与关键影响因素，锁定了与牙体牙髓病发生发展密切相关的核心微生物及其驱动口腔微生态失衡、介导疾病发生发展的关键因子与信号通路，为牙体牙髓病的靶向防治奠定了坚实的理论基础。

图2-3-20 中国人口腔微生物资源数据库

2. 解析国人牙齿根管解剖特征，攻克患牙治疗难点

牙齿根管系统结构复杂，其微生物感染防控是牙体牙髓病临床治疗的

关键与技术难点。由于牙齿根管系统解剖结构具有人种差异性，直接影响牙体牙髓病的治疗效果。全面解析中国人牙齿根管系统的正常解剖结构与变异特征，是提高牙体牙髓病患牙临床治疗成功率的关键。针对这一临床难题，周学东率领团队在前期基于牙齿磨片、透明牙技术及 X 线片影像学研究的基础上，从 2002 年就开始采用 CBCT、microCT 等现代技术，对中国人牙齿根管系统解剖特征进行了多层次、多角度、多牙位的系列研究，其建立的中国人根管系统解剖数据库，是目前国内样本量最大、牙位最多、指标最全的根管解剖数据库。通过对中国人根管系统解剖结构的大数据研究，发现了中国人根管解剖的特点，包括下颌前牙单根双根管率、根管钙化率、弯曲根管发生率等，科学地解释了中国人根管治疗的临床疑难问题。

基于对中国人牙齿根管系统解剖特征的大样本研究，周学东领衔制定了中国人根管治疗难度评估、难度分级、分层分级标准，其中根管治疗难度评估标准包括 3 个一级指标、19 个二级指标、118 个等级评分参数，2004 年于《华西口腔医学杂志》率先发表《全国根管治疗技术规范和质量控制标准》，在全国推广应用（图 2-3-21）。

中国人根管解剖结构大数据除可应用于根管治疗难度评估外，还可为根管治疗新技术、新器械的研发提供不可或缺的临床一线宝贵数据。基于中国人根管解剖大数据，周学东团队自主设计研发了根管治疗微处理系统（micro retrieve & repair system），率先开展和创新了显微根管治疗术、显微根尖手术、意向性牙再植术、牙髓再生治疗术等国际前沿临床治疗技术，最大限度地留住患病天然牙，恢复牙齿生理功能，使我国的患牙保存率达到国际一流水平（图 2-3-22）。

图 2-3-21 根管治疗难度评估标准于 2004 年写入《全国根管治疗技术规范和质量控制标准》

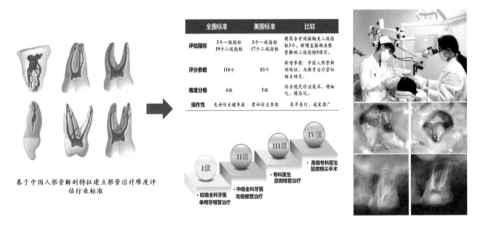

图 2-3-22 建立基于国人根管解剖特征的根管治疗难度评估标准，针对不同难度牙髓根尖周病开展分级诊疗

　　"牙体牙髓病防治体系的构建与应用"研究成果获得 2016 年国家科学技术进步奖二等奖。

　　习近平总书记提出"健康中国"战略和"健康是幸福生活最重要的指标"。健康中国，从"齿"开始。周学东团队充分利用前期研究成果，首次提出"全生命周期的龋病管理"，制定了备孕期－妊娠期－婴儿期－学龄期－儿童期－青少年期－成年期－老年期龋病管理的方案（图 2-3-23）。参与刘德培院士领衔的中国工程院关于"健康管理对慢性病防控影响的国际比较研究"项目的专家咨询，提出将龋病等口腔疾病纳入国家慢性病防治战略，国家颁布的《2017—2025 中国慢性病防治纲要》首次将龋病等口腔慢性病纳入国家慢性病防控体系。参与制定和完成了张志愿院士牵头的中国工程院"面向 2035 的我国口腔卫生保健战略研究"项目，积极推动我国口腔慢性感染性疾病防控体系的完善和发展。

图 2-3-23　《全生命周期的龋病管理》被评为《中华口腔医学杂志》2018 年度 Top 1 文章

在国家口腔疾病防治的征途中，我们将进一步围绕中国人牙体牙髓病与全身重大疾病防治，加速利用我国巨大的口腔疾病临床资源转化为促进牙体牙髓病临床诊疗技术进步的战略资源，从中国人口腔微生物组中寻找更加精准的疾病早期诊疗的分子标记，创建疾病风险预警与预后评估系统，推动基础研究成果的临床转化，最终实现个性化的口腔健康管理和牙体牙髓病的精准诊疗。

（五）龋病牙髓病的综合防治研究

龋病牙髓病是最常见的口腔疾病，发病率高，影响范围广。临床上有大量的龋病病例未经有效治疗而进展为牙髓病，出现牙齿疼痛、不能咀嚼等症状，是导致牙齿丧失的一个主要原因。鉴于该类疾病在中国的发病特点和国情，需要从预防和治疗两个层面进行深入研究，针对疾病的病因和不同病变阶段加以干预，从而最大限度地保存患牙、恢复功能，提高国人的口腔健康水平。武汉大学口腔医学院牙体牙髓病学教研室自 20 世纪 90 年代初开始集中力量对龋病牙髓病的综合防治进行了长期深入的研究，积极拓展国内外合作，产生了一系列重要的研究成果，形成了在国内外具有影响力的优秀研究团队。

1. 重要研究成果的主要完成人及其贡献

樊明文：20 世纪 90 年代在国内外首先提出 DNA 免疫技术防龋的设想，主持研制了 4 种防龋 DNA 疫苗，建立了 DNA 疫苗免疫防龋的新方法。最新一代防龋 DNA 疫苗已完成临床前研究，该项工作为龋病的预防提供了崭新的思路。与龋病非创伤性充填技术（ART）的首创者、荷兰 Radboud 大学牙学院 Jo E. Frencken 教授建立了紧密的合作关系，研究成果获得国际科学技术合作奖。同时，带领武汉大学口腔医学院牙体牙髓病学教研室在我国较早开展了现代根管治疗技术的研究和推广工作，培养了一大批知名学者，对我国牙体牙髓病学的学科发展做出了杰出贡献。

边专：通过分子流行病学研究，揭示了变形链球菌在正常人群和特殊人群口腔自然菌丛中的传播与稳定定植规律，该项发现完善和发展了龋病的"感染窗口"理论，研究成果对于龋病病因和预防的研究具有推动作用。带领牙体牙髓病学团队获得首批国家临床重点专科，通过持续建设，产出了一批高质量的科研成果。

彭彬：开展现代根管治疗技术的研究，包括弯曲根管的治疗、牙科手术显微镜的临床研究和应用、镍钛合金器械的应用研究等，在全国推广应用，提高了我国牙髓病治疗的水平。

范兵：利用显微 CT 技术对牙体解剖学上存在的特殊复杂根管进行了系统深入研究，提出中国人群下颌第二磨牙 C 型根管系统的新的分类标准，对于临床诊断和治疗具有重要的指导作用。发明了根管断械提取工具盒，该产品解决了根管治疗并发症的处理难题，在临床使用中受到广泛好评。

陈智：深入研究了龋病的微创修复理论和牙体粘接修复技术，开展了新型复合树脂修复的随机对照临床研究，提出了根管治疗后牙体修复的方案。研究结果丰富了龋病牙髓病的基础及临床知识，并通过专家讲座、论文专著等形式促进了相关技术在全国的推广。

另几位课题组成员郭继华、杜民权、许庆安、聂敏、宋亚玲分别在不同领域完成了大量研究工作。

2. 重要研究成果的创新点及其科学意义

武汉大学口腔医学院通过龋病牙髓病综合防治的基础与临床研究，产出了大量具有原创性的科研成果，主要包括以下几方面：

（1）通过分子流行病学研究，揭示了变形链球菌在正常人群和特殊人群口腔自然菌丛中的传播与稳定定植规律，支持母婴传播是变形链球菌定植的根本途径，定植完成后则具有排他性。该项发现完善和发展了龋病的"感染窗口"理论。

（2）基于变形链球菌的感染及定植特点，提出利用黏膜免疫预防龋病的学术观点。以变形链球菌毒力因子编码基因作为免疫原，经鼻黏膜途径免疫动物后可显著提高唾液中特异性 sIgA 抗体水平，降低龋损水平达 60%，建立了免疫防龋的新方法并探索了相关免疫机制。

（3）在我国率先开展并持续进行了十余年的 ART 的国际合作研究，通过大样本临床研究，证明了 ART 技术在我国人群中具有很高的成功率。通过博士研究生共同培养和技术辐射，在我国推广了这种实施方便、可缓解牙科畏惧症，适合于公共卫生、社区预防及基层防治的龋病治疗技术。

（4）率先引进牙科手术显微镜，开展显微根管治疗技术的临床应用；率先开展镍钛器械的临床研究和应用，解决了弯曲复杂根管的预备难题，比较了不同镍钛器械的根管预备效果和临床疗效，研究了镍钛器械意外折断的规律并提出了防范措施；发展了现代根管治疗技术，在全国范围内推广应用，成功治疗了大量具有复杂根管系统的患牙，推动了我国牙髓病学的发展。

（5）采用 Micro CT 技术对中国人牙齿根管系统进行扫描和三维重建，在此基础上提出了下颌磨牙 C 型根管的新的影像学分类和临床分类，用于指导口腔医生对 C 型根管的正确诊断和治疗，提高了 C 型根管治疗的成功率（图 2-3-24）。该分类系统于 2004 年发表后，次年即被美国牙髓病学会主席 Gutmann 教授主编的牙髓病学专著 *Problem Solving in Endodontics* 第 4 版引用，被编写进了国际著名的牙髓病学专著 *Pathway of the Dental Pulp*。针对临床研究中缺乏可精确量化的根管封闭效果评价模型的问题，建立了葡萄糖定量检测根管微渗漏的模型，已得到广泛的应用。

以上述研究成果为基础，武汉大学口腔医学院牙体牙髓教研室撰写了《龋病牙髓病研究》《现代牙髓病学》《根管治疗图谱》《龋病学》等专著，教研室老师主编著作十余部，主编全国本科生规划教材《牙体牙髓病学》第 4版、全国研究生规划教材《牙髓病学》第 1 版及全国住院医师规范化培训教材《口腔内科学》第 1 版。部分研究成果编入国外牙髓病学专著。发表 SCI源刊论文超百篇，其中口腔医学权威杂志 *JDR* 论文十余篇，在牙髓病学专业期刊发表论文的被引用数居世界第十位（2010—2020 年）。获得 6 项国家发明专利。培养了一批牙体牙髓病学博士后、博士硕士研究生及专科进修医生。每年通过举办以现代根管治疗技术为主题的国家继续教育学习班培养了大批牙髓病学专业人才。在中华口腔医学会的带领下，参与建立的现代根管治疗技术规范被在全国推广应用，创造了显著的社会效益和经济效益。

3. 重要研究成果获得的学术奖励

研究团队重要研究成果获得的学术奖励见表 2-3-1。

表 2-3-1　研究团队重要研究成果获得的学术奖励

获奖项目名称	获奖时间	奖项名称	奖励等级	授奖部门（单位）
变形链球菌葡糖基转移酶分子免疫学研究	2000.01	湖北省科学技术奖	二等奖	湖北省人民政府
免疫防龋的系列研究	2001.01	湖北省科学技术奖	一等奖	湖北省人民政府
DNA 质粒免疫防龋的基础研究	2004.01	中华医学科技奖	二等奖	中华医学会
变形链球菌在口腔自然菌丛中的定植特点及其机制	2005.01	湖北省科学技术奖	二等奖	湖北省人民政府
社区牙医学的系统研究和实践	2005.12	中华医学科技奖	三等奖	中华医学会
龋病牙髓病的基础与临床研究	2009.01	国家科学技术进步奖	二等奖	国务院

4. 重要研究成果的科学精神、人文精神及对学科的影响

武汉大学口腔医学院牙体牙髓病学教研室密切关注国际前沿，持续发力，研究水平从追随到追赶到部分超越，产出的部分研究成果已得到国际认可。这反映了本课题组的进取和创新精神，这种精神是值得口腔学界永远传承和发扬的人文财富。该课题的研究成果在国内外有较大影响（图 2-3-24、图 2-3-25、图 2-3-26）。课题组成员出版的有关专著及在国内外举行的大量讲座和推广活动，推动了牙体牙髓学科的建设和发展。防龋疫苗的两项专利已成功转让，为进入临床打下良好基础，有望进入大健康产业。

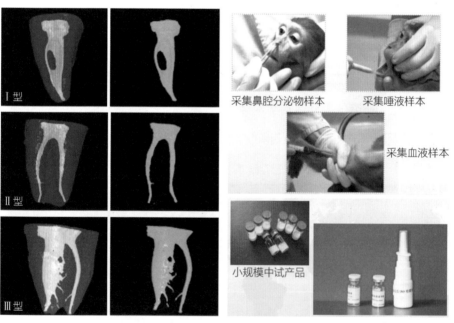

图 2-3-24　不同分类的 C 型根管系统的显微 CT 扫描图像

图 2-3-25　靶向疫苗 pGJA-P/ VAX 免疫猕猴实验研究

图2-3-26 2007年开始，弗兰科和武汉大学口腔医学院樊明文合作进行"新型窝沟封闭剂在儿童新生恒牙防龋效果试验"的双盲随机化对照临床研究

（六）神奇的"变脸术"

新中国成立以来，现代战争高能高爆武器被广泛使用，颜面部暴露、难防护，战伤发生率达 26% ～ 30%，且毁损严重；平时颜面交通伤发生率达 60% ～ 64%。除此之外，烧伤等造成的颜面部严重缺损与畸形也明显增多。严重的颜面缺损与畸形导致咀嚼、吞咽、呼吸、语言、表情等功能障碍，且常引发严重心理精神疾患。颜面部结构与功能复杂，对美观要求高，严重缺损与畸形的形态修复和功能重建难度极大，是军事医学领域亟待解决的重大难题。

20 世纪 80 年代，我国在颌面部战创伤缺损及修复治疗和功能重建领域的研究基本处于空白，缺乏系统理论。从那时起，第四军医大学几代口腔人带领着课题组，白手起家，经过 40 多年的艰苦研究与探索，取得了一系列举世瞩目的创新成果。提及"变脸术"，多数人想到的一定是川剧舞台上迷倒市井百姓的表演绝技。然而，2011 年，由时任第四军医大学口腔医院院长的赵铱民教授（图 2-3-27）领衔的团队完成的"严重颜面战创伤缺损与畸形的形态修复和功能重建"项目，建立了我国颌面部战创伤从损伤基础到临床救治，再到形态修复和功能重建的一整套完善体系，成为拥有"军魂"气质的真正"变脸大师"，并荣获国家科学技术进步奖一等奖（图2-3-28、图2-3-29）。

图 2-3-27　赵铱民

图 2-3-28　赵铱民团队的研究成果 2011 年荣获国家科学技术进步奖一等奖

图 2-3-29　赵铱民（左二）、郭树忠（右二）、金岩（左一）及刘彦普（右一）出席 2011 年度国家科学技术奖励大会

在 28 项国家和军队重大、重点课题支持下，本项目历时二十余年，形成了以自体移植修复——造脸、异体移植修复——换脸、假体仿真修复——替脸、组织再生修复——长脸为一体的严重颜面缺损与畸形的精确修复和功能重建的技术体系，为显著提高我军战创伤救治水平提供了技术保障。项目主要完成人赵铱民、郭树忠、金岩及刘彦普教授分别从自己的专业角度诠释了战创伤修复与功能重建的技术方法及重要意义。

1. 自体移植修复——造脸

研究结果阐明了自体组织移植愈合机制，创建了促进移植组织成活新方法；结合数字化外科、显微外科及内镜外科，创建了颜面形态与功能重建新技术，成功完成了世界罕见颧骨上颌骨缺损"坑面女"等为代表的 7 209 例患者的治疗案例，实现了颌面部软硬组织形态缺损的个性化精确修复与功能重建。邱蔚六院士评价该项技术：其使颌骨的修复达到了一个新阶段。该部分主要完成人为刘彦普。

2. 异体移植修复——换脸

系列研究进一步在国际上首创了兔异体颜面移植动物模型，首次建立了异体颜面移植供受体选择标准、手术方案、免疫排斥反应早期诊断方法、局部诱导免疫耐受和局部用药的抗免疫排斥反应新策略，成功开展了世界首例复合颌骨异体颜面移植。研究者被国际整形外科权威杂志 *Journal of Plastic Reconstructive and Aesthetic Surgery* 主编 Burd 誉为"异体颜面移植的开拓者之一"，在 *Lancet*（IF 为 30.7）发表论著和特邀述评各 1 篇。该部分主要完成人为郭树忠。

3. 假体仿真修复——替脸

经过不断努力，研究团队研制出国际上性能最佳的仿真赝复材料；建立了国人颜面器官三维形态数据库，创造了颜面缺损赝复体智能化设计与快速制作技术；首创 7 种颌骨缺损赝复新技术，并成功用于 9 425 例患者的治疗，形成了系统的颜面缺损赝复理论与技术体系，创建了中国的颌面赝复学，成果被写入美国大学教科书。国际颌面修复学会主席 Beumer 评价："中国同行正引领世界颌面修复领域的发展。"主要完成人为赵铱民。

4. 组织再生修复——长脸

研究团队也同时创建了"多重诱导、全程调控"体外再生技术体系；组织工程皮肤、神经、骨等研究取得重要突破，组织工程皮肤获得我国首个组织工程产品医疗器械注册证；制定了两项国家行业标准；阐明了应力作用下组织再生机制；研制出具有自主知识产权的系列多功能组织扩张器和牵张器；建立了颜面部皮肤扩张和牵张成骨技术体系。该部分主要完成人为金岩。

图 2-3-30　郭天文

雄厚的研究基础为新技术铺路。2000 年，第四军医大学口腔医院郭天文教授（图 2-3-30）完成的项目《全口义齿固位的研究》为本成果提供了坚实的研究基础，荣获国家科学技术进步奖二等奖，该奖是我国口腔医学界的第一个国家奖。全口牙缺失严重地影响咀嚼、语言、容貌及患者的心理健康，其主要的治疗方法是制作全口义齿。固位是全口义齿修复成败的关键，也是口腔修复学领域研究的重要课题。为了解决全口义齿的固位问题，郭天文首次提出全口义齿依靠物理和生物力的共同作用获得固位，指出口颌肌肌力闭合道终点是制作全口义齿的最适颌位，并在国内率先研究发明新型牙用磁性固位体及磁固位技术，应用种植、覆盖磁性固位技术解决了疑难患者全口义齿的固位难题。该成果第一完成人为郭天文。

在全口义齿修复固位问题解决的四年后，第四军医大学口腔医院刘宝林教授（图 2-3-31）完成的"颌面战创伤基础及临床救治研究"项目，于 2004 年荣获国家科学技术进步奖二等奖。在引进国外先进技术的基础

图 2-3-31 刘宝林

上，经消化吸收再创新，成功研制了具有自主知识产权的种植体系列产品并获得国家注册 [国药管械（试）字 2002 第 3040141 号]，并被列入国家重点新产品项目（2003ED850026）。该研究第一完成人为刘宝林。

"严重颜面战创伤缺损与畸形的形态修复和功能重建"项目这一研究成果的主要意义是解决现代战争中高能高爆武器对颜面和口腔造成的严重损伤进行形态修复和功能重建的问题。经过 20 年的刻苦攻关，形成了"造脸、换脸、替脸、长脸"为一体的严重颜面战创伤缺损与畸形的形态修复和功能重建的技术体系，可以满足多种颜面伤情的修复需求。课题组和医务人员综合运用该项成果，完成了以世界罕见"坑面女"和中国第一例、世界第二例换

脸术为代表的两万余例颜面战创伤伤员的救治，在汶川、玉树抗震救灾中成功救治大批伤员。

本成果成功治疗患者 23 397 例。团队发表论文 419 篇，其中 SCI 131 篇，总 IF 为 354.5，最高 IF 为 30.7，被引 1 030 次；主编专著 10 部，获国家发明专利 12 项、医疗器械注册证 2 项、省部级一等奖 5 项。主要完成人担任世界军事齿科学会主席等重要国际学术职务。举办国际学术会议 12 次，国际大会报告 31 人次，举办全国和全军学习班 169 次。成果在军内外 135 家单位被推广应用。

（七）被国际同行美誉的"中国式口腔颌面外科"

口腔颌面部是人体的重要解剖部位和器官所在地。口腔颌面器官不仅司职咀嚼、吞咽、语言、呼吸等重要生理功能，而且位于人体最显著的暴露部位，是人们表达礼仪、诉求及喜怒哀乐的重要媒介。因此，在治好口腔颌面部疾病的同时，还必须保护好或恢复口腔颌面部的功能和外形，这也是衡量现代口腔颌面外科水平的重要标志之一。

口颌面外科最早起源于西欧，而由苏联传入我国，所以，我国的口腔颌面外科起步相对较晚。从 20 世纪 50 年代的萌芽期，"牙医学"正式转向定名为"口腔医学"开始，口腔医学前辈为口腔颌面外科的形成奠定了坚实的基础。1949 年以前，我国根本没有口腔颌面外科的建制。我国第一个口腔颌面外科病房在华西协合大学附属医院正式建立之后，在各地教学医院和专业口腔医院内也相继有了口腔颌面外科的正式建制。20 世纪 60 年代至 80 年代是我国口腔颌面外科的成长期，在大量临床实践的基础上，获得了无数宝贵的经验，并逐步形成了一支专业队伍。从 20 世纪 80 年代开始，随着我国改革开放政策的实施，迎来了"走出去，请进来"的国际交往年代，出国学习交流机会的增多、研究生制度的恢复、基础研究条件的改善，使中国的口腔颌面外科水平逐渐向着国际水平靠近，正式迈入成熟期。20 世纪 90 年代，经过几代人的开拓努力，我国的口腔颌面外科成为了特色鲜明、被国际同行美誉为"中国式"口腔颌面外科。与国外相比，病例多、病种丰富，涉及相关学科面广。其中，口腔颌面外科下属专业达十余个，口腔颌面头颈肿瘤专业在国际上颇具实力。此外，还有中医中药也在肿瘤的治疗中起一定作用。在疾病的诊断与治疗、生存率与生存质量方面均已达到国际先进水平。

谈到中国口腔颌面外科的发展离不开早期进行了开创性工作的口腔颌面外科人。中国第一代口腔颌面外科人有宋儒耀、张涤生、夏良才、张锡泽、丁鸿才等，第二代则以邱蔚六、王大章、张震康等人为代表。

邱蔚六团队早在 20 世纪 90 年代就提出了功能性外科的概念。在几代人的不断创新和开拓下，我国的口腔颌面外科与时俱进，生存率与生存质量并重，力求臻于至善，已逐步形成了自己的特色。在发展口腔颌面外科的同时将修复重建外科、显微外科等有机结合，几项开创性的科研创新为以后继续探索"中国式"口腔颌面外科打下了更坚实的基础，从而也获得了国际上的普遍认可和高度赞誉。

1. 显微外科技术保障了手术的成功和功能外形的恢复

我国的陈中伟是国际上首个应用显微外科行断手再植的人，我国也是对该领域贡献最大的国家。

20 世纪 60 年代，显微外科的迅速发展给以往很多不可能完成的手术提供了可能性。邱蔚六团队在 20 世纪 70 年代后期率先把显微技术引入口腔颌面外科领域，应用于口腔颌面外科整复畸形与缺损，开展了一系列大面积复合组织缺损一期立即整复和舌、腭、颌等器官成形术。

　　口腔颌面部恶性肿瘤累及软腭切除的患者，由于软腭在生理上有吞咽、发音等重要功能，术后缺损较大，功能和外形上的双重损失会造成生存质量的大幅下降。为了提高患者的生存质量会选择术后对缺损部位进行修复，传统的方式是运用赝复体修复缺损部位。有时，由于缺损面积大，赝复体不能很好地固位，也难以达到腭咽闭合，影响吞咽和发音功能，因此修复效果并不理想。邱蔚六团队创造性地应用游离前臂皮瓣行软腭再造术，解决了因肿瘤切除导致的语言、吞咽等功能障碍。显微外科技术助力了这项开创性成果的探索，是保证手术成功的关键。他们应用游离前臂皮瓣加咽后壁皮瓣，双层复合移植再造软腭，由于质地近似软腭，且取瓣操作方便，血管管径较粗，吻合血管的通畅率较好，成功率很高。经临床实践证实了该法的可行性和优越性。经随访其语言及吞咽功能都很理想，保证了软腭切除后的生存质量（图 2-3-32）。其科研成果分别 3 次获得卫生部、上海市科学技术进步奖及国家发明奖（科研项目"游离前臂皮瓣软腭再造术"获得 1996 年国家发明奖三等奖）。

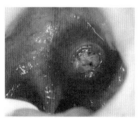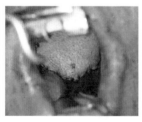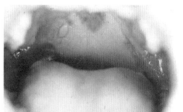

图 2-3-32　软腭切除术后用咽后壁加游离前臂皮瓣修复
（左：术前，中：修复手术完成，右：术后半年）

无疑，软腭再造术的成功，推动了显微外科技术应用在口腔颌面外科和口腔整复外科领域内的进一步发展。上海交通大学医学院附属第九人民医院口腔颌面外科在 20 世纪 70 年代后期，从一例应用足背皮瓣行再血管化游离移植修复口腔缺损开始至 2019 年，已累计完成再血管化游离组织瓣移植逾万例。近 20 年移植成功率均在 98% 以上，最优成功率达到 98.8%。为了培养更多的口腔颌面外科临床医师，从 1997 年开始，该科建立了每年 1～2 次的显微外科学习班。迄今已成功举办了 52 次，其中包括在东南亚的泰国、马来西亚、印度尼西亚等国举行的国际培训班。国际口腔颌面外科医师协会（IAOMS，2010 年）、AO 内固定学会（2012 年）及英国爱丁堡皇家外科学院（2014 年）相继与该科设立了国际培训中心。迄今已培养了 1 800 余名国内外医师。

口腔颌面头颈肿瘤的根治性切除和立即整复手术是一个划时代的进步，它直接提高了口腔颌面部恶性肿瘤的生存率与治愈率，5 年生存率达 60% 以上。功能、外观及生存质量也获得了前所未有的提高。因此，该成果曾荣获国家科学技术进步奖二等奖（2007）。

2. 颅颌面联合切除术填补了颅底手术的空白

已侵犯颅底的晚期颌面部恶性肿瘤是治疗中棘手的难题之一，以往对于这类病例，单纯的颅外手术很难根治，手术后复发率极高，因此被视为手术的禁忌证。颌面外科医师对颌面部手术是熟悉的，神经外科医师对颅内手术也是精通的，然而对于颅内、外"一板之隔"的颅底却一度不属于任何专科的范畴，因而曾是医学上无人过问的空白。

口腔面部肿瘤晚期患者的痛苦常人难以想象：第一，面部肿大；第二，颅底是三叉神经必经之地，恶性肿瘤侵犯神经让人痛不欲生；第三，颞下颌关节受累牙关紧闭，张口受限，无法进食。

1978年6月，邱蔚六团队和神经外科、麻醉科医生合作成功完成国内首例晚期颌面部恶性肿瘤颅颌面联合切除术，勇闯这一森严的"禁区"。勇闯"禁区"的前提是严谨的理论知识储备和交叉学科的精诚合作，为了做好充分的准备，他们与尚汉祚医生密切合作，进行了长达半年的模拟手术：首先进行尸体解剖，摸索手术步骤，同时制作了一些适应开展新手术的器械，制定了完善周密的手术方案。在团队的配合下，经过十多个小时的颅（颅中、前窝）颌面联合切除手术，终于取得了成功（图2-3-33）。2011年的随访结果显示5年生存率可达50%以上。手术的成功突破了颅底受侵犯不能手术的陈旧概念，为晚期颌面恶性肿瘤病例开辟了一条有希望治愈的途径，填补了国内空白。颅颌面联合切除技术项目荣获卫生部重大科技成果乙等奖。

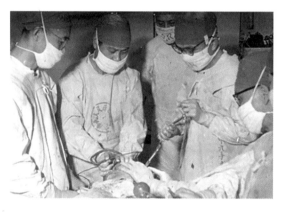

图 2-3-33 颅颌面联合切除术治疗晚期侵犯颅底的口腔癌

3. 微创外科在口腔颌面外科的应用和发展

微创外科被认为是21世纪外科的主旋律。由于外科手术本身具有创伤性，因而顾名思义凡是能减少对机体创伤（含机体内环境的创伤）的手术都可以称为微创外科手术。可以通过切口小，分离、牺牲组织少，以及手术操作细致和治疗方式来达到微创的目的。比如，激光或冷冻外科等来达到减少手术创伤的目的。同样，如果能减少患者生理上的创伤和精神心理上的负担，能更快地得到生理和心理上的恢复，也应当隶属于微创手术效应。20 世纪 80 年代中期，口腔颌面部的微创外科当年在我国应属刚起步，微创手术包括颞下颌关节镜手术、唾液腺内镜手术、肿瘤的介入治疗，包括颌骨中心性血管畸形、恶性肿瘤的化学治疗、甲状腺内镜手术，以及牵引成骨术等。邱蔚六团队曾尝试经关节镜滑膜下硬化疗法治疗习惯性颞下颌关节脱位取得成功，并为以后开展的口腔颌面内镜外科及微创外科奠定了坚实基础。"关节镜滑膜下硬化疗法治疗习惯性颞下颌关节脱位"获得 1997 年国家发明奖四等奖。该疗法还被当时国际首本关节镜权威专著——美国学者 Clark & Sunders 主编的 *Advances in Diagnostic and Surgical Arthroscope of the Temporomandibular Joint* 所引用（图 2-3-34）。

In 1989, Qui and colleagues[10] compared the results of injecting a 5% sodium morrhuate solution into one side of the mandibular joint cavity of dogs with those of subsynovial injection into the opposite side. This was done using arthroscopy. Subsynovial injections were found to be more effective in producing scarring of the posterior disk attachment. Subsequently, utilizing arthroscopic control and local anesthesia, five patients with recurrent dislocation were treated with subsynovial injections in two or three areas of the posterior wall. Treatment was effective in all five patients, and there were no complications. This was a preliminary study, and the procedure was readily accepted by the patients.

图 2-3-34　*Advances in Diagnostic and Surgical Arthroscope of the Temporomandibular Joint* 对经关节镜滑膜下硬化疗法治疗习惯性颞颌关节脱位的介绍

颞下颌关节脱位以往通过手术或关节腔内注射硬化剂来治疗，由于颞下颌关节脱位好发人群为老年人，对于手术治疗接受度不高，另外关节腔内注射容易整个腔内形成瘢痕，有可能造成张口受限，甚至关节强直等后遗症。20世纪80年代初期，颞下颌关节镜已被引进应用于临床诊断，但几乎未能用于治疗，经过反复思考和研究，邱蔚六及其团队提出经关节镜在关节上腔后壁滑膜下注射硬化剂，以治疗习惯性颞下颌关节脱位的可能性。这种疗法既增加了关节囊后部组织张力，又减轻关节腔内组织损伤，并改良了注射针的可视深度，提高了注射深度的准确性，开创了微创、操作简单而安全的治疗方法。此项研究为我国后续颞下颌关节外科的发展奠定了基础。由杨驰教授带领的团队完成的颞下颌关节外科创新技术与实践获上海市科学技术进步奖一等奖（2019年）和国家科技进步奖二等奖（2020年）。颞下颌关节盘移位复位缝合术、颞下颌关节盘复位锚固术，以及数字化技术结合人工关节置换术等技术，辐射国内26省市的53家单位，通过举办全国会议、国家级继教班、进修等共培训医师超1 500人。多中心单位联合诊治1.7万例。技术推广至21个国家（图2-3-35）。

图2-3-35 杨驰与前来观摩颞下颌关节手术的国际交流学者合影

颞下颌关节镜微创手术不仅带动了之后的唾液腺镜诊断及手术，也带动了之后的口咽部舌根肿瘤的机器人手术。

参考文献

[1] 周学东. 牙体牙髓病学 [M].5 版. 北京：人民卫生出版社 ,2020.

[2] 王兴. 第四次全国口腔健康流行病学调查报告 [M]. 北京：人民卫生出版社 ,2018.

[3] 周学东, 徐健, 施文元. 人类口腔微生物组学研究：现状、挑战及机遇 [J]. 微生物学报 ,2017, 57(6):806-821,792.

[4] Integrative HMP(IHMP)Research Network Consortium.The integrative human microbiome project[J].Nature,2019,569(7758):641-648.

[5] Human Microbiome Project Consortium.A framework for human microbiome research[J].Nature,2012,486(7402):215-221.

[6] XIAN P,XUE D Z,XIN X,et al.The oral microbiome bank of China[J].Int J Oral Sci,2018,10(2):16.

[7] XU X,HE J Z,XUE J,et al.Oral cavity contains distinct niches with dynamic microbial communities[J].Environ Microbiol,2015,17(3):699-710.

[8] DU Q,REN B,HE J Z,et al.*Candida albicans* promotes tooth decay by inducing oral microbial dysbiosis[J].ISME J,2021,15(3):894-908.

[9] LI Y,HE J Z,HE Z L,et al.Phylogenetic and functional gene structure shifts of the oral microbiomes in periodontitis patients[J].ISME J,2014,8(9):1879-1891.

[10] HE J Z,TU Q C,GE Y C,et al.Taxonomic and functional analyses of the supragingival microbiome from caries-affected and caries-free hosts[J].Microb Ecol,2018,75(2):543-554.

[11] WANG Y,ZHENG Q H,ZHOU X D,et al.Evaluation of the root and canal morphology of mandibular first permanent molars in a western Chinese population by cone-beam computed tomography[J].J Endod,2010,36(11):1786-1789.

[12] ZHENG Q H,WANG Y,ZHOU X D,et al.A cone-beam computed tomography study of maxillary first permanent molar root and canal morphology in a Chinese population[J].J Endod,2010,36(9):1480-1484.

[13] ZHENG Q H,ZHOU X D,JIANG Y,et al.Radiographic investigation of frequency and degree of canal curvatures in Chinese mandibular permanent incisors[J].J Endod,2009,35(2):175-178.

[14] WENG X L,YU S B,ZHAO S L,et al.Root canal morphology of permanent maxillary teeth in the Han nationality in Chinese Guanzhong area: a new modified root canal staining technique[J].J Endod,2009,35(5):651-656.

[15] 黄定明,周学东.根管治疗难度分析的要点[J].中华口腔医学杂志,2006,41(9):532-534.

[16] 中华口腔医学会牙体牙髓病专业委员会.全国根管治疗技术规范和质量控制标准[J].华西口腔医学杂志,2004,22(5):379-380.

[17] 黄定明,李继遥,徐欣.意向性牙再植术的临床管理[J].中华口腔医学杂志,2018,53(6):392-397.

[18] 刘德英,李永康.颌面赝复:惊起一滩鸥鹭——访国家科技进步一等奖获得者、世界军事齿科学会主席、国际颌面修复学会主席、第四军医大学口腔医学院院长赵铱民少将[J].科学中国人,2012(13):48,81-88,49-50.

[19] 第四军医大学口腔医学院赵铱民院长领衔荣获2011年度国家科学技术进步一等奖[J].医学争鸣,2012,3(2):3.

[20] 我国颌面部缺损赝复技术达世界领先水平[J].微创医学,2011,6(6):573.

[21] XIAO B,XIA W,ZHANG J,et al.Prolonged cold ischemic time results in increased acute rejection in a rat allotransplantation model[J].J Surg Res,2010,164(2):e299-e304.

[22] 四医大创新颌面缺损赝复技术[J].中国社区医师：医学专业,2011,13(3):141.

[23] LU W,YU J H,ZHANG Y J,et al.Mixture of fibroblasts and adipose tissue-derived stem cells can improve epidermal morphogenesis of tissue-engineered skin[J].Cells Tissues Organs,2012,195(3):197-206.

[24] LIU Y,SUWA F,WANG X W,et al.Reconstruction of a tissue-engineered skin containing melanocytes[J].Cell Biol Int,2007,31(9):985-990.

[25] 邱蔚六.生存质量与功能性外科——现在和未来[J].实用口腔医学杂志,1990,6(3):192-195.

[26] QIU W L,LIU S X,YUAN W H,et al.Evaluation of free flaps transferred by microvascular anastomosis in oral and maxillofacial surgery[J].J Reconstr Microsurg, 1984,1(1):75-80.

四、药学华章 生命之光

药物是临床治疗重要的工具之一，直接关系到人的生命。所以，药学研究也是重大科学与技术（如生命科学、医学、化学、材料科学、计算机科学等）的高端汇聚，含金量高，意义重大，每向前迈进一步都反映了人类认识自然并改造自然的一次成功，是国家综合实力水平的真实体现。

新药研究的特点是高技术、高投入、高风险及高回报，所以长期以来一直被少数西方发达国家所垄断。在百年图强的中华史诗中，中国共产党和中央政府带领着我国一代代药学科技人员，走过了"从无到有，从仿到创，从进口到出口"的历史性转变。我国科学家艰苦奋斗，奋发图强，以"古为今用，洋为中用"的大智慧不断研制新的药物用于临床救治，在小分子、大分子、中药、疫苗等领域取得了举世瞩目的科学成就，我国自然科学界的第一个诺贝尔奖——抗疟疾药物青蒿素研究就是我国原创天然药物研究的杰出代表。今天，我国人口的平均寿命已经从新中国刚成立时的35岁延长到了2020年的77岁，其中药物研究起到了至关重要的作用。

在撰写这节中国百年回顾的药学华章时，我们再次感受到先辈的科学伟业给后人的震撼，药学的华章伴随着新中国的健康事业，群星闪烁，浓墨重彩地留在了中国的科技之路上。在以下的重点介绍中，我们以自己有限的知识，把我国创新药物研究的重要成果归纳成抗生素、疫苗、中药现代化、原创化学药物、基因工程药物五个部分加以描述，并对其中一些代表性成果的主要研究人员进行了介绍。希望这些内容能使读者了解中国药学百年来走过的路程，激励后人更有作为，把国家的健康事业建设好。

（一）挽救了千万人生命的药物——抗生素

人类文明的发展史充满了有重大影响的奇迹，例如中国古代的长城、古埃及的金字塔、古罗马的斗兽场等，以及近现代科技发展带来的电灯、电报、汽车、飞机、电脑、互联网等发明。人们对这些重大奇迹或发明普遍熟知或能感同身受，但对于抗生素来说，人们听说过但不一定知道，它使人类创造出了伟大的奇迹——避免因细菌感染而造成死亡。20 世纪以前，人类和细菌不知道战斗了多少岁月，细菌感染是主要的致死威胁，人类只能靠自身的免疫系统对抗细菌感染。20 世纪后，人类发现了征服细菌的关键性武器——抗生素，挽救了无数的生命，扭转了整个战局。

抗生素是指某些微生物在代谢过程中所产生的，对其他微生物具有抑制生长或杀灭作用的化学物质。如我们熟悉的青霉素、链霉素、红霉素、万古霉素、阿奇霉素、四环素等，都属于抗生素，其中当属青霉素最负盛名。

1. 新中国第一批抗生素的诞生

青霉素（penicillin，音译为盘尼西林），是英国细菌学家亚历山大·弗莱明于 1928 年首先发现的，是世界上第一种能够根治细菌感染的抗生素。1939 年，英国病理学家霍华德·弗洛里和德国化学家厄恩斯特·钱恩共同研究证明了青霉素抗细菌感染的疗效，并将其应用于临床。1942 年开始，人类逐渐实现青霉素的工业化生产，挽救了第二次世界大战中成千上万伤病员的生命。由于其特殊的疗效，青霉素被称为"神奇的药物"，被公认为是第二次世界大战中除了原子弹和雷达之外的第三个重大发明。青霉素高效、低毒、抗菌谱广，如今仍被广泛运用于临床，其发现和应用是 20 世纪医学史上最伟大的创举，对医学和药学的发展影响深远，使人类第一次摆脱了对致病菌感染"无特效药可治"的困境。

20 世纪 40 年代至 50 年代，当时的中央卫生实验院北平分院研制了我国第一批盘尼西林，命名为青霉素，使我国成为了当时世界上能够研制青霉素的七个国家（美国、英国、法国、荷兰、丹麦、瑞典、中国）之一。当时的中国科学家如樊庆笙（图 2-4-1）、汤飞凡、童村（图 2-4-2）、马誉澂、张为申（图 2-4-3）等人，对青霉素的研制倾注了极大的心血。这些科学家们在资料缺乏、设备简陋、测定困难的情况下，仍矢志不渝地开展艰苦卓绝的研究，为我国临床感染性疾病的控制作出了决定性的贡献。

图 2-4-1　樊庆笙　　　　图 2-4-2　童村　　　　图 2-4-3　张为申

童村先生于 1934 年获得燕京大学医学博士学位，1940 年被北京协和医学院选送去美国约翰·霍普金斯大学进修，并于 1941 年、1942 年先后获得公共卫生学硕士和博士学位后留校任教。1945 年第二次世界大战结束后，童村报国心切，放弃了西方优越的工作条件和物质生活条件，于当年秋末冬初回到祖国，在北平建立了抗生素研究室。新中国成立之初，虽然我国实验室的青霉素已研制成功并在军队使用，但因某些技术环节的限制，尚无法进行工业化生产，离亿万民众的需求天差地远，加上当时西方封锁，中国老百姓很难用上青霉素。1950 年 3 月，在时任上海市市长陈毅的亲自批示下，上海青霉素实验所成立，童村从北京调往上海任所长。1951 年，童村等试制出第一支国产民用青霉素针剂，扭转了青霉素等药物依赖进口的局面（图 2-4-4 ）。

图 2-4-4　实验人员在车间试制抗生素

张为申，1931 年本科毕业于清华大学化学系，1946 年赴美国威斯康星大学学习，1950 年获生物化学博士学位，并留校从事青霉素研究，1951 年张为申回国。为了解决青霉素生产原料依赖进口的问题，张为申建立新方法，实现了用廉价棉籽饼粉末替代玉米浆的技术。这项研究的完成直接促成了 1953 年 5 月 1 日国产青霉素的正式投产，上海青霉素实验所更名为上海第三制药厂。1956 年，张为申又设计出用白玉米粉作碳源的培养基配方，成功取代昂贵的乳糖，彻底解决了青霉素生产的原料问题，使青霉素的产量得到大幅度提升，并为建立具有中国特色的青霉素发酵工业打下了基础。

1958 年，作为新中国第一个五年计划的重点项目，华北制药厂建成，成为当时亚洲最大的抗生素制造企业。同年 6 月 3 日，第一批青霉素正式下线，中国告别了青霉素依赖进口的历史，曾经售价堪比黄金的青霉素降为几角钱一支（图2-4-5）。毫不夸张地说，平价青霉素的普及，在那个年代拯救了中国无数病患的生命。华北制药厂的建成，开创了我国大规模生产抗生素的历史，结束了我国青霉素、链霉素依赖进口的历史，药品匮乏的局面得到显著改善。同年夏秋，在中央卫生研究院青霉素室的基础上，中国医学科学院抗菌素

图2-4-5　1958年华北制药厂正式投入生产

研究所（1986年更名为医药生物技术研究所）成立，成为我国抗感染药物研究的核心基地。

青霉素是抗生素的发轫和基础。青霉素的成功研制及其临床应用为寻找其他抗生素起到了巨大的推动作用。自青霉素之后，种类繁多的抗生素奔涌而出，形成规模庞大的"抗生素家族"：链霉素、庆大霉素、卡那霉素、四环素、红霉素、万古霉素、灰黄霉素等。迄今，世界上已有1万多种抗生素，其中人工合成的抗生素超过4000种。新中国成立70余年，我国已成为了抗生素生产和出口大国，产业总体规模达到世界第一，抗生素成为了中国最具特色的原料药。

2. 走向创新之路：基于合成生物学技术创制的可利霉素

20世纪90年代后中国作为崛起的抗生素产业大国，开始拓展新的生物技术，研制创新的抗生素药物。经过30年的努力，2019年成功研制了具有临床实用价值的新型大环内酯类抗生素——可利霉素。它是我国首个利用合成生物学技术自主设计研发成功的抗感染新药，对革兰氏阳性菌有较强的活性，对红霉素和 β - 内酰胺类抗生素耐药菌等亦有抗菌活性，与同类药没

有完全交叉耐药性，Ⅲ期临床试验结果已证实了可利霉素的临床疗效和安全性。同时，研发过程也是产、学、研紧密结合的典型。

可利霉素研发的主要负责人是中国医学科学院医药生物技术研究所王以光研究员，她是我国最早一批从事抗生素研究的专业人员之一。1954 年，当时还在大连医学院就读的王以光被国家选拔为留学生前往苏联学习抗生素研发工艺，经过 5 年的系统学习，她以 37 门功课都满分的成绩回到国内，直接被分配到了当时的中国医学科学院抗菌素研究所（现中国医学科学院医药生物技术研究所）。王以光也是我国抗生素发展史的见证者，参与研制了灰黄霉素、麦迪霉素、乙酰螺旋霉素、西罗莫司、太古霉素等抗生素，为国内抗生素药物生产填补了诸多空白。

但这些抗生素研发的源头多数都是在国外，国内的科研人员只是寻找自己的产生菌和发展自己的生产工艺，最终的产物还是与国外类似的药品。"我们也不能永远'仿制'，总是走在别人屁股后面。"王以光说，当时她决心要研发新的抗生素药物。1979 年王以光赶上对外开放的政策，被公派到美国威斯康星大学进修学习分子生物学。20 世纪 90 年代，她希望用新方法研制新抗生素，采用了合成生物技术，优点是可以有目的、有针对性地进行微生物菌种改造。但这个方面并没有成功的先例，探索性很强。

在可利霉素研发历经的数十年中，王以光曾因缺少资金和设备而在破旧工厂的发酵罐里做研究；曾亲身做临床试验，吞下 800mg 剂量的药；甚至到了专家审评新药这一步时，她因为劳累过度住进了医院的 ICU。在 2019 年 6 月 24 日，可利霉素终于获得了新药证书和生产批文（图 2-4-6）。她在后来的研究中还发现可利霉素具有多种药理活性，并希望进一步发掘，使其更好地服务于我国医疗健康事业。

图 2-4-6　王以光领衔研发的可利霉素获得国家一类新药证书

（二）传染病防治的有力帮手——疫苗

疫苗的发现是人类发展史上一件具有里程碑意义的事件，是人类对抗疾病和自然灾害的有力工具，也是医学科学史上最伟大的成就之一。具体来说，疫苗是将病原微生物（如细菌、病毒等）及其代谢产物，经过人工减毒、灭活或利用转基因等方法制成的用于预防传染病的自动免疫制剂。疫苗保留了病原菌刺激人体免疫系统的特性。当人体接触到这种不具伤害力的病原菌后，免疫系统便会产生一定的保护物质，如免疫激素、活性生理物质、特殊抗体等。当再次接触到这种病原菌时，人体免疫系统便会依循其原有的记忆，制造更多的保护物质来阻止病原菌的伤害。

我国是最早使用人工免疫方法预防传染病的国家，早在 10 世纪左右，唐、宋时期已有接种人痘预防天花的记载。新中国成立以来，国家一代又一代科研人员前赴后继不断地攻克技术难关，使我国的疫苗研发能力与技术创新水平得到了快速的进步和发展，疫苗品种和数量大幅增加，产品质量大幅提升，为推进健康中国建设打下了夯实的基础。其中，顾方舟（第三世界科学院院士）领衔研制的"脊髓灰质炎糖丸疫苗"帮助无数新中国的孩子渡过了病毒的劫难，带领中国成为无脊髓灰质炎国家。另外，我国科学家们在原创性疫苗的研制领域取得了多项重要成果，如乙脑减毒活疫苗、肠道病毒EV71灭活疫苗、幽门螺杆菌疫苗等。

1. 功业凝成糖丸一粒

说到脊髓灰质炎（小儿麻痹症），想必大家都很清楚，这是一种致残的疾病。其实脊髓灰质炎本身并不可怕，发病初期仅仅是出现发热、感冒等症状，对肢体并没有损伤。但随着疾病的发展，后期可造成肢体畸形，影响患者的行走功能。尤其对于重度脊髓灰质炎患者来说，其造成的肢体残疾会导致患者失去自理能力。

1958年，我国首次分离出脊髓灰质炎病毒，为免疫方案的制定提供了科学依据。为更好地研制疫苗，病毒学家顾方舟（图2-4-7）于1958年受命远赴云南昆明，筹建中国医学科学院医学生物学研究所。1960年，顾方舟团队成功研制出首批脊髓灰质炎（Sabin型）活疫苗。1962年，又牵头研制成功糖丸减毒活疫苗。自此，我国脊髓灰质炎年平均发病率大幅下降，使数十万名儿童免于致残。2000年10月，世界卫生组织（WHO）证实，中国本土脊髓灰质炎病毒的传播已被阻断，成为了无脊髓灰质炎国家。

图2-4-7 顾方舟

顾方舟是我国著名医学科学家、病毒学专家，1926 年出生，1950 年毕业于北京大学医学院医学系，1955 年毕业于苏联医学科学院病毒学研究所。历任中国医学科学院医学生物学研究所副所长，中国医学科学院北京协和医学院副院校长、院校长。顾方舟把毕生精力，都投入到消灭脊髓灰质炎这一儿童急性病毒传染病的战斗中。他是我国组织培养口服活疫苗的开拓者之一，为我国消灭脊髓灰质炎的伟大工程作出了重要贡献。

顾方舟早年丧父，母亲为了养活一群孩子，到杭州学习助产，后来又拖家带口移居天津，挂牌营业成为助产士。顾方舟曾说："我学医是母亲的心愿。母亲常说：'当医生是人家求你来治病，你不要去求人家。'"他成长于民族危亡的战乱年代，目睹了老百姓因为工作环境恶劣、医疗条件差而遭受病痛的折磨，甚至死亡。作为一个热血男儿，他无法独善其身、安静地学习。大学毕业后，顾方舟放弃了当一名医生，转而进行病毒学研究，投身公共卫生事业。他认为，当医生固然能救很多人，可从事公共卫生事业，却可以让千百万人受益。

1959 年，顾方舟一行人去苏联考察学习脊髓灰质炎疫苗的情况时，"死""活"疫苗两派各持己见，争执不下，我国选择哪一种是对的，没有人能解答。若决定用"死"疫苗，虽可以直接投入生产使用，但国内无力生产；若决定用"活"疫苗，成本只有死疫苗的千分之一，但得回国做有效性和安全性的研究。顾方舟判断，根据我国国情，只能走活疫苗路线。不久，卫生部采纳了顾方舟的建议。1959 年 12 月，经卫生部批准，中国医学科学院与在北京的卫生部生物制品研究所协商，成立脊髓灰质炎活疫苗研究协作组，顾方舟担任组长，进行脊髓灰质炎疫苗的研究工作。

1959 年 1 月，卫生部批准将云南昆明正在筹建的猿猴实验站改名为医学生物学研究所，以此作为我国脊髓灰质炎疫苗的生产基地。生产基地的建设面临着设计资料少、交通运输不便、物资紧缺、苏联撤走所有援华专家的困难。顾方舟后来曾说："那个时候我也不知道哪来的胆儿，就说：'行！虽然有困难，但是能够克服的，一定努力干！'"9个月后，有19幢楼房、面积达13 700m^{2}的疫苗生产基地，终于建成了（图2-4-8）。

图2-4-8 1959年，顾方舟（前排右一）在昆明与职工创建生物医学研究所

1960年春，顾方舟对前来视察疫苗生产基地的周恩来总理说："周总理，我们的疫苗如果生产出来，给全国7岁以下的孩子服用，就可以消灭掉脊髓灰质炎！"周总理听了，直起了身子，认真地问道："是吗？""是的！"顾方舟拍着胸脯道："我们有信心！"周总理开心地笑了，打趣道："这么一来，你们不就失业了吗？"顾方舟也被总理的情绪带动了起来，他紧张的心情放松了下来，说道："不会呀！这个病消灭了，我们还要研究别的病呀！"周总理拍了拍他的肩膀，赞许道："好！要有这个志气！"

试生产成功后，全国正式打响了脊髓灰质炎歼灭战。1960 年 12 月，首批 500 万人份疫苗生产成功，在全国 11 个城市推广开来。经过广泛地调研，顾方舟等人很快掌握了各地疫苗的使用情况，捷报像插上了翅膀纷飞，传到了顾方舟的手中：投放疫苗的城市，流行高峰纷纷削减。

面对着日益好转的疫情，顾方舟没有大意。他敏锐地意识到，为了防止疫苗失去活性，需要冷藏保存，这给中小城市、农村及偏远地区的疫苗覆盖增加了很大难度。另一方面，疫苗是液体的，装在试剂瓶中，运输起来很不方便。此外，服用时也有问题，家长们需要将疫苗滴在馒头上，稍有不慎，就会浪费，小孩还不愿意吃。怎样才能制造出方便运输又让小孩爱吃的疫苗呢？顾方舟突然想到，为什么不能把疫苗做成糖丸呢？

经过一年多的研究测试，顾方舟等人终于成功研制出了糖丸疫苗，并通过了科学的检验。很快，闻名于世的脊髓灰质炎糖丸疫苗问世了。除了好吃外，糖丸疫苗也是液体疫苗的升级版：在保存了活疫苗病毒效力的前提下，延长了保存期——常温下能存放多日，在家用冰箱中可保存两个月，大大方便了推广（图 2-4-9）。为了让偏远地区也能用上糖丸疫苗，顾方舟还想出了一个"土办法"运输：将冷冻的糖丸放在保温瓶中！这些发明，让糖丸疫苗迅速扑向祖国的每一个角落。1965 年，全国农村逐步推广疫苗，从此脊髓灰质炎发病率明显下降。1978 年我国开始实行计划免疫，病例数继续呈波浪形下降趋势。

此后，顾方舟继续从事

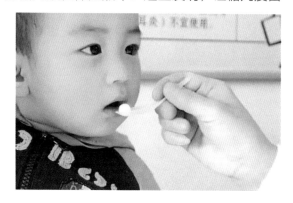

图 2-4-9 儿童口服脊髓灰质炎糖丸疫苗

着脊髓灰质炎的研究。1981年起，顾方舟从脊髓灰质炎病毒单克隆抗体杂交瘤技术入手研究。1982年，顾方舟研制成功脊髓灰质炎单克隆抗体试剂盒，在脊髓灰质炎病毒单克隆抗体杂交瘤技术上取得成功，并建立起三个血清型、一整套脊髓灰质炎单抗。1990年，全国消灭脊髓灰质炎规划开始实施，此后几年病例数逐年快速下降，自1994年9月在湖北省襄阳县（现为襄阳市）发现最后一例患者后，至今没有发现由本土野病毒引起的脊髓灰质炎病例。2000年，"中国消灭脊髓灰质炎证实报告签字仪式"在卫生部举行，已经74岁的顾方舟作为代表，签下了自己的名字，我国成为无脊髓灰质炎国家。为一大事来，成一大事去。功业凝成糖丸一粒，是治病灵丹，更是拳拳赤子心。你就是一座方舟，载着新中国的孩子，渡过病毒的劫难。

2. 挽救数以百万计儿童生命的乙脑减毒活疫苗

流行性乙型脑炎（简称乙脑）是由乙脑病毒引起、由蚊虫传播的一种急性传染病。乙脑的病死率和致残率很高，是威胁人群特别是儿童健康的主要传染病之一。20世纪50年代新中国成立初期，我国的乙脑流行很严重，感染儿童的病死率高达30%，后遗症也很严重，有10%的患病儿童因脑神经受到损伤而瘫痪。当时的乙脑疫苗是用老鼠脑组织做的，存在很多问题。

图2-4-10　俞永新

1957年，卫生部生物制品检定所（即中国食品药品检定研究院）俞永新院士（图2-4-10）承担了乙脑减毒活疫苗的研发任务。这项研发任务要求该乙脑活疫苗在小鼠脑内注射不能引起小鼠发病，难度很大。

　　首要的任务是寻找一个合适的病毒株，这是生产疫苗的关键所在。直到1967 年，俞永新团队才获得了一份经过动物实验证明，安全、稳定、有效的可用于研制减毒活疫苗的疫苗株。他们采用了与国外不同的脑炎病毒株、不同的温度培养和培育方法及不同的传代技术。经过反复实验，他们将乙型脑炎病毒野毒株在地鼠肾细胞上进行了长达 100 代的适应传代，并创新性地应用与传统不同的动物体内非神经组织传代的减毒手段，结合当时最先进的病毒蚀斑技术，对病毒进行多次克隆纯化，克服了减毒株不稳定、毒力容易返祖的难点，终于筛选获得了弱毒力稳定株。

　　当再面临免疫原性不理想的巨大困难时，俞永新没有放弃，经过团队的艰苦努力，最后获得了弱毒力稳定、免疫原性良好的 SA14-14-2 毒株。后来，经过国内多次不同规模的乙脑减毒活疫苗的临床试验研究，最终在1989 年，乙脑减毒活疫苗正式获得生产许可证。

　　此后，我国研制的乙脑减毒活疫苗不但出口到了其他国家，还通过了预认证，世界卫生组织第一次以中国疫苗为样本制定了标准。2002 年，WHO以中国乙脑减毒活疫苗的制造和检定规程为蓝本制定了 WHO 人用日本脑炎疫苗（活疫苗）生产和质量控制指南。2013 年 9 月 10 日国产乙脑减毒活疫苗通过 WHO 预认证，现已出口 12 个国家，累计出口量达 5 亿多剂，为中国和东南亚多个国家的乙脑流行起到了很好的防治作用，挽救了数以百万计儿童的生命。WHO 驻华代表施贺德博士曾表示，乙脑减毒活疫苗是中国原创疫苗走向国际的一个开始："闸门打开了，更多的中国疫苗将会走向世界。"

　　3. 手足口病的克星——肠道病毒 EV71 灭活疫苗

　　近期我国在原创性疫苗研发领域的另一项突出成就是肠道病毒 EV71 灭

活疫苗的研制。肠道病毒 71 型（EV71）是引起重症手足口病的元凶之一。它除了可引起手足口病外，还可导致患儿出现脑干脑炎、无菌性脑膜炎、急性脊髓炎、急性小脑共济失调、神经源性肺水肿、心肺衰竭等重症疾病。2007 年以来，EV71 感染相关的手足口病在我国婴幼儿人群中持续流行，且发病率高，并且导致了一定比例的患儿死亡。从那时起，中国医学科学院医学生物学研究所的科研人员在李琦涵研究员的带领下，开始了 EV71 灭活疫苗的研制，这一场"攻坚战"一打就是 8 年（图 2-4-11）。

图 2-4-11 李琦涵指导团队成员观察 EV71 病毒的颗粒形态

2015 年底，我国自主研制的、全球第一支可预防 EV71 重症手足口病的新型疫苗正式获得批准，包括中国医学科学院医学生物学研究所在内的三家单位研制的 EV71 灭活疫苗先后获得批准生产。这是我国在国际上首先研制成功的疫苗。其生产工艺采用肠道病毒 71 型接种人二倍体细胞或 Vero 细胞，经培养、收获病毒液、浓缩、纯化、灭活病毒后，氢氧化铝吸附制成。临床试验证明 EV71 疫苗具有良好的安全性、有效性及免疫持久性，对 EV71 病毒所致手足口病的保护效果可达 90% 以上。免疫后的两年观察期中，疫苗免疫人群的临床保护率已达 100%。自疫苗上市以来，我国手足口病死亡人数逐年降低，2018 年和 2019 年死亡人数较上市前下降了 93% 和 96%，有效控制了我国的 EV71 手足口病疫情。

2020 年，在第 72 届世界卫生组织（WHO）生物制品标准化专家委员会（ECBS）会议上，由我国主导制定的《肠道病毒 71 型（EV71）灭活疫苗的质量、安全性及有效性指导原则》获审议通过。该文件为全球 EV71 疫苗的研发、生产、评价及应用提供了基本规范，为全球 EV71 疫情防控提供了关键指南，并成为了正式的国际标准。

4. 舌尖上的"防疫"——幽门螺杆菌疫苗

说起幽门螺杆菌（Hp），想必大家并不陌生，它不仅是引起慢性胃炎、胃溃疡、十二指肠溃疡、胃黏膜相关淋巴瘤等多种上消化道疾病的罪魁祸首，并且与胃癌的发生密切相关，世界卫生组织将其确定为胃癌的 I 级致癌因子。1983 年，澳大利亚两位学者从慢性胃炎患者的胃活检标本中分离发现了幽门螺杆菌，并证明该细菌感染胃部后会导致胃炎、胃溃疡及十二指肠溃疡（这两位科学家因此获得了 2005 年诺贝尔生理学或医学奖）。2017 年，WHO 公布了 12 种急需新型抗生素的"超级细菌"，幽门螺杆菌赫然在列。我国幽门螺杆菌感染者超过 6 亿，每年胃癌死亡者约 20 万人，占恶性肿瘤死亡总数的 23.2%。

幽门螺杆菌和人体的共生关系已经有 10 万余年，想和它说再见，没有那么容易。临床上主要使用抗生素应对幽门螺杆菌感染，但产生了耐药菌株，出现易复发与再感染、毒副作用高、无法达到群体防治等问题。那么疫苗呢？针对幽门螺杆菌的疫苗很难开发，其主要原因之一是这种细菌有"捡垃圾"的习惯，会将一些遇到的不是自己的 DNA 捡过来，合适的条件下就组装到自己的 DNA 上，从而不断地出现变异，并传给下一代。如何预防和根治幽门螺杆菌对人体的侵害，一直是国际医学界的难题。

秉持着"做原创研究，争世界第一，不断攀登科学高峰"的信念，中国人民解放军第三军医大学（现名为中国人民解放军陆军军医大学）邹全明教授带领的研究团队，瞄准这一国际医学难题，历时15年，打赢了一场不寻常的"保胃战"。他们坚持面向国际生物科技前沿，坚持技术与体制创新，坚

持走"产、学、研"结合的道路，克服科研中的重重困难，终于在幽门螺杆菌疫苗的研制上取得突破性成果（图2-4-12）。2009年，我国率先在世界上研制成功"口服重组幽门螺杆菌疫苗"

图2-4-12 邹全明团队在研制幽门螺杆菌疫苗

（Hp疫苗）。临床研究表明，Hp疫苗具有良好的有效性和安全性，预防幽门螺杆菌感染的保护率大于72.1%。2015年6月，国际顶尖学术期刊 *The Lancet*（《柳叶刀》）刊发了口服幽门螺杆菌疫苗Ⅲ期临床研究成果。

幽门螺杆菌疫苗的研制成功是我国原创疫苗研究科技攻关取得的又一项重大突破，表明我国疫苗研究已跃居国际先进水平。相信中国的原创性疫苗，未来将会为造福人民生命健康的医学事业起到推动作用。

（三）传承创新中华瑰宝——中药现代化

1. 生态保护与用药需求的共赢——人工麝香

麝香系鹿科动物林麝、马麝或原麝成熟雄体香囊中的干燥分泌物，属珍稀中药材，具有开窍醒神、活血通络、消肿止痛的功效，用于治疗常见病、多发病和疑难病症已有两千多年的历史。据国家药监局网站公布的数据，

目前正在生产销售的以麝香为关键原料的中成药有433种。因长期猎麝取香，麝资源严重破坏，我国已于2003年将麝列为一级保护动物，严禁猎杀。因此，麝香药源紧缺，伪劣掺假品充斥市场，严重影响中成药的质量和用药安全。国家领导人极为重视，曾指示一定要解决麝香代用品问题。早在20世纪50年代，卫生部药政局为解决天然麝香的药源问题，先后组织开展了野麝家养及其他产香动物驯化饲养等研究，年产麝香仅几千克，远不能满足用药的需求。同时也开展了麝香酮的合成研究，探索以麝香酮代替天然麝香，结果证明，麝香酮不能代替天然麝香进行药用。

1972年，商业部委托中国医学科学院药物研究所牵头组织了联合攻关协作组。1976年，卫生部药政局等组织对人工麝香的论证，探讨天然麝香代用品研究的途径。自1976年开始，于德泉院士与朱秀媛、柳雪枚等专家合作，在深入研究天然麝香的化学成分和药理作用的基础上，进行了人工麝香的研究。1983年被列入国家科委"六·五"攻关等项目。于德泉参与该项目总体设计和负责所有化学方面的工作，包括化学成分研究、配方设计、代用品寻找、质量控制、生产工艺研究等。在此期间他还承担了"细胞培养法生产麝香"研究中的化学成分研究工作。

于德泉（图2-4-13）团队首先系统地阐明了天然麝香的主要化学成分及其相对含量，发现了麝香中的关键药效物质。针对天然麝香化学成分不清楚的难题，项目组采用色谱和波谱方法，对天然麝香中化学成分的

图2-4-13 于德泉

组成、化学结构及含量进行深入系统研究，发现麝香六大类复杂的化学成分，并全面分析了麝香中各类成分的相对含量及其在麝香中所占的比例，确定了这些成分的药理作用，为人工麝香的研制提供了科学的依据。在阐明天然麝香所含化学成分的基础上，结合对天然麝香及其单体成分的药理作用研究结果，项目组提出了人工麝香化学成分的组成原则，即在化学成分与生物活性方面最大限度地保持与天然麝香的一致性。天然麝香有效成分中大多数成分可经合成等方法得到，而某些成分难以用合成方法得到，也不可能从天然麝香中大量获得，其代用品的寻找就成为了研制人工麝香的瓶颈。

项目组创造性提出该代用品必须具备的基本条件：①来源于中药；②生物活性一致；③分子组成与分子量范围一致；④低毒性；等等。经过大量筛选和优化，项目组发现了满足上述条件的代用品。并阐明了它的化学组成、理化性质，制定了生产工艺条件，建立了生产工艺路线、鉴别方法及质量控制标准，证明了代用品应用的安全性、有效性及可替代性，最终获得了国家中药新药证书（图2-4-14）。代用品的成功创制使人工麝香的研制迈出了最关键的一步。与此同时，于德泉团队对人工麝香中主要香气成分麝香酮及其他主要药效物质在实验室小量制备的基础上，设计了工艺流程，优化了工艺条件，经多次反复试验，确定了工艺路线，制定了产品质量控制标准，获得了国家新药证书。

临床研究验证了人工麝香与天然麝香具有相似的功能主治、使用范围及良好的安全性。1987年卫生部批准进行人工麝香的临床研究，采用随机分组、双盲对照或自身对照的方法，针对麝香辛温、入心脾经的药性及开窍醒神、活血通络、消肿止痛的功能主治，选择热病神昏、中风痰厥、心腹暴痛、痈

图 2-4-14 于德泉（左）正在实验室工作

肿、咽喉肿痛、跌扑伤痛等主要病证的患者，分别用人工麝香和天然麝香配制的复方制剂和单方制剂在北京、上海、广州等城市的 12 家医院，选用 10 个临床代表性病种，采用统一方案进行观察。上述临床试验证实了人工麝香确具开窍醒神、活血通络、消肿止痛等功效，与天然麝香的功效相似，且安全性良好，可取代天然麝香等同入药。1994 年卫生部批准人工麝香为中药一类新药，并定为国家保密品种，"绝密"级管理。2006 年 5 月科技部、国家保密局又将该品种定为机密级国家保密技术。

在药物生产过程中，于德泉创新性地建立了人工麝香产业化核心技术与装备及更加严格的现代化内控质量管理体系。人工麝香是复杂成分的组合物，其产业化生产的最大难点在于质量控制和如何保证产品批次间外观、色泽和气味的一致性及颗粒均匀性。项目组经反复试验，研制出更加严谨、牵制性和联动性更强的多种质控指标，在产业化过程中，经过反复工艺验证，优化工艺路线，解决了从实验室到小规模生产，再到产业化大生产的一系列难点。他们研发制造专用设备，攻克了规模化生产出现的一系列工艺难关，确定产业化生产工艺条件和关键技术参数，从而建立了规模化生产的工艺路线，生产出的人工麝香化学组成、物理性状、色泽、气味及作用均保持与天然麝香相似。为从根本上杜绝市场假冒产品，人工麝香采用独家专营形式，统一销售，包装回收等独特的市场营销模式，保证了全国760家中药制药企业应用人工麝香的安全。2015年"人工麝香研制及其产业化"成果项目荣获国家科学技术进步奖一等奖（图2-4-15）。

图2-4-15 2015年"人工麝香研制及其产业化"成果项目荣获国家科学技术进步奖一等奖

人工麝香的应用，使许多名优中成药如上海和黄药业的麝香保心丸、同仁堂的牛黄清心丸等产量翻了10倍，不仅从根本上解决了天然麝香长期供不应求的矛盾。而且，据估算，近三年所生产的含人工麝香的中成药每年惠及病患超过1亿人次，满足了人民的用药需求，保证了对含麝香中成药的传承，提高了国家对人民健康水平的保障能力。

2. 传统名贵中药的代用品——人工牛黄

天然牛黄是牛科动物牛的干燥胆结石，主要含有胆红素、胆质酸、氨基酸、蛋白质、胆固醇及无机元素等成分，具有清热、解毒、镇惊、止咳、平喘等作用，常用于治疗热病神昏、中风痰迷、惊厥抽搐、咽喉肿痛、口舌生疮等症。现代医学研究证明其能促进红细胞及血红蛋白生成，是治疗心脑血管系统疾病的特效药物，还具有抑制和拮抗抗癌药毒副作用等功效。体内长有牛黄的牛一般在10岁以上，身体瘦弱，目光无力，起卧发出哮喘的声音，每千头牛中仅有一头成石牛。因此，作为一种名贵的中药材，天然牛黄非常珍贵，产量低且市场需求量大，国际上的价格要高于黄金。

为了解决天然牛黄（图2-4-16）严重稀缺、供不应求的难题，20世纪50年代中期，我国药学工作者就开始根据天然牛黄的化学组成和药理活性，研究人工合成牛黄。人工合成牛黄是在研究牛黄化学成分的基础上，通过成分配制的方法生产的牛黄替代品。多为土黄或浅黄疏松粉末状，味苦或略腥，无清凉感。

图2-4-16　天然牛黄

1955年，我国成功研制出人工合成牛黄（图2-4-17），并于第二年投入大批量生产，有效缓解了牛黄长期紧缺的问题。1955年5月，天津药学会鉴定会上，郭巩宣读了"牛胆汁提取牛黄的经过报告"，他将牛胆汁分成乙醇、乙醚、三氯甲烷及水提取物，再合

图2-4-17　人工牛黄

在一起制成人工牛黄。1957年开始，卫生部批准了多家单位生产人工牛黄。随后十余年，各地人工牛黄生产逐渐增多，配方组成也几经变更。1971年，全国人工牛黄总结工作会议分享了人工牛黄药理实验报告与临床疗效观察总结，1972年卫生部正式批准人工牛黄作为牛黄原料的部分代用品。

人工合成牛黄制作工艺简单，价格还不到天然牛黄的 0.5%，在一定程度上满足了普通百姓的用药需求，目前占据了 98% 的市场份额，成为天然牛黄的主要替代品。但是，需要指出的是，人工合成牛黄与天然牛黄相比，无论在成分、结构，还是在药效上都存在着一定的差距。

另外一种天然牛黄的替代品是体外培育牛黄。体外培育牛黄是在工厂化的环境中，模拟牛胆结石的生成原理人工合成的牛黄代用品，主要以牛科动物牛的新鲜胆汁作母液，加入去氧胆酸、胆酸、复合胆红素钙等制成。

1998 年，在裘法祖院士（图 2-4-18）的指导下，华中科技大学同济医学院蔡红娇教授（图 2-4-19）呕心沥血 30 多年，运用现代生物工程技术，采用新鲜牛胆汁在牛体外模拟牛体内胆结石形成的方法，体外培育出牛黄。经过全国 7 家医院上千例临床试验后，体外培育牛黄被批准为国家中药一类新药，并荣获 2002 年度国家科学技术发明奖二等奖。这是我国科学家继研发出人工麝香和人工虎骨之后，又一具有知识产权的濒危珍稀药材替代品，被誉为中药现代化的"里程碑"。2005 年，中国体外培育牛黄的唯一生产商与供应商诞生，且体外培育牛黄的药效和品质也得到了国家药典委员会的证实，认为其完全可与天然牛黄等同使用，且质量可控、安全隐患小。

图 2-4-18　裘法祖（1914—2008）

图 2-4-19　蔡红娇

体外培育牛黄的生产周期约为一周，价格是天然牛黄的1/3左右。体外培育牛黄的研制及其产业化、市场化具有十分重要的意义，被誉为我国中药现代化的"里程碑"和"标志性项目"。

人工牛黄在传统中药基础上实现了重大突破，不仅突破了传统中药只能天然生长，不能大规模工业化生产的限制，解决了天然牛黄在活牛体内成石周期达3～5年的问题。同时，突破了中药成分特别是有害成分及其成分含量难以控制的缺陷，解决了我国牛黄难以参与国际市场竞争的问题。

（四）中国特色天然药物的创新性研究——原创化学药物

1. 从天然产物中找到的哮喘良药——麻黄碱

中国地大物博，无论是青蒿素，还是双环醇，都是从天然产物中创新研发的新药。这其中，从天然产物中寻找先导化合物，然后进行优化，开发出的第一个新药，就是麻黄碱。

发现麻黄碱的第一人是日本有机化学家长井长义。日本在明治维新后迅速发展起来，奋力追赶欧美列强国家，向海外派送留学生。作为第一批派去德国学习的长井长义，在13年留学生涯结束之后回国于东京帝国大学药学科（现东京大学）任教，并于1887年成功从麻黄中分离出了一种生物碱，命名为麻黄碱。然而，麻黄碱的问世并没有给长井长义带来实质性的荣耀，这项发现也没有引起药学、医学等领域的重视。直到近40年后的1924年，我国药理学奠基人陈克恢教授（图2-4-20）

图2-4-20 陈克恢（1898—1988年）

和卡尔·施密特（Carl F. Schmidt）发表了关于麻黄碱的药理作用，才使麻黄碱的重要程度受到世界的瞩目。

2015年10月，屠呦呦因从黄花蒿当中提取出有效治疗疟疾的青蒿素而获得诺贝尔生理学或医学奖，让中药药理受到世界的关注。然而其实早在近一百年前就已经有人在做中药药理研究了，他就是中药药理研究第一人——陈克恢。

陈克恢于1898年2月26日生于上海郊区的农村，幼年丧父，从5岁开始就跟着舅父周寿南学习四书五经。周寿南是一名中医，年幼的陈克恢因此经常活跃在中药房当中，这为他日后从事中药药理研究埋下了伏笔。1916年，陈克恢中学毕业后进入留美预备学校清华学堂进行学习，两年后他奔赴美国威斯康星大学插班到药学系三年级。在这里，他找到了自己研究中医药的新途径——用科学的方法研究中药，也就是如今的中药药理研究。1921年，陈克恢的导师克来莫斯为了满足他研究中药的愿望，从中国进口了500磅肉桂，让他进行桂皮油的研究，这可能是中国人第一次开始用现代科学的方式来研究中医药。凭借对于肉桂的药理研究，陈克恢完成了他的学士论文，并且陆续攻下了该校的药学学士和生理学博士学位。1923年，由于母亲病重，陈克恢从美国回到北京照看，同时在北京协和医学院药理系做助教一职，继续进行中医药的研究，也就是在这段时间里，陈克恢偶然了解到麻黄对于治疗哮喘有着很好的效果，他翻阅了传统典籍之后发现关于麻黄的功效有诸多不同的记载，因此决定了自己今后的研究方向——麻黄。

麻黄（图2-4-21）是中医常用药，几乎所有的中医药典籍当中都有关于麻黄的记载。《神农本草经》中认为麻黄"主中风伤寒，头痛，温疟，发表出汗，去邪热气，止咳逆上气，除寒热，破症坚积聚。"《本草通玄》中记载：

"麻黄轻可去实，为发表第一药，惟当冬令在表真有寒邪者，始为相宜。"《本草纲目》也记载了麻黄具有"发汗散寒，宣肺平喘，利水消肿"的功效。陈克恢需要从现代科学的角度来分析和研究麻黄究竟为何拥有这些功效。

图 2-4-21 麻黄

陈克恢在协和药理系主任卡尔·施密特的支持下购买了大量的麻黄进行研究，他使用了自己在国外所学的植物化学研究方法从麻黄中分离出麻黄碱。在接下来的时间里，他进行动物实验，用 1～5mg 麻黄碱静脉注射到狗、猫等动物身上，确定了麻黄碱具有和人体分泌的肾上腺素类似的作用。他认为，麻黄碱可使其颈动脉压长时间升高，心肌收缩力增强，血管收缩，支气管舒张。同时，它还能使离体子宫加速收缩，使中枢神经产生兴奋作用。当然，他也发现了麻黄碱可以使瞳孔放大。随后的 6 个月里，陈克恢反复试验麻黄碱所具备的功效，最终将实验结果发表，宣告麻黄碱有拟交感神经作用，也就是说麻黄碱拥有和肾上腺素类似的生理作用，可以应用到多种疾病的治疗当中（图 2-4-22）。

自此，麻黄碱成为了国际瞩目的新药物，陈克恢也主持发表了十多篇关于麻黄和麻黄碱的论文，在国际上掀起了一股对麻黄及中药的研究热潮，麻黄碱也很快从动物实验走向了临床试验。不久之后，麻黄碱被证实有治疗过敏性疾病、干草热、支气管哮喘等功效。有趣的是，陈克恢还分析了世界各地产的麻黄，发现只有中国和东南亚地区产的含左旋麻黄碱。因此，美国礼

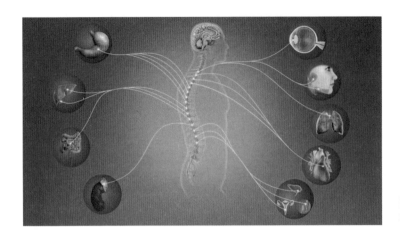

图 2-4-22 麻黄碱的药理作用

来药厂每年从中国进口大量麻黄用于麻黄碱的生产，以适应临床需要。这种状况持续了 19 年，直到第二次世界大战时，两位德国化学家用发酵法将苯甲醛与甲基胺缩合，成功地合成了左旋麻黄碱。

除了麻黄之外，陈克恢在中药药理的研究上从未止步，他还对蟾酥、汉防己、延胡索、吴茱萸、贝母、百部、夹竹桃、羊角拗等许多中药进行了药理研究。他一生从事药理学事业 50 余年，发表论文和综述 350 多篇，对新药物的开发贡献极大，是中国药理学界当之无愧的"第一人"。

如今，麻黄碱是所有中药衍生单体中应用范围最广、时间最长的化学分子，至少有 500 多种药物当中都含有麻黄碱，它还被列入世界卫生组织的基本药物清单。

2. 保肝护肝五味子——新药联苯双酯和双环醇的研制

中药五味子是一种木兰科植物，《本草经疏》中曾提到"五味子主益气，肺主诸气，酸能收，正入肺补肺，故益气"。双环醇这一具有国际自主知识产权的抗肝炎一类新药的研制，就是来源于在我国已有两千多年临床应用历史的中药五味子。

20 世纪 70 年代，中国医学科学院药物研究所著名药理学家刘耕陶院士和药物化学家张纯贞研究员首次发现，对于肝炎治疗来说，五味子丙素的活性最强。而联苯双酯和双环醇则是他们在开展天然产物五味子丙素的研究中研制出的两个重大新药，并且通过产学研用协同创新，成功实现了产业化和国际化，为世界提供了保肝治疗的"中国方案"（图 2-4-23）。

图 2-4-23　刘耕陶带领团队进行科研工作

联苯双酯是合成五味子丙素的中间体，是我国首创的保肝护肝药，具有保护肝脏、降低转氨酶及增强肝脏解毒功能的作用，于 20 世纪 80 年代初上市，被列入历版国家基本药物目录。双环醇可以治疗慢性病毒性肝炎（乙肝、丙肝）、非酒精性脂肪性肝病、药物性肝损伤等，于 2001 年获得国家药品监督管理局批准，2004 年 4 月生产上市，是我国首个问市的具有国际自主知识产权的一类化学新药，也是首个在欧美国家申请专利保护的化学药物。

时光荏苒，刘耕陶和张纯贞为新药研发奋斗了一生。2001年双环醇科研成果发布会在北京人民大会堂举行时，69岁的刘耕陶用"酸、甜、苦、辣"四个字道出了新药研发之路的不易。

联苯双酯滴丸自20世纪90年代出口韩国、埃及等国，创汇近千万美元，而双环醇片从2004年开始，先后在乌克兰、越南、哈萨克斯坦、俄罗斯等9个国家上市，销售额高达30亿元。新药联苯双酯和双环醇的创制，让我们中华民族的制药业在世界上争取到了一席之地！

3. 源于芹菜籽的脑血管创新药——丁苯酞

脑卒中又称中风、脑血管意外，是一种急性脑血管疾病，是由于脑部血管突然破裂或因血管阻塞导致血液不能流入大脑而引起脑组织损伤的一组疾病。脑卒中给我国带来了巨大的经济负担，迫切需要加强国产原创药物开发。丁苯酞是中国医学科学院药物研究所研发的我国第一个具有自主知识产权的抗脑缺血一类新药，用于轻、中度急性缺血性脑卒中的治疗。

丁苯酞的诞生最初可以追溯到一个民间验方：用出海帆船的帆布与芹菜籽一起熬水喝，可以治疗癫痫。20世纪70年代，中国医学科学院药物研究所杨峻山研究员看到了这个民间验方，从芹菜籽中分离出芹菜甲素。1980年，该研究所杨靖华首次化学合成了丁苯酞。最初丁苯酞的研究方向是抗癫痫，但是由于丁苯酞用于抗癫痫的治疗剂量与毒性剂量接近，存在较大的安全隐患，因此丁苯酞的药物研究搁浅。

直到1986年，从事神经药理研究多年的冯亦璞研究员开始介入丁苯酞的研究，转向脑缺血的治疗。1991年，冯亦璞等科研工作者正式向这一领域挺进（图2-4-24），代号"911"的研究课题也正式启动，对丁苯酞重点进行了防治脑缺血和脑卒中的药效学研究，在整体动物、器官、组织、细胞及分子水平证实丁苯酞治疗脑卒中的独特作用——能重建脑缺血区微循环，显著缩小脑梗死面积，并能保护线粒体功能，改善脑代谢。2005年，北京协和医院牵头在全国94家医院开展的我国神经内科最大规模临床研究结果显示：丁苯酞治疗缺血性脑卒中安全、有效。

图2-4-24　冯亦璞与学生讨论丁苯酞研究工作

目前，丁苯酞已被广泛应用于急性脑缺血的患者。自2005年上市以来，因其疗效显著、安全性高而迅速占领市场。2018年，丁苯酞的销售额达43.6亿元人民币，已令百万中国患者获益。

（五）医药生物技术产业崛起的助推剂——基因工程药物

基因工程药物就是先确定对某种疾病有预防和治疗作用的蛋白质，然后将控制该蛋白质合成过程的基因取出来，经过一系列基因操作，最后将该基因放入可以大量生产的受体细胞中去（包括细菌、酵母菌、动物细胞、植物细胞），在受体细胞中不断繁殖，大规模生产具有预防和治疗这些疾病的蛋白质（图2-4-25）。自1982年世界上第一个基因工程药物重组人胰岛素经美国食品药品管理局批准上市以来，基因工程药物不断问世，并且逐渐成为世界各国政府和企业投资开发的热点，发展极为神速。

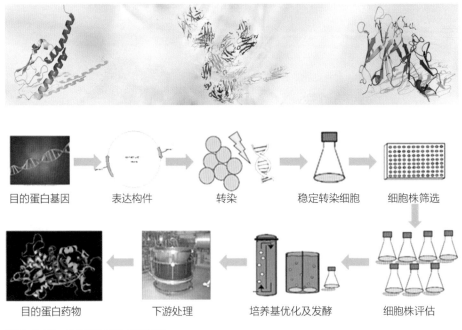

目的蛋白基因　　表达构件　　　转染　　　稳定转染细胞　　细胞株筛选

目的蛋白药物　　　下游处理　　培养基优化及发酵　　　细胞株评估

图2-4-25　基因工程药物及其制备

1. 我国首个基因工程创新药物——重组人干扰素 α1b

伊萨克斯和林登曼于1957年发现灭活流感病毒可在鸡胚绒毛尿囊膜中诱生出一种物质，能够抑制流感病毒复制，这种能够引起干扰现象的活性物质被命名为干扰素（interferon）。随后的研究证明干扰素具有抗病毒、抗肿瘤、调节机体免疫反应等活性，在国际上掀起了研究干扰素的热潮。在20世纪60年代，由于外源性干扰素不容易制备，通常将干扰素诱生剂直接肌内注射到患者体内，在人体中诱生出人干扰素，抑制体内病毒繁殖、达到治疗疾病的作用。然而，直接将干扰素诱生剂注射到人体中来诱生干扰素不但产量有限，还会引发较强的不良反应。因此，体外诱生人干扰素成为了当时的研究重点。

早在 20 世纪 60 年代初期，"大跃进"和三年困难时期刚过去不久，我国又是人口大国，肝炎等病毒性疾病高发，干扰素的市场需求量非常大。在科研条件非常艰苦的情况下，中国预防医学科学院病毒学研究所（现为中国疾病预防控制中心病毒病预防控制所）的黄祯祥、毛江森、杭长寿、王树声等病毒学家已经开始进行干扰素的相关研究。

1962 年，侯云德院士在苏联获得博士学位后学成回国，在黄祯祥院士的支持下开展呼吸道病毒感染的病原学研究，在国内首次分离出Ⅰ、Ⅲ、Ⅳ型三种副流感病毒，首先发现了Ⅰ型副流感病毒中存在着广泛的变异性。他并不满足于已取得的成绩，他认为，重要的问题不在于"认识世界"，更在于要"改造世界"，应当设法解决全国数以亿计的病毒病患者的痛苦。他由基础研究转向了抗病毒药物研究，并选择人体的自然抗病毒物质——干扰素，作为治疗病毒病的突破口。1972 年，侯云德参与了在"六·二六指示"下开展的全国感冒和慢性气管炎防治工作，担任了当时病毒学研究所感冒气管炎研究室的主任，研究了黄芪、茯苓、冬虫夏草等十余种中药在小白鼠体内诱生鼠干扰素的能力，1977 年成立了抗病毒治疗研究室，开始专门研究干扰素。

20 世纪 70 年代国外常常使用成人血白细胞来生产人白细胞干扰素，但操作方法比较烦琐，生产成本高。1978 年侯云德团队发现人脐血白细胞具有较强的干扰素诱生能力，培育出高产新城疫病毒株 NDV-F 系，又制定了人白细胞干扰素的分离、提取及纯化流程，最终研制成当时可用于临床的干扰素制剂。然而，当时每 8 000ml 人血才能制备 1mg 干扰素，生产成本很高，干扰素的价格极为昂贵，国内患有慢性肝炎等病毒性疾病的大多数患者根本负担不起，因此临床级人干扰素无法得到普及与推广。

20 世纪 70 年代基因工程技术在国际上开始发展起来，对干扰素的研究由细胞水平逐渐深入至分子水平。1978—1979 年侯云德分别参观了瑞士和美国干扰素的研发机构，参加了第二次国际干扰素会议，了解到国际上干扰素研究的最新进展与趋向。1980 年，日本、瑞士及美国的科学家分别成功克隆出成纤维细胞和人白细胞干扰素的 cDNA，并在大肠杆菌中表达生产出干扰素蛋白。基因工程干扰素的兴起让时时关注干扰素研究动态的侯云德意识到用传统方法提高干扰素的产量已经不大可取，转向基因工程干扰素的研究势在必行。

1979 年，在实验材料和设备短缺的情况下，侯云德团队因地制宜开展研究，从上万毫升人血白细胞中，经病毒诱生后从人纤维母细胞中提取出干扰素信使核糖核酸（mRNA）。测定干扰素 mRNA 需要非洲爪蟾蜍的卵母细胞，当时国内难以获得这种卵母细胞，侯云德团队对不同动物的卵母细胞进行了大量的测试和筛选，终于发现北京昌平饲养场养殖的非洲鲫鱼具有易于繁殖、卵径较大、操作方便等优点，非洲鲫鱼的卵母细胞适于进行显微注射，并成功在非洲鲫鱼卵母细胞内建立了干扰素 mRNA 翻译系统，这一方法得到当年国际干扰素大会的高度评价，并被选入 1981 年出版的国际权威书籍 *Methods in Enzymology*。

20 世纪 80 年代，国际上主要研发的是重组人干扰素 α2a 和 α2b，这两种干扰素的基因都有 4 个半胱氨酸，一般来说两个半胱氨酸可以形成一对二硫键，二硫键可以使重组人干扰素 α2a 和 α2b 的基因在大肠杆菌中稳定表达。然而，国外有学者认为重组人干扰素 α1b 的基因中有 5 个半胱氨酸，两个半胱氨酸配成一对二硫键之后，剩下的一个半胱氨酸容易影响二硫键的形成，导致蛋白不能正确折叠，影响干扰素活性。因此，当时国际上关于重组人干扰素 α1b 的研制还是空白。1981—1982 年，经过反复实验和经验积累，侯云德团队取得了突破性进展，从人脐血白细胞中成功克隆出人 α 干扰素的 cDNA，在大肠杆菌中表达出来的人 α 干扰素被鉴定出正是人白细胞干扰素 α1b。这就说明有 5 个半胱氨酸的人干扰素 α1b 基因也可以通过 DNA 重组技术在大肠杆菌中重组表达，而且具有抗病毒活性（图 2-4-26、图 2-4-27）。侯云德团队不仅赶上了当时国际上干扰素研究队伍的步伐，还成功研发出国际上独创的国家一类新药重组人干扰素 α1b，并于 1992 年获得新药证书。重组人干扰素 α1b 是我国第一个基因工程创新药物，实现了我国基因工程药物从无到有的突破，开创了我国基因工程药物时代的先河。α1b 型干扰素对乙型肝炎、丙型肝炎、毛细胞性白血病、慢性宫颈炎、疱疹性角膜炎等疾病有明显的疗效。与国外同类产品相比较，不良反应小、治疗病种多，此项研究成果获得 1993 年国家科学技术进步奖一等奖（图 2-4-28）。2003 年 SARS 期间，侯云德在国际上首先发现干扰素对控制 SARS 冠状病毒传播有效，干扰素 α2b 被国家食品药品监督管理局批准为 SARS 储备药物，为我国抗击 SARS 作出了重要贡献。

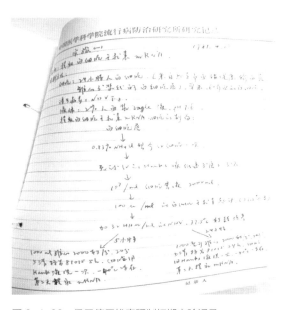

图 2-4-26　侯云德干扰素研制初期实验记录

图 2-4-27　侯云德指导学生做
干扰素发酵实验（左一侯云德）

图 2-4-28　1993 年国家科学技术进步奖一等奖证书

此外，侯云德团队在基因工程研究方面还取得了系列成就：1983 年采用
TGATG 序列成功地使融合基因表达非融合的 αⅠ型干扰素蛋白；1984 年在
研究重组干扰素基因的表达时，发现了原核增强子样序列；1987 年组建成温
控型原核高效表达载体 pBV220 系列并广泛应用于我国基因工程药物的研发
和生产。经过十余年的努力，又相继研制出 1 个国家一类新药（重组人 γ 干
扰素）和 6 个国家二类新药，基因工程药物已转让十余家国内企业，上千万
患者已得到救治，产生了数十亿人民币的经济效益，对我国改革开放初期的
科技成果转化具有重要的指导意义。

60 余年来，侯云德一直专注于科技创新和防病事业，科研成果根植于祖
国大地和人民健康，因其成就卓越，获得了 2017 年度国家最高科学技术奖。

2. 免疫治疗的生力军——抗体药

当遇到外来的病毒或细菌入侵时，人体内的免疫反应就会被激活，产生的一种保护物质，叫抗体。部分抗体能迅速识别微生物并在其入侵人体细胞前将其"抓住"，保护人体不被感染，这个过程就叫中和作用，发挥作用的抗体就是中和抗体。如果我们把这个中和抗体进行结构解析、分离，并通过体外制造的方法生产出来，那么一旦被病毒感染时，我们就可以把这类中和抗体再输入患者的体内，这时抗体就可以精准击中病毒的某个抗原部位从而起到治疗作用。

抗体药是基因工程药物中非常重要的一个种类。与小分子药物相比，抗体药往往能更加紧密地结合靶点，具有更强的特异性。我们经常把这种疾病的靶点比喻成一把锁，那么抗体就像一把钥匙，很多时候可以做到一把钥匙开一把锁。

我国抗体药的研发在最近几十年里经历了飞速的技术变革，经历了鼠源、嵌合、人源化、全人源单抗的发展阶段，目前已有 20 个单克隆抗体药。其中有两个国家一类新药：尼妥珠单抗（nimotuzumab）和康柏西普（conbercept）。尼妥珠单抗是我国第一个用于治疗恶性肿瘤的功能性单抗药，也是全球第一个获批的鼻咽癌靶向药物。作为中古两国生物医药技术合作的成功典范，尼妥珠单抗在 2008 年的上市首次打破了抗体药国外垄断的局面，目前已有约 15 万中国患者接受其治疗。

康柏西普是一种利用中国仓鼠卵巢（CHO）细胞表达系统生产的重组抗血管内皮生长因子抗体融合蛋白，可以抑制病理性血管生成。康柏西普是中国首个获得世界卫生组织国际通用名的拥有全自主知识产权的生物一类新药。临床上主要用于治疗湿性年龄相关性黄斑变性。

老年黄斑变性和糖尿病视网膜病变被称为"致盲杀手"，是国际眼科界公认的最难治疗的眼病之一。在康柏西普诞生以前，跨国药企诺华研制的雷珠单抗独霸天下，以每支 9 800 元的高价垄断中国市场。2006 年初，俞德超博士从美国回国，开始致力于研发治疗老年黄斑变性和糖尿病视网膜病变等致盲的单抗药物。经过多年艰苦攻关，康柏西普终于在 2013 年获准上市。2016 年 10 月，康柏西普成为我国第一个获 FDA 批准，免除 I 期和 II 期临床试验，直接在美国开展 III 期临床注册试验的中国创新药。

可以预见，未来包括抗体药在内的基因工程药物能够在越来越多的领域发挥其重要的作用，我们也盼望着中国原创的基因工程新药能够以更好的疗效，为中国乃至全世界的患者服务。

五、公共卫生　护卫健康

公共卫生是以人民群众的生命和健康为中心的一门科学，中国古代的"上医治未病"，就是朴素的公共卫生的哲学思想。新中国成立后，中国公共卫生工作的标志，是大力开展爱国卫生运动，灭鼠、污水处理、改水改厕、改善生活生产环境，取得了喜人的成绩。2016年以来，中国公共卫生的标志，是实施"健康中国战略"。2016年8月，习近平总书记提出"要把人民健康放在优先发展的战略地位"。实现以治病为中心向以人民健康为中心的转变。2017年10月18日，习近平总书记在十九大报告中指出，实施"健康中国战略"。要完善国民健康政策，为人民群众提供全方位全周期健康服务，积极应对人口老龄化的挑战。

徐建国院士谈
公共卫生发展

抗击新型冠状病毒肺炎疫情期间，我国举国上下将防控疫情、保卫人民生命安全作为全党全国的第一要务。我国新型冠状病毒肺炎防控取得了阶段性胜利，为全球新型冠状病毒肺炎的防控作出了重大贡献。

中国共产党的领导是应对重大疫情的中流砥柱；人民至上、生命至上是应对重大疫情的根本遵循；科学技术是应对重大疫情的利器。本节介绍了建党100年来我国公共卫生取得的重大成就。目前我国公共卫生仍面临巨大挑战，如人口结构改变、城市化与现代化的挑战、疾病谱的改变、生物化学恐怖事件应急能力有待提升、农村卫生挑战等。新时期，在党的领导下，我国的公共卫生事业必将迈向新的高度。

（一）先控动物鼠疫，再控人间鼠疫，自然疫源地理论战胜"一号病"

我国有两种甲类传染病——鼠疫和霍乱。鼠疫名列榜首，俗称"一号病"。病原体是鼠疫耶尔森菌，俗称鼠疫杆菌。鼠疫曾肆虐全球，是所有传染病中危害最大的一种。流行期间，几乎夺去了欧洲大陆三分之一人口的生命。中国也是一个屡受鼠疫蹂躏的国家，病死人数累计千万以上。新中国成立前的 60 年中，死于鼠疫的人数达 118 万。1947—1948 年鼠疫流行，造成 5 万余人死亡。流行高峰时，通辽市每日死亡人数达 180 人以上。新中国成立之初，每年鼠疫死亡人数达万人左右。

1. 研究中国鼠疫自然疫源地，精准施策，指导鼠疫防控

顾名思义，"鼠疫"是鼠等动物的疫病，因生态、环境等多种因素传染给人类，导致人间大流行。只有成功控制动物间的鼠疫，才能最终控制其在人间的流行。如果一个地区的动物间没有鼠疫杆菌，人间是不可能发生鼠疫的。自然界中某些野生动物体内长期保存鼠疫杆菌。鼠疫杆菌可以通过跳蚤等媒介感染宿主，长期在自然界循环，不依赖人而延续其后代，并在一定条件下传染给人，在人与人之间流行。这是鼠疫自然疫源地理论的核心，是成功控制鼠疫人间流行的最重要的理论基础。

2. 研究鼠疫自然疫源地，制定消除中国鼠疫人间流行的策略

新中国成立初期，东北和内蒙古东部地区的鼠疫疫情最为严重。究竟是哪种动物在自然界保存着鼠疫杆菌，曾有过多年的争论。我国纪树立研究员等老一辈鼠疫防控科学家很早就开始了对这一地区鼠疫自然疫源地的调查与研究工作。经过多年的艰苦努力，终于确定达乌尔黄鼠为东北和内

蒙古东部地区鼠疫自然疫源地唯一的储存宿主（图2-5-1）。只要控制了黄鼠中的鼠疫，这一地区的鼠疫就会随之停止。同时，基本上确定了这一地区鼠疫分布的面积。

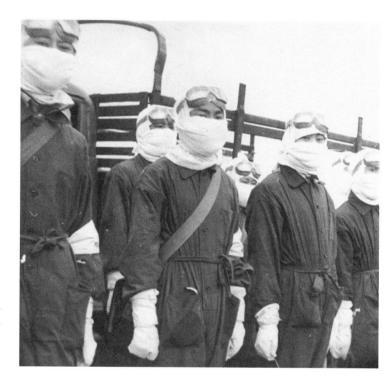

图2-5-1　1962—1964年鼠疫防疫队员到通辽拔源防治鼠疫

达乌尔黄鼠鼠疫自然疫源地的确立，指导了全国疫源地调查工作。1954年，发现鼠疫在内蒙古长爪沙鼠和青海喜马拉雅旱獭中的活动；1955年，首次在天山的灰旱獭中发现鼠疫（图2-5-2）；1956年，在帕米尔地区的长尾旱獭中检出鼠疫杆菌；1970年，确定了宁夏的阿拉善黄鼠鼠疫自然疫源地。1970年在内蒙古锡林郭勒盟突然发生野生啮齿动物大量死亡的现象，发现了一种新的鼠疫自然疫源地类型。迄今为止，我国共发现了12个鼠疫自然疫源地。

图2-5-2 1955年鼠疫防控工作小组坐马车下乡开展防疫工作

鼠疫自然疫源地的研究，是我国鼠疫防控工作者对鼠疫防治事业的一大贡献。正是这项研究提出了一种全新的观念：鼠疫自然疫源地是各不相同的，因而，在不同地区，必须有完全不同的鼠疫防制措施。在这项研究中，确定了鼠疫在啮齿动物中如何发生与传播，以及如何传播至人类的规律，从而为在这些地区有效地控制鼠疫提供了科学依据（图2-5-3）。这项研究1964年被中华人民共和国科学委员会列为国家重大科技研究成果，1987年获得国家自然科学奖二等奖。

图 2-5-3 纪树立（前中）主持的有关省、自治区共同研究鼠疫自然疫源地分型

3. 依据"相对独立鼠疫自然疫源地"理论，提出"灭鼠拔源"策略

相对独立的鼠疫自然疫源地理论的基本思想是：一片被自然屏障（如高山、大河、沙漠等啮齿动物难以通过的地理条件）包围的鼠疫自然疫源地，可以称为相对独立鼠疫自然疫源地。由于该地鼠疫无法与其他的自然疫源地鼠疫相互传播，因而，可以在这种类型的鼠疫自然疫源地内，对鼠疫的主要储存宿主进行一次性的毁灭性打击。当宿主的数量低于某一限度，动物间的鼠疫就会停止下来。在这之后，即使宿主数量再度上升，由于鼠疫杆菌已经消失，鼠疫也不能自发地重新产生，因此提出"灭鼠拔源"的策略。"灭鼠拔源"最先从鼠疫危害最严重的通辽开始，这项工作是我国防治鼠疫群众运动中的壮举。当达乌尔黄鼠密度达到每公顷 0.3 只时，仍有鼠疫流行，当把达乌尔黄鼠的密度降低至每公顷 0.1 只时，动物间鼠疫就会停止。

在黄鼠鼠疫自然疫源地这样的单宿主鼠疫自然疫源地中，"灭鼠拔源"起到了遏制鼠疫和保护人类的作用。黄鼠是唯一的主要储存宿主，只要能够保持低的黄鼠密度，即使存在鼠疫的病原体，鼠疫也无法在动物间流行，这一地区的安全就有保障。对于黄鼠和家鼠等害鼠，控制其密度自然也起到保护环境的作用。

4. 依据"相对独立鼠疫自然疫源地"理论，基本控制人间鼠疫流行

在鼠疫自然疫源地理论的指导下，我国先后确定了 12 个鼠疫自然疫源地，并依据每个疫源地主要宿主动物、次要宿主动物、传播媒介、地理等的不同，制定并采取了适宜的防控策略。杀灭主要宿主动物的策略，遏制了人间鼠疫疫情。每年鼠疫发病人数从 1949 年的 10 000 例左右，降低到近年来一年不足 5 例，许多年份没有病例。近年来，鼠疫病例主要集中在青藏高原喜马拉雅旱獭鼠疫自然疫源地相关省份。基本上都是由于人类直接接触旱獭

感染发病，捕猎旱獭是造成发病的第一位原因。如果人不主动接触旱獭，是不会感染鼠疫的。如果能够实时监测鼠疫自然疫源地主要宿主动物密度和带菌率的变化，限制人和宿主动物的接触行为，鼠疫的危害就可以控制在可接受的范围。

5. 把研究成果转化为强大的政府和社会力量，是成功控制鼠疫的保障

鼠疫自然疫源地的理论和策略得到了党中央的认可和支持。1956 年由毛主席亲自主持制定的《农业发展纲要》中，提出"在一切可能的地方消灭鼠疫"。1958 年，在达乌尔黄鼠鼠疫疫源地的吉林省扶余县（现扶余市）和内蒙古通辽县开展"灭鼠拔源"试点。1960 年中共中央北方防治地方病领导小组发布《消灭鼠疫（1960—1962）规划（草案）》，提出在三年内，在一切可能的地方消灭鼠疫疫源地的工作要求。在党中央和中央政府的统一部署下，各地大规模开展了"灭鼠拔源"群众运动。这些措施，降低了鼠密度，减弱了鼠疫流行强度，使华北、西北很大一部分地区人间鼠疫逐步得到控制。

但是，鼠疫防控的挑战依然严峻。近年来，内蒙古高原长爪沙鼠鼠疫疫源地的动物鼠疫持续活跃，2019 年两例肺鼠疫患者到北京求医，广泛传播的风险陡增。新形势带来新挑战。

（二）把霍乱弧菌分成两类，区别施策，控制"二号病"

霍乱是一种烈性肠道传染病，发病快，传染性强，病死率高，曾引起七次世界大流行，是国际检疫传染病之一。霍乱是我国传染病防治法规定的两种甲类传染病之一，因排在鼠疫之后，又被称为"二号病"。

人类历史上记载的霍乱世界大流行共有七次，1961 年世界第七次霍乱

大流行开始，至今仍未停息。此次大流行起自印度尼西亚，不久，广东省西部沿海地区即发现输入病例，疫情波及 35 个县市，确诊 4 319 例，死亡 429 例，病死率达 9.9%。随后疫情继续扩散，波及我国沿海 10 个省（自治区、直辖市）。我国第一波疫情于 1965 年得到控制。1977 年我国第二次霍乱流行期开始，1980 年达到高峰，当年报告 40 611 例。第三次流行期 1992 年开始，1994 年达到高峰，当年报告 35 009 例，波及 24 个省（自治区、直辖市），疫情形势严峻。至现在，随着我国对霍乱等重要传染病的持续高度重视和防治投入、对病原学和传播规律的持续深入认识、科学精准防控的实施及社会经济条件的发展，霍乱疫情在我国得到了有效控制（图 2-5-4）。

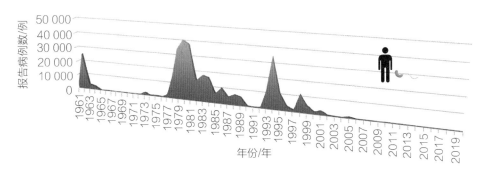

图 2-5-4　1961—2019 年我国年报告霍乱病例数

1. 把霍乱弧菌分成两类，实施不同的预防控制策略

霍乱的病原体是霍乱弧菌，细菌细胞很小，只能在显微镜下看到。但霍乱弧菌有多种：有的产生霍乱毒素，有的不产生；有的可引起流行，有的不引起流行，只引起散发病例或不致病。即使使用电子显微镜，也看不出不同的霍乱弧菌之间有什么区别。因此，建立区分不同危害程度的霍乱弧菌、准确评估病原体可能产生的公共卫生危害，对政府决策、群众动员、组织力

量，特别是有效利用有限的资源、精准控制疫情具有重要意义。

1961 年霍乱疫情传入时，高守一院士（图 2-5-5）带领全国霍乱防控科技人员，迅速证实病原体是 O1 群埃尔托型霍乱弧菌。后期经过反复探索、筛选，根据霍乱弧菌分离株是否能够被一些噬菌体裂解和是否有发酵一些碳水化合物等的能力，建立了噬菌体 - 生物分型方案，能够在基层疾控部门实验室迅速将埃尔托型霍乱弧菌区分为流行株和非流行株两类菌株（图 2-5-6）。其中流行株是指能引起流行或大流行的霍乱弧菌菌株，霍乱流行期间，在患者、带菌者及污染的外部环境分离的菌株，均属于这一类。霍乱弧菌非流行株一般不致病或偶尔引起散发腹泻病例，在疫区和非疫区的自然水体中常能分离到。后期的研究也证实，流行株是产霍乱毒素、具有致病和引发流行能力的菌株，非流行株是不产霍乱毒素的菌株，为环境中的自然菌群。

图 2-5-5　高守一（中）工作照

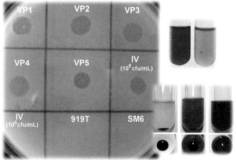

图 2-5-6　针对 O1 群埃尔托型霍乱弧菌的噬菌体 - 生物分型方案中包括了噬菌体裂解试验、山梨醇发酵及溶血试验

在当时实验条件和检测手段都不先进的时期，全球对霍乱弧菌毒力、致病性的理解非常有限，高守一提出的两类菌株理论对霍乱疫情的控制具有重

要意义，一直指导着我国霍乱防控工作。如果发现霍乱弧菌流行株，就要理解为采取严格的防疫措施，动员社会，控制疫情。如果发现分离的菌株是霍乱弧菌非流行株，则将患者按一般感染性腹泻处理。对于评估为不存在流行风险的来自环境和食品监测中的菌株，密切关注疫情发展情况即可。霍乱弧菌两类菌株理论，为霍乱防控节省了大量的工作、人力及经费投入，减少了一些过度防疫工作，并在一定程度上避免了人群恐慌。按两类菌株区别对待的措施，取得了显著的经济效益和社会效益。

近年来，高守一的学生们，使用先进的分子生物学技术等手段和策略，揭示了两类菌株在产生霍乱毒素、噬菌体 – 菌细胞相互作用、基因组序列、环境适应等方面的差异，对噬菌体 – 生物分型方案的分类基础进行了研究，深入认识了霍乱流行菌株的遗传特征，建立了分子分型和基因组学分析流程，丰富了霍乱弧菌两类菌株理论的内容，为流行病学传播分析、溯源、暴发识别和确认等提供了强有力的工具，在分析我国霍乱流行及其与国际流行菌株的关系、多起疫情暴发及输入疫情的确认和溯源上发挥了作用。

2. 研发应用霍乱弧菌选择性培养基，为分离培养霍乱弧菌提供利器

20 世纪 60 年代前后，没有以基因序列为基础的病原体检测方法，而感染诊断和及时发现疫情必须要分离到病原菌。由于缺少敏感的技术方法，霍乱弧菌的分离率很低，这给疫情监测和病例诊断带来了困难。高守一在实践中针对这些问题和需求，带领课题组自主研制了霍乱弧菌庆大霉素选择性培养基，适于现场使用，简便快速，大大减少了杂菌干扰，在选择培养霍乱弧菌方面，其敏感性和特异性是最好的，深受基层公共卫生实验室欢迎，保障了在霍乱监测检测中及时分离到病原菌，在多次疫情应对工作中发挥了重大作用。

3. 设立腹泻病门诊，采取早发现、早报告、早诊断、早隔离、就地处理的"四早一就"策略和措施，使霍乱得到基本控制

为加强霍乱早发现的监测预警能力及防控力度，建立和推广了医疗机构在夏秋霍乱流行季节设立腹泻病门诊的制度，开展霍乱等腹泻病的筛检和治疗。腹泻病门诊的开诊和规范管理，在我国霍乱的及早与敏感发现、及时处置方面发挥了积极的作用。整合利用庆大霉素培养基提高霍乱弧菌的分离率，并通过噬菌体－生物分型方案很快准确判断菌株是否可引起流行、判断疫情性质，从而实现患者早诊断、疫情早发现。一旦发现为流行株引起的霍乱疫情，卫生医疗行政与技术部门立即组织力量进行调查，并报告当地政府，组织力量迅速采取控制措施。在霍乱易流行季节和疫情期间，实施霍乱主动监测，对发现的每一例疑似或确诊病例均进行流行病学调查管理，对密切接触者进行流行病学调查和医学隔离观察，从而及时有效控制疫情传播。"政府主导、部门配合、社会参与、依法实施"的综合防控策略切实发挥了作用。

近年来，我国霍乱疫情已被控制在很低的水平，每年仅发现数例至数十例患者。但是，霍乱在非洲、美洲及亚洲其他一些国家和地区长期流行，输入风险持续存在。我们仍需持续贯彻密切监测、快速反应的策略，建立、完善霍乱低流行态势中的防控策略和措施，有效地预防未来可能发生的霍乱疫情，切实做到一旦发生，及时控制。

（三）全面消除麻风危害，共同走向文明进步

麻风病——一个曾经让人谈之色变、闻风丧胆的重大传染病，一个在全球广泛流行三千多年的古老的慢性传染病，如今在中国已难觅踪迹。为防治

在我国多地大面积流行的皮肤病、性病等，我国于 1954 年成立了中央皮肤性病研究所（现为中国医学科学院皮肤病研究所），全面负责麻风病防治管理工作。根据我国麻风病流行的实际情况，与国家的发展战略密切结合，在几代人的共同努力下，提出了符合我国麻风病流行实际情况的防治策略、防治技术和措施，并取得了显著成果。

根据我国 20 世纪 50 年代提出的"积极防治、控制传染"和 1981 年提出的"本世纪末在我国实现基本消灭麻风病"的目标和要求，中国医学科学院皮肤病医院（皮肤病研究所）组织牵头，与部分麻风病防治研究机构共同完成了一项艰苦卓绝的研究（图 2-5-7）。2001 年，"全国控制和基本消灭麻风病的策略、防治技术和措施研究"获国家科学技术进步奖一等奖。

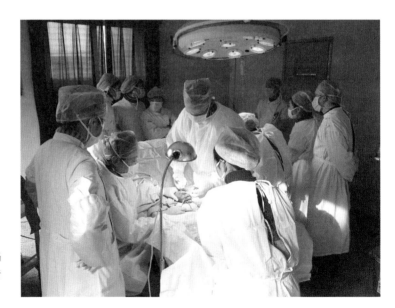

图 2-5-7　现场为麻风畸残患者实施手术

项目团队以麻风病生物学特性、传播特点、流行分布为依据，采取现场研究和实验研究相结合的方式，针对有效控制和基本消灭麻风病的生物医学策略、技术与措施开展了一系列研究，为我国制定不同阶段有效控制麻风病流行的策略和措施提供了重要的科学依据，使我国实现了麻风病全面控制和基本消灭的目标，并且在全球发展中国家中处于领先水平。

科研人员经过试点地区的现场研究和全国大范围的实施验证，确定以发现和控制传染源为主的防治策略；通过现场试点研究和推广验证，提出采用固定疗程联合化疗方案有效控制麻风病的技术措施；根据麻风病控制进程和分布特点，提出麻风病防治与基层防治网相结合的可持续性发展模式。建立了全国性的麻风病疫情监测系统，为及时掌握麻风病的流行动态和评估麻风病防治效果提供重要依据；基于麻风病的社会歧视性，提出减少社会歧视有利于麻风病有效控制的观点；针对麻风病严重致残的现象，系统开展了麻风病畸残防治及康复研究，探讨出方便、可行和有效的畸残预防方法；制定了基本消灭麻风病的一系列技术标准、指标和考核方法。为了进一步巩固麻风病基本消灭的成果和提高麻风病患者生活质量，近年来根据国内麻风病防治形势的变化，课题组又进一步开展了麻风病卫生系统研究、短程联合化疗、高危人群麻风病化学预防和耐药监测等技术措施的研究，取得了一定的成果。

通过这些防治策略、技术和措施的实施，我国麻风病疾病负担得到有效降低、传染源得到有效控制，1981 年在国家水平、1992 年在省级水平、2015 年在县级水平达到 WHO 消除麻风病标准（患病率小于 1/ 万）。截至 2019 年，我国已经累计免费查治麻风病患者 50 余万例，麻风病年发现率已经从 1958 年的 5.56/10 万下降至 2019 年底的 0.03/10 万，新发患者畸残率下降超过 50%，全国 98% 的县（市）实现了消除麻风病的目标。我国基本消灭麻风病成果举世瞩目，不仅产生巨大的社会和经济效益，而且也成为发展中国家实现消除和基本消灭麻风病的范例，并通过"一带一路"项目向周边国家传递成功经验和技术成果，为实现习近平总书记在第 19 届国际麻风大会上提出的"创造一个没有麻风的世界"而不断努力。

（四）未雨绸缪，建立技术储备，应对未来可能发生的新发传染病

新发传染病的特点之一是不确定性。人们不知道会在何时何地发生何种新发传染病，无法做好特异性准备。在疫情发生初期，临床医生不认识，不知应该采取何种治疗方案，病死率高居不下；公共卫生医生不认识，不知应该采取何种预防和控制措施，疫情持续扩散；行政决策人员得不到专业人员的明确意见，无法及时作出决策；大众得不到有效的宣传和教育，恐慌心理严重，容易造成社会的不稳定。对于重大新发传染病的防控，病原体的确定是具有决定意义的第一个关键。只有病原体确定以后，才能开展诊断、传播途径确定、临床救治、疫苗研发、传染源追踪等工作。可是，改革开放初期，我国发现新病原体的能力非常薄弱。

1983—2002 年的 20 年间，我国发现了大约十种新发传染病，包括莱姆病、军团菌肺炎、小肠结肠耶尔森氏菌感染、大肠杆菌 O157：H7 感染、成人轮状病毒腹泻、肾综合征出血热、丙型肝炎、空肠弯曲菌感染、艾滋病、O139 霍乱等。2003—2021 年的 18 年间，我国发现了至少 18 种新发突发传染病，包括 SARS、人感染 H5N1 高致病性禽流感、人感染 H7N9 禽流感、甲型 H1N1 流感、人粒细胞无形体病、序列 7 型猪链球菌感染、

C 群流行性脑脊髓膜炎、新型布尼亚病毒感染、福氏志贺氏菌 Xv 血清型感染、中东呼吸综合征（Middle East Respiratory Syndrome，MERS）、手足口病、登革热、荆门蜱传病毒感染、裂谷热、黄热病、寨卡病毒病、新型冠状病毒肺炎等（图 2-5-8）。

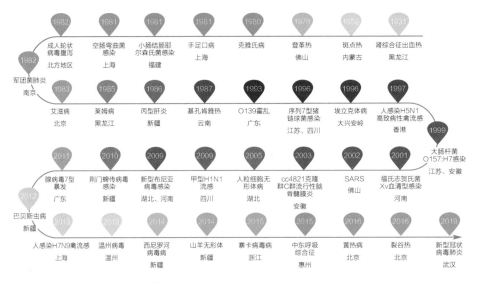

图 2-5-8　中国新发传染病年谱

"凡事预则立"。为了能够及时发现和鉴定未来可能发生的新发传染病事件，我国科学家未雨绸缪，防患于未然，在我国没有出现疫情之前就开展基础性研究工作，建立技术储备。在疫情来临时，很快检测、分离并鉴定了新发病原体，发挥了一锤定音的作用，为控制疫情作出了贡献。

1. 依靠技术储备，苏皖战"疫"大获全胜，治疗大肠杆菌 O157:H7 感染不能使用抗生素

1999 年夏秋季节，在安徽省萧县、江苏省徐州市及邻近地区发生了感染性腹泻，继而发生急性肾衰竭的疫情，给当地经济社会发展和人民群众健

康造成了严重危害。

当时，中国预防医学科学院流行病学微生物学研究所的科学家研究肠出血性大肠杆菌 O157:H7 已经 13 年，建立了一系列的检测、诊断方法，并获得了国家科学技术进步奖二等奖。接到任务后，团队立即赶赴现场，开展调查、标本采集（图 2-5-9）和测试工作。国家、省、市疾控团队密切配合，很快分离到了病原菌，在患者血清中检测到了特异性抗体，并发现引起我国疫情的病原菌毒力已经增强，立即提出病原体是肠出血性大肠杆菌 O157:H7 的疫情诊断意见。

图 2-5-9　患者的鲜血便

病原体明确后，各地政府积极努力，广泛深入开展以"三管一灭"为重点的群众性爱国卫生运动，开展感染性腹泻的预防控制工作，整治环境卫生，大力消灭苍蝇及其滋生地，强化食品卫生、个人卫生，严格进行疫点疫区消毒处理，有效切断了疫病的传播途径。至 1999 年 7 月底，疫情得到了基本控制，防制工作取得了阶段性胜利。随后，又组织开展了深入的溯源研究和监测工作，控制了传染源。

和一般细菌性感染不同，肠出血性大肠杆菌 O157:H7（图 2-5-10）感染不能使用抗生素治疗。抗生素可刺激病原菌产生更多的志贺毒素，加重病情，导致死亡。可是，抗生素治疗感染性腹泻的现象非常普遍。病原体确定后，研究团队立即开展测试工作，发现我国常用治疗感染性腹泻的抗生素都具有刺激志贺毒素表达的作用，不能

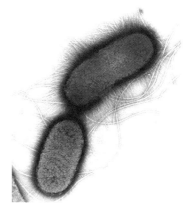

图 2-5-10　大肠杆菌 O157:H7 的电子显微镜照片

使用。研究团队发现小檗碱没有上述作用，可安全用于腹泻病治疗；发现食品级乳酸菌具有抑制病原菌黏附的作用，这些研究为临床治疗提供了指导。迄今为止，1999 年苏皖两省发生的肠出血性大肠杆菌 O157∶H7 疫情，仍然是全球流行规模最大的一次暴发流行，发病人数多（血清流行病学调查估计疫情发生地 1999 年 6 月份 O157∶H7 出血性肠炎发病人数超过 2 万）、死亡人数多（177 人）、流行时间长（7 个月）、致病因素复杂（多种因素）。

从任何角度来看，1999 年苏皖肠出血性大肠杆菌 O157∶H7 疫情的控制，都是一个典型案例，值得总结和思考。传染病防控要主动应对，提前部署，确保我国将来不发生重大新发传染病疫情，是防疫战士的最大心愿。

2. 当猪链球菌人间疫情来临时，我们建立了技术储备

2005 年 6 月在中国四川突发人感染猪链球菌疫情，215 人发病，61 人出现链球菌中毒性休克样综合征（streptococcus toxic shock like syndrome，STSLS），38 人死亡，引起恐慌（图 2-5-11）。四川猪链球菌感染疫情最典型的特点之一，是部分患者出现链球菌中毒性休克样综合征，病情凶险，休克患者病死率达 62%。国外文献从来没有报道过类似的临床表现。因此，一部分长期研究猪链球菌的学者认为病原体可能是病毒，或者是产生超抗原的细菌，而不是猪链球菌。因此，国际社会非常关注。

中国疾病预防控制中心传染病预防控制所团队接到任务后，依靠已经建立的技术储备，收到样品后 2 小时，就使用 PCR 方法发现标本中存在猪链球菌；接到标本后 24 小时，就从患者临床标本分离到病原菌。在细菌生长能够满足分离鉴定的最短时间（3 天）内，完成了菌株分离、纯化、鉴定、

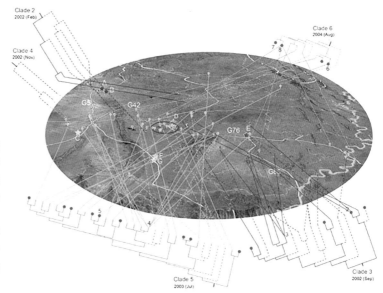

图 2-5-11　猪链球菌 1996 年在中国第一次显现，1998 年在江苏引发疫情，2002—2004 年间进化为 5 个分支，2005 年在四川引发疫情

血清分型、毒力基因检测、分子分型等工作，得出病原体是猪链球菌血清 2 型的调查结论，并证明患者菌株和病猪菌株完全一致，向上级递交了病原学研究报告。

继而发现，出现异常临床表现的原因是猪链球菌在中国发生了变异，从序列 1 型进化为序列 7 型，毒力增强，致病机制发生了改变，能够刺激机体产生细胞因子风暴，导致链球菌中毒性休克样综合征。传播方式也不同，在国际上首次提出猪链球菌的"多点平行传播"模式。人感染猪链球菌的应对技术达国际先进水平，提出了新的理论，发展了新的技术，开辟了新的方向。

为了回答国内外部分学者的公开质疑，世界卫生组织邀请世界动物卫生组织、世界粮农组织（FAO）、WHO 西太平洋区办事处、世界著名的猪链球菌研究专家，组成世界卫生组织猪链球菌专家组，讨论中国科学家的病原学诊断报告。经过充分交流，同意中国科学家的研究报告。*Science* 杂志做了相关报道。

3. 非流感、非出血热：中国首起人粒细胞无形体病暴发

2006 年 11 月，安徽省一位农妇被蜱虫叮咬后，出现了发热症状。在村卫生室被临床诊断为流感。治疗数日，不见好转。后到县医院，被临床诊断为病毒性出血热病。后病情急剧恶化，患者死亡。数天后，5 名陪护亲属和 4 名医护人员相继发病，症状相似。

由于流行病学特点和病毒性出血热不同，安徽省疾病预防控制中心启动了调查工作。病原学研究证明不支持病毒性出血热的诊断，没发现任何能够引起出血热的病毒。那么，病原体有没有可能是具有病毒特点的立克次体类的微生物呢？

中国疾病预防控制中心传染病预防控制所于 2006 年初建立了无形体、埃里克体、立克次体等罕见病原体的诊断技术储备，储备了诊断试剂。中国疾病预防控制中心人员和安徽省疾病预防控制中心人员密切合作，很快发现病原体是嗜吞噬细胞无形体。在患者血液标本检测到嗜吞噬细胞无形体的特异性基因，发现患者急性期和恢复期血清的特异性抗体呈 4 倍升高，提出人粒细胞无形体病的诊断意见。

这是一起罕见的人粒细胞无形体病的院内感染事件。此类感染没有明显的临床特点，只能依靠病原学检查结果才能做出正确的诊断。为了慎重起见，中国疾病预防控制中心邀请国内外著名专家参与讨论。此前，我国知道无形体的工作人员（包括医务人员）凤毛麟角。而事实上，无形体感染在我国是非常普遍的，只是之前都被忽视了。传染病防控工作任重道远。

（五）有效控制新型冠状病毒肺炎疫情

1. 迅即应对突发疫情（2019 年 12 月 27 日至 2020 年 1 月 19 日）

2019 年 12 月 27 日，湖北省武汉市监测发现"不明原因"肺炎病例，随后，其他省份开始出现病例，全国累计确诊人数逐渐上升。在疫情发展早期，政府相关部门意识到疫情的严重性并采取了一系列干预措施，开展现场流行病学调查、大规模消杀、病原学检测等工作。中国医学科学院、中国疾病预防控制中心、中国科学院等研究单位，第一时间完成全基因组测序，并迅速分离到病毒。2020 年 1 月 8 日，国家卫生健康委专家评估组初步确认新型冠状病毒为疫情病原。中国及时向世界卫生组织和国际社会公布、分享了新型冠状病毒基因组序列、核酸检测引物探针序列，为全球开展新型冠状病毒肺炎疫情防控工作提供了基础支撑。2003 年 SARS 期间，中外科学家用了四个多月时间才分离鉴定出病毒。相比之下，利用宏基因组测序技术，新型冠状病毒的发现是创纪录的，说明我国科学家在发现和分离新病毒方面，已经达到了很高的水平。

2. 初步遏制疫情蔓延势头（2020 年 1 月 20 日至 2020 年 2 月 20 日）

截至 2020 年 1 月 30 日西藏首例输入性病例报告时，新型冠状病毒肺炎已蔓延至中国内地全部 31 个省份。2020 年 2 月 12 日，新增确诊病例数突增，这是由于湖北省卫生健康委将临床诊断写进诊断标准中，是为了使患者能被早发现、早隔离、早治疗。武汉发生疫情后全国各地根据防疫需求采取了有效的管控措施（图 2-5-12）。

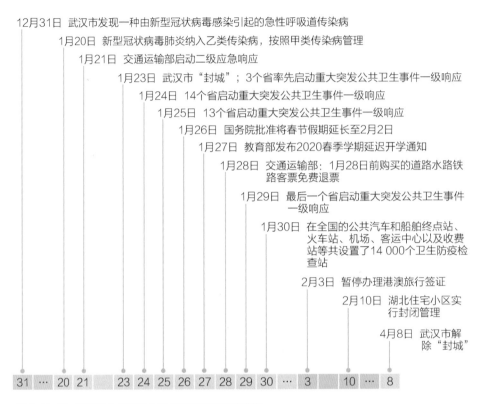

12月31日 武汉市发现一种由新型冠状病毒感染引起的急性呼吸道传染病
1月20日 新型冠状病毒肺炎纳入乙类传染病，按照甲类传染病管理
1月21日 交通运输部启动二级应急响应
1月23日 武汉市"封城"；3个省率先启动重大突发公共卫生事件一级响应
1月24日 14个省启动重大突发公共卫生事件一级响应
1月25日 13个省启动重大突发公共卫生事件一级响应
1月26日 国务院批准将春节假期延长至2月2日
1月27日 教育部发布2020春季学期延迟开学通知
1月28日 交通运输部：1月28日前购买的道路水路铁路客票免费退票
1月29日 最后一个省启动重大突发公共卫生事件一级响应
1月30日 在全国的公共汽车和船舶终点站、火车站、机场、客运中心以及收费站等共设置了14 000个卫生防疫检查站
2月3日 暂停办理港澳旅行签证
2月10日 湖北住宅小区实行封闭管理
4月8日 武汉市解除"封城"

31 … 20 21   23 24 25 26 27 28 29 30 … 3   10 … 8

图 2-5-12 武汉发生疫情后全国各地采取的管控措施

　　2020 年 1 月 20 日，国家卫生健康委将新型冠状病毒肺炎纳入乙类传染病，并采取甲类传染病的预防控制措施。同一天，国家卫生健康委高级别专家组在武汉考察后通报，新型冠状病毒肺炎存在人传人现象。2020 年 1 月 23 日起，武汉正式"封城"。为了应对新发病例的大幅度增加，在 14 天左右的时间内以惊人的效率建成火神山、雷神山医院，并于 2 月初投入使用。1 月 23 日起，中国民航局减少了到湖北省的航班数量。全国各省份相继启动重大突发公共卫生事件一级应急响应，政府还采取了许多其他强制措施限制人口流动，如禁止公众集会、关闭学校、鼓励远程工作，以及延长中国春节

假期。中国政府投入大量人力、资金，全力抓好医疗器械、药品及防护装备供应工作，全面实施医疗救治。

3. 本土新增病例数逐步下降，疫情趋于稳定（2020 年 2 月 21 日至 2020 年 8 月 31 日）

2020 年 3 月 6 日，全国新增本土病例数降至 100 例以下，3 月 11 日降至个位数。3 月 18 日，全国新增本土确诊病例首次实现零报告。随后，湖北连续多日新增确诊病例为零，武汉的疫情防控形势也发生积极变化，初步实现了疫情稳定局势。4 月 17 日，新增死亡病例数突增，这是由于湖北省武汉市对新型冠状病毒肺炎疫情数据进行了订正。截至 8 月 31 日，中国累计确诊新型冠状病毒肺炎患者 90 351 例，死亡 4 728 例。

2020 年 3 月 23 日，我国新型冠状病毒肺炎疫情防控工作领导小组召开会议，宣布以武汉为主战场的全国本土疫情传播基本阻断。中国疫情防控形势发生积极向好变化，初步实现了遏制疫情的稳定局势，取得了阶段性胜利。

4. 建立超大规模的病毒检测能力，及时发现传染源，阻断传播链，预防大规模疫情发生

自 2020 年 6 月起，中国疫情整体上处于低流行状态，但是面临着点源性（如以污染的冷冻食品为媒介的疫情）小规模暴发和境外输入风险，如北京新发地疫情、新疆喀什疫情、大连疫情、瑞丽疫情等。境外输入风险严重，无症状感染者传播病毒常见，发生大规模疫情的风险仍然存在。

大规模核酸检测是落实早发现、早隔离、早治疗措施的有效手段，遏制病毒在人群中扩散的重要保障技术之一。国家建立了新型冠状病毒肺炎病毒检测网络实验室，一些城市检测新型冠状病毒的能力可达到每天 100 万人份。

国家建立了检测力量的机动部队，可随时派到急需的地方。一旦有疫情风险，可立即开展大规模检测工作，主动发现无症状感染者，控制传染源，确保不发生大规模新型冠状病毒肺炎疫情。总体衡量，这是最经济有效的疫情防控手段。

国家最早在武汉地区启动大规模核酸检测工作，涉及1 000多万人口，检测结果消除了疫情是否得到充分控制的疑虑。北京新发地疫情发生后，北京市立即启动了大规模核酸检测工作，对快速遏制疫情发挥了重要作用。在6月11日至7月14日期间，全市累计采样1 190万人次，累计检测1 188万人次，检测人数超过北京常住人口的一半。

喀什疫情发生后，立即开展大规模核酸检测工作，发现了一批无症状感染者。地方政府立即采取措施，很快控制了疫情。2021年初的石家庄疫情，也是依靠大规模核酸检测发现了潜在的流行风险。政府迅速采取措施，阻止了疫情蔓延。

从最初关闭离汉通道，到如今几乎没有新增病例，这是因为我国采取了最严格的措施。自疫情发生以来，中国举国上下一直将防控疫情、保卫人民生命安全作为全党全国的第一要务。中国采取了认真负责任的积极措施，甚至不惜一切代价，严防严控，将疫情控制在最小范围内。而有些国家和地区对待疫情非常不严肃，不采取严格管控措施，疫情就难以得到控制，截至目前的全球确诊病例数据已证实了这一点，不少西方国家中央政府与地方政府、官员与民众之间矛盾重重，各自为政，造成了严重的抗疫不利和疫情恶化的后果。

中国应对新型冠状病毒肺炎疫情的经验可以概括为：第一，中国共产党领导是应对重大疫情的中流砥柱；第二，人民至上、生命至上是应对重大疫情的根本遵循；第三，大力协同是应对重大疫情的根本保障；第四，科学技术是应对重大疫情的利器；第五，法治和德治相结合是应对重大疫情的有效手段。

（六）科技创新助推重点寄生虫病控制和消除进程

1. 阻断淋巴丝虫病

淋巴丝虫病是丝虫在体内造成淋巴系统回流障碍所导致的疾病，WHO将其列为致残的第二大病因，全球感染人数为1.2亿。我国原是淋巴丝虫病流行严重的国家之一，防治前，在16个省（自治区、直辖市）的864个市、县共有淋巴丝虫病患者3 099.4万人，受感染威胁人口达3.3亿。为阻断淋巴丝虫病在我国的传播，在不同防治阶段，广大科技工作者和防治人员联合开展了防治策略和技术措施的科研工作。

20世纪60年代初，我国著名寄生虫学家冯兰洲教授提出：丝虫病的生物学与其他昆虫传染病很不相同，微丝蚴在蚊体内只发育而不繁殖。我国没有发现有其他动物作为班氏丝虫和马来丝虫的贮存宿主，加之，乙胺嗪对丝虫微丝蚴和成虫都有很好的杀灭作用，因此，只要使用有效药物乙胺嗪进行彻底治疗，消灭传染源，切断丝虫病传播的主要环节，就可以达到消除丝虫病的目的。近十年对消灭传染源措施和消灭传染源结合防制蚊媒的综合措施在现场进行比较的研究结果证实，采取消灭传染源措施与综合措施的防治效果相近，且可大大节省防治工作的投入。至20世纪70年代逐步确立了以消灭传染源为主导的丝虫病防治策略，这一策略为WHO全球消除淋巴丝虫病的策略转变提供了重要依据。

20世纪70年代初，根据服微量乙胺嗪治疗微丝蚴血症者的观察结果，并参照国外试用乙胺嗪药盐防治丝虫病的报道，经过防治试点应用并细致观察其安全性后，认为服乙胺嗪药盐安全有效，居民依从性较好。特别是在班氏丝虫病中、高度流行区，因为所需乙胺嗪剂量较大，疗程较长，群众依从性较差。因而，乙胺嗪药盐普服防治丝虫病方案，很快取代了对象治疗和群体服药，在全国迅速推广，成为一项主要的防治技术措施。该项技术措施及在我国取得的防治成果于 1994 年在 WHO 召开的防治淋巴丝虫病新策略研讨会上被介绍，得到了较高评价。

20 世纪 80 年代初，中国科学家们针对丝虫病是否能被消除，开展了丝虫病防治后期传播规律的研究，即低密度微丝蚴血症者的传播作用和丝虫病传播阈值的研究。研究结果证实，防治后期低密度微丝蚴血症者虽然可作为蚊媒感染源，但在丝虫病传播上已无实际意义；在班氏丝虫病流行区人群微丝蚴检出率≤1.71%，马来丝虫病流行区人群微丝蚴检出率≤1.55%，残存微丝蚴血症者末梢血微丝蚴平均密度大多小于 10 条 /60μl 的条件下，人群微丝蚴检出率和蚊媒幼丝虫自然感染率逐年下降，丝虫病的传播已被阻断。该研究证实，我国制定的以行政村为单位人群微丝蚴检出率降至 1% 以下的标准，已经达到了阻断丝虫病传播的水平。经过多年的监测，包括横向监测、纵向监测及流动人口监测，至 2005 年 16 个流行省（自治区、直辖市）基本消除丝虫病后横向监测累计血检 3 315.42 万人，解剖蚊媒 471 万只。结果显示，人群微丝蚴检出率和蚊媒幼丝虫感染率均呈逐年下降的趋势，直至为零。在全国 82 个纵向监测点的监测结果证实，流行区内残存的微丝蚴血症者在 10 年内可陆续转阴，未再发现新发感染者。流动人口监测共血检 36.35 万人，检出的微丝蚴血症者逐年减少，1993 年后未发现微丝蚴血症者。监测结果充分显示了阈值研究理论对消除丝虫病的指导意义。

纵观阻断淋巴丝虫病的科研过程，广大科技工作者以防治工作中的关键性技术问题为切入点，针对丝虫病传播与流行的重要环节，以丝虫病的病原学、流行病学及媒介生物学研究为基础，开展科学研究，取得了一系列有理论价值和实际指导意义的成果：确立了以控制传染源为主导的防治策略，制定了普服乙胺嗪药盐的防治方案，提出了阻断丝虫病传播的指征，建立了纵向和横向相结合的主动监测系统，制定了阻断传播和消除丝虫病的标准和技术指标。相关研究成果从理论和实践上促进了全球消灭丝虫病工作的开展。我国成功实现消除淋巴丝虫病的目标，这不仅是我国疾病控制的一项重大成就，也为全球消灭淋巴丝虫病的可行性提供了范例。

2. 控制血吸虫病

血吸虫病是严重威胁我国人民身体健康和阻碍社会经济发展的重大传染病。血吸虫病在我国流行时间长，流行范围广，危害严重。经过多年的防治，我国血吸虫病防控工作已取得了显著成效。截至 2019 年底，全国 12 个血吸虫病流行省（自治区、直辖市）中，上海、浙江、福建、广西、广东 5 省（自治区、直辖市）继续巩固血吸虫病消除标准，四川省维持血吸虫病传播阻断标准，江苏省于 2019 年达到传播阻断标准，云南、湖北、安徽、江西及湖南达到传播控制标准。全国 450 个流行县（市、区）中，301 个（66.89%）达到消除标准，128 个（28.44%）达到传播阻断标准，21 个（4.67%）达到传播控制标准，我国血吸虫病疫情已降至历史最低水平。在不同防治阶段，科技创新贯穿于我国血吸虫病防治工作的全过程，临床诊治、实验室检测、防治策略等都离不开科技创新。

在血吸虫病临床救治方面，从开始研究酒石酸锑钾对血吸虫病的治疗效果和毒性，到 20 世纪 80 年代引进了国外的吡喹酮，并合作攻关较短时间内完成了自己合成、自己生产吡喹酮的任务，完成了临床试验和现场推广应用，为血吸虫病的群体化疗和临床救治提供了安全有效的治疗药物，水网型和部分山丘型血吸虫病流行区于 20 世纪末消除了该病的危害。

在血吸虫病诊断方面，从沿用经典的病原学诊断技术到发展血吸虫毛蚴动态自动识别系统提高了病原学检测的效率；抗微粒体抗体（IHA）、ELISA、快速试纸条等多种免疫学诊断技术的相继问世，为在血吸虫病流行区实现大样本筛查提供了简便、快捷的诊断工具。

在血吸虫病传播媒介钉螺控制方面，通过遥感技术应用于钉螺滋生地环境的监测达到准确获取环境因素数据，从而实现预测血吸虫病分布的目标；利用现代生物学技术研发出环介导等温扩增技术（LAMP）、重组酶介导的等温扩增技术等感染性钉螺筛查技术，达到快速甄别血吸虫病传播风险区域的目的。在灭螺控制方面，我国所研制的 4% 氯硝柳胺乙醇胺盐粉剂及喷粉灭螺技术解决了缺水地区药物灭螺的难题；机械化清障自动投药灭螺一体机提高了江滩药物灭螺效率；目前还有低毒、高效的化学合成药、植物灭螺药物等正在研发。随着信息技术等被引入到血吸虫病防控工作中，目前已建成大型监测数据库支持下的时空模型预警技术防治信息管理平台，部分流行省实现了全省血吸虫病防治信息网络化，极大提升了血吸虫病的疫情监测与应急响应能力。

在不同阶段的防治策略方面，根据血吸虫病流行规律、不同历史时期的社会经济发展状况及科学技术发展水平，我国制定了相应的血吸虫病防治策略，包括 1960—1970 年的以消灭钉螺为主的综合性防治策略、1980 年以后的以人畜化疗为主的综合性防治策略，这些策略对控制血吸虫病发挥了重要作用。尤其是 WHO 于 1984 年提出了以化疗为主的疾病控制策略后，我国连续 10 年实施了世界银行贷款血吸虫病防治项目，大规模采用了以人畜化疗为主的综合性防治策略，对降低发病率、控制血吸虫病流行起到了重要作用。2000 年以后，针对我国血吸虫病湖沼型流行区尚无有效的防治策略且人畜再感染严重的问题，提出了"以传染源控制为主的血吸虫病综合防治策略"，为推动我国血吸虫病从疫情控制到实现传播控制，进而阻断传播提供了基本策略。

现代科技不断融入血吸虫病防、诊、治中，有力地推动了我国血吸虫病控制和消除进程，科技创新为我国阻断血吸虫病传播、最终如期实现消除血吸虫病的目标提供了有效的技术支撑。

3. 消除疟疾

我国各级科研机构开展了一系列针对疟疾防治或消除技术的实验室和现场研究，并应用于我国疟疾控制与消除的过程中，为我国顺利控制疟疾流行和实现消除疟疾目标提供了科学依据和技术保障。

在疟疾控制阶段，主要围绕疟疾病原生物学研究、媒介生物学研究、抗疟药创新研究、防治对策与防治技术研究等，其中在抗疟药创新研究等方面取得了巨大的成就和国际影响。1967 年 5 月 23 日，国家科学技术委员会和人民解放军总后勤部启动"疟疾防治药物研究工作协作"项目（即"523"项目），最终在 1975 年成功研制出疟疾的特效治疗药——青蒿素类药物，为中国乃至全球在疟疾控制阶段降低疟疾死亡率作出了巨大贡献，屠呦呦也因为在提取青蒿素过程中的突出贡献获得了 2015 年的诺贝尔生理学或医学奖。此外，及时凝练总结疟疾现场防治经验，完成并出版《疟疾防治手册》《中国的疟疾控制与消除》《中国消除疟疾路径分析报告》《中国嗜人按蚊生物学与防制》《输入性疟疾的诊治与管理》《中国高传播区疟疾控制资料汇编》《中国疟疾的防治与研究》等书籍。

自 2010 年启动消除疟疾行动计划以来，发表有关消除疟疾策略措施制定及调整、疟疾病原检测方法学、媒介生物学及媒介控制方法、抗疟药物及杀虫剂敏感性监测等论文 800 余篇。相关研究技术和成果为《疟疾控制和消除标准》（GB 26345—2010）、《疟疾的诊断》（WS 259—2015）、《抗疟药使用规范》（WS/T 485—2016）、《疟原虫检测 血涂片镜检法》（WS/T 569—2017）等多项国家和卫生行业标准的制定提供了技术支撑，为中国顺利实现消除疟疾目标提供了直接或间接的科学参考。

消除疟疾过程中凝练总结的"1-3-7"消除疟疾监测与响应策略不仅成为中国消除疟疾技术规范，也被 WHO 所采纳，写入全球消除疟疾技术指南中，在全球多个国家和地区进行推广应用，为加速全球消除疟疾进程作出了积极贡献。

4. 推动土源性线虫病防控

土源性线虫病在我国的流行由来已久，主要包括钩虫病、蛔虫病、鞭虫病等，严重危害人体健康，尤其危害儿童生长发育，可导致营养不良，甚至发育障碍。土源性线虫在全球导致的疾病负担达 338 万伤残调整寿命年（DALYs），在我国推算感染人数达 2 912 万，其中钩虫、蛔虫及鞭虫的感染人数分别为 1 697 万、883 万及 660 万。土源性线虫病的防控依赖于有效的检测方法、治疗药物、现场防控策略等。

土源性线虫检测目前主要依赖于传统的改良加藤厚涂片法，该方法在历史上曾起到了关键的作用。但是，随着土源性线虫病感染率和感染度的降低，该方法的漏检率大大增加，亟须开发敏感、特异性高且操作简便的检测方法。目前已有研究探索免疫学和分子生物学的检测方法，希望可以用于土源性线虫病的现场检测，推动土源性线虫病防控工作的开展。

土源性线虫病的药物治疗主要采用阿苯达唑等广谱治疗药物。但是钩虫病对于这些药物的敏感性欠佳，且长期大量使用已经使土源性线虫开始产生抗药性。中国疾病预防控制中心寄生虫病所自主研制合成的新药三苯双脒，于 2004 年获得国家一类新药证书，该药物对于钩虫病治疗的效果较优，且多种驱虫药物的使用在一定程度上减缓了抗药性的产生，将有力促进钩虫病等土源性线虫病防控工作。

在防治策略研究方面，2006—2009 年卫生部在全国 8 省（自治区）设立了 8 个土源性线虫病综合防治示范区，用于探索科学有效的土源性线虫病防治策略。经过 3 年的努力，各示范区人群感染率下降率达 75% 以上，探索出了"以健康教育为先导、以传染源控制为主"的综合防治策略与"四改一驱虫"（改水、改厕、改善环境、改变行为及药物驱虫）的防治措施，并写入《2006—2015 年全国重点寄生虫病防治规划》推广实施，为推动全国土源性线虫病控制工作提供了基本策略。

2019 年开始，我国在 9 省（自治区、直辖市）的 12 个县（市）设置了土源性线虫病防治项目试点，借助系统动力学方法，阐明整个疾病传播系统及其防控措施实施的复杂过程，综合多源数据及多方法进行研究，构建干预机制模型，用于钩虫病等土源性线虫病影响因素及防治策略的探讨，将更加全面、精确地掌握土源性线虫病各影响和干预因素的作用，从而更有效地指导土源性线虫病的现场干预工作。

经过近 70 年的防控，我国土源性线虫病防控工作取得了举世瞩目的成就，土源性线虫感染率已由第一次寄生虫调查的 53.58% 下降至第三次寄生虫调查的 4.49%，在实现《全国包虫病等重点寄生虫病防治规划（2016—2020

年）》目标的同时，将推进我国土源性线虫病防治工作进入传播控制与阻断阶段。新时期更需要诊断、药物及防控策略方面的科技创新成果来支撑土源性线虫病的消除工作。

（七）我国主要慢性病及其危险因素流行病学调查

随着社会经济的发展、生活水平的提高，以及工业化、城镇化和人口老龄化的加快，我国人群的疾病谱和死因谱发生了很大变化，以心脑血管疾病（如心肌梗死、脑卒中等）、糖尿病、慢性呼吸系统疾病（如慢性阻塞性肺疾病）、慢性肾脏病等为主的慢性非传染性疾病成为了我国居民生命和健康的最大威胁。慢性病病因复杂、病程长，需要长期甚至终身治疗和康复，给个体、家庭及社会带来了沉重的疾病负担，严重影响着我国经济的发展。新中国成立以来，党和政府、专业机构及社会逐渐重视慢性病防控工作，针对心血管代谢疾病、呼吸系统疾病、慢性肾病等开展了一系列较大规模的流行病学调查工作，为掌握我国慢性病流行趋势、制定不同时期慢性病防治方针和策略提供了关键依据，极大推动了我国慢性病的防治工作。

1. 全国高血压流行病学调查

1958—1959 年，中国医学科学院牵头协调我国 11 个省市开展了第一次高血压患病率调查，首次报道我国成年人高血压粗患病率为 5.1%。20 世纪 70 年代后期，随着改革开放和与国际同行的交流，心血管流行病学得以迅速发展。1979—1980 年，由中国医学科学院阜外医院吴英恺教授牵头组织了第二次全国高血压调查。在全国 29 个省市针对 400 万名 15 岁及以上的城乡居民开展调查，得到我国高血压患病率为 7.73%，首次估算我国高血压患者达 5 000 万以上。

1991—1992 年，由中国医学科学院阜外医院陶寿淇教授和吴锡桂教授牵头开展了第三次全国高血压调查，在 30 个省市共调查 95 万人，高血压患病率为 13.6%，估算全国高血压患者 9 000 万（图 2-5-13）。此次调查组织方案更为完善，使用 WHO 统一标准，对各中心调查人员进行统一培训，研究结果为我国高血压防治和国际性对比研究提供了宝贵的资料。2002 年，中国疾病预防控制中心牵头组织开

图 2-5-13　1991 年全国高血压调查会议

展中国居民营养与健康状况调查（包括第四次高血压人群调查），共调查 15 岁及以上人群 19.6 万人，高血压患病率为 17.7%，估算全国高血压患者 1.6 亿。2012—2015 年，在"十二五"国家科技支撑计划项目的支持下，中国医学科学院阜外医院牵头开展了第五次全国高血压调查，在全国 31 个省市调查了约 45 万人，结果显示我国 18 岁以上居民高血压患病率达 27.9%，估算我国现有高血压患者达 2.4 亿。以上一系列的高血压抽样调查明确了我国不同阶段高血压的患病率、治疗率、控制率及影响因素状况，为高血压主要防控政策的制订奠定了基础。

2. 心血管疾病及其危险因素调查和流行趋势研究

从 20 世纪 80 年代开始，中国医学科学院阜外医院、首都医科大学附属北京安贞医院、北京天坛医院神经外科研究所等单位分别牵头建立了覆盖全国的心脑血管流行病学协作网络，开展了多项大规模心脑血管疾病及其危险因素的多中心队列研究和人群干预研究。根据这些资料追踪心血管病及其影

响因素的动态变化趋势，为制订防控政策提供了可靠资料。关于这一领域，我国早期开展的重要研究主要有四项：中美心血管病和心肺疾病流行病学合作研究（简称"中美研究"）、中国多省市心血管病人群监测研究（简称"中国 MONICA 方案"）、中国六城市居民神经系统疾病的流行病学调查、中国高血压流行病学随访研究。

中美研究是由中国医学科学院阜外医院陶寿淇教授牵头，与广东省心血管病研究所共同承担，于 1981 年开始，采用国际标准化方法进行心血管病及其危险因素横断面和前瞻性随访研究，试图发现和验证我国南方和北方心血管病发病强度是否存在差异及可能的影响因素。在中美研究的基础上，陶寿淇教授于 1982 年又牵头组织了中国心血管病流行病学多中心协作研究，即早期的 10 组人群研究，几代人坚持多中心长期协作，率先揭示了我国心血管病发病及危险因素流行状况，为心血管病防治提供了极其宝贵的数据资料。

中国 MONICA 方案由北京市心肺血管疾病研究所牵头组织，是在 WHO 开展的"心血管病趋势及其决定因素的监测"计划（monitoring of trends and determinants in cardiovascular diseases，MONICA）的基础上，在我国 16 省市 500 余万人群中开展冠心病和脑卒中发病、死亡及危险因素水平的长期监测。项目于 1984 年正式启动，采用 WHO 的 MONICA 方案标准和方法，于 1993 年底结束（图 2-5-14）。该研究取得了我国多省市人群心血管病发病率、死亡率、病死率

图 2-5-14　1987 年吴英恺组织中国多省市开展心血管病人群监测研究（中国 MONICA 方案）

及危险因素水平长期变化趋势的可靠数据，具有较高的国际可比性。

1983 年，由北京市神经外科研究所牵头，联合国内多家单位共同协作，组织完成了首个以社区为基础的中国六城市（长沙、成都、哈尔滨、广州、银川、上海）居民神经系统疾病流行病学研究，从约 94 万居民中随机抽取 6.5 万人进行调查。"十二五"期间，由全国脑血管病防治研究办公室和北京市神经外科研究所牵头，在全国 31 个省市完成了 60 万人脑血管病流行病学调查，明确了我国脑卒中患病和发病状况，为我国不同时期脑血管病防控提供了科学依据。

为了解我国心血管疾病致病因素和流行趋势，以及疾病谱和死因转归情况，中国医学科学院阜外医院顾东风教授于 1997 年主持开展了"中国高血压流行病学随访研究"，对 1991 年全国高血压抽样调查中年龄在 40 岁及以上的对象进行了随访调查，历时 4 年共随访了 17 个省市近 18 万人。该项前瞻性队列研究，进一步证实了我国疾病谱已经改变，阐明了主要死因及高血压、肥胖、吸烟等重要影响因素，提出了相关防治对策。此后又整合多项队列资源牵头组织开展了覆盖我国 15 个省市的超过 12 万人的大型前瞻性队列研究"中国动脉粥样硬化性心血管疾病风险预测研究"（prediction for atherosclerotic cardiovascular disease risk in China，China-PAR），随访至今最长达 28 年，系统解析了我国居民心血管疾病重要环境、生活方式、膳食、遗传等危险因素的作用。相应成果发表在 *The New England Journal of Medicine*（《新英格兰医学杂志》）、JAMA（《美国医学会刊》）、*The Lancet*（《柳叶刀》）等国际权威杂志，研究成果形成了多项心血管疾病防治指南、政府疾病防控报告，制定出了适宜国人的防治策略，推动了我国心脑血管疾病的防治工作，并于 2008 年获得国家科学技术进步奖二等奖。

3. 全国性糖尿病流行病学调查

1980 年由上海第一医学院附属华山医院牵头，首次在国内 14 个省市开展 30 万人的糖尿病患病率调查，开创了中国糖尿病领域流行病学调查的先河，结果显示全国糖尿病患病率为 0.67%。1994 年糖尿病防治协作组开展了全国 19 省市 21 万人的流行病学调查，结果显示 25 ～ 64 岁人群糖尿病患病率为 2.28%。2002 年中国疾病预防控制中心开展的居民营养与健康状况调查显示，在 18 岁以上的人群中，城市人口的糖尿病患病率为 4.5%，农村为 1.8%。2007—2010 年，两项大规模流行病学调查显示，我国成年人糖尿病患病率均为 9.7%。2013 年我国慢性病及其危险因素监测显示，18 岁及以上人群糖尿病患病率为 10.4%。这些全国性调查结果表明，短短 30 年间，我国糖尿病患病率增长了将近 15 倍，为我国糖尿病防控提供了关键依据，相应成果发表在 The New England Journal of Medicine（《新英格兰医学杂志》）、JAMA（《美国医学会会刊》）等国际权威期刊。

4. 我国呼吸系统疾病的流行病学调查

慢性阻塞性肺疾病和支气管哮喘是全球常见的慢性呼吸系统疾病，而我国长期以来缺乏全国代表性的相关流行病学调查数据。2012—2015 年，由中日友好医院、国家呼吸系统疾病临床医学研究中心王辰院士牵头，组织全国 13 家单位联合开展中国成年人肺部健康研究，采用多阶段分层整群随机抽样方法，对具有全国代表性的 10 个省市 20 岁及以上城乡居民共 5 万人，进行了现场调查和肺功能检查。结果显示，我国 20 岁及以上人群慢性阻塞性肺疾病患病率为 8.6%，总患病人数约 1 亿；哮喘患病率为 4.2%，总患病人数达 4 570 万。同时发现吸烟、空气污染是慢性阻塞性肺疾病和哮喘患病的主要危险因素，相应成果发表在 *The Lancet*（《柳叶刀》）杂志上。研究结果显示，我国慢性阻塞性肺疾病流行状况不容忽视，亟须采取综合性防控策略以降低慢性阻塞性肺疾病对人群健康的影响。

5. 中国慢性肾脏病流行病学调查

慢性肾脏病也是危害严重的常见慢性疾病。2007—2010 年北京大学第一医院王海燕教授牵头开展的"中国慢性肾脏病流行病学调查"，首次在全国 13 个省市对 5 万名 18 岁以上成年人进行了慢性肾脏病调查。结果显示，我国成年人慢性肾脏病的患病率为 10.8%，据此估计我国现有成年慢性肾脏病患者 1.2 亿，而慢性肾脏病的知晓率仅为 12.5%，提示我国拥有庞大的慢性肾脏病患者人群，成果发表在 *The Lancet*（《柳叶刀》）杂志上。

（八）创立中国特色的慢性病防治模式和工具

随着我国医疗卫生条件的改善和预防接种的普及，以及我国工业化和老龄化进程的加快，我国疾病谱发生了重要变化，疾病死亡主要原因由传染病转变为慢性非传染性疾病。从 1982 年起，心脑血管疾病已经成为我国居民的首位死因。其中，未经年龄调整的心脑血管疾病死亡率由 1990 年的 187.58/10 万上升到了 2017 年的 309.95/10 万，且上升趋势仍在持续。自 20 世纪 60 年代始，尤其在改革开放后的二十世纪八九十年代，我国有关医院和科研防治机构开始探索符合中国国情的心脑血管疾病和代谢疾病的防治模式，并开展了人群推广应用。

1. 中国心脑血管疾病防治经典——首钢模式

1968 年，由中国医学科学院阜外医院吴英恺、刘力生、吴锡桂等在北京市石景山区首钢总公司建立了我国第一个慢性病防治网络和人群防治基地。"八五"至"十五"期间，应用全人群策略和高危人群策略相结合的干预方案，采用专家帮扶、基层管理、职工自防的管理模式，针对 10 余万职工，开展持续监测和管理工作，探索出一套比较科学、切实可行的慢性病综合防控"首钢模式"（图 2-5-15、图 2-5-16）。2006 年，"首钢总公司人群心血管病 24 年干预效果评价"结果显示，依据人群调查识别危险因素并开展针对性的卫生宣教和健康促进，有助于提高职工自我防病的意识和技能；以减盐为重点的合理膳食结构的推广，有助于加强对高血压患者的管理；通过戒烟、限酒等生活方式干预可以降低心血管疾病的发病风险，提

图 2-5-15 团队在首钢工作现场进行科普并送药

高生活质量及改善疾病预后，而筛查治疗高血压患者，长期随访管理能有效提高人群高血压治疗率和控制率，实质性降低脑卒中的发病率和死亡率。

图 2-5-16 团队在首钢食堂开展减盐干预工作

中国医学科学院阜外医院 1968 年始至 2000 年 30 多年的三代科研人员，与首钢人携手，查、防、治、研、管相结合，创立了中国人群心血管病社区防治的"首钢模式"。"首钢模式"的基本内涵包括以下 5 个方面：坚持科研与基层疾病防控结合，坚持科研为生产服务；重点研究高血压、冠心病、脑卒中等心血管病的危险因素及变化趋势；根据首钢人群的特点，吸收国际经验和技术，开发有针对性的心血管病防治方案；强调科研质量，并为首钢社区培养出了一支高水平的防治队伍。1994 年，WHO 将"首钢模式"誉为中国人群社区防治心血管病的典型，并向全球推广这一模式的经验。

2. 中国糖尿病防治的里程碑——大庆糖尿病预防研究

20 世纪 80 年代初，糖尿病对我国人群健康的威胁尚不十分明显。随着我国经济的快速发展和生活方式现代化的加剧，我国糖尿病呈现逐渐增加的趋势。1986 年，为了明确有效控制糖尿病发展趋势的方法，时任中日友好医院内分泌科主任的潘孝仁教授与我国著名心脏病学家吴英恺教授、从事高血压流行病学研究的大庆油田总医院胡英华教授合作，启动了大庆糖尿病预防研究，简称"大庆研究"。当时大庆生活条件好，经济水平相对较高，因此肥胖者较多，糖尿病发病率也明显高于其他地区，且人口流动性较小、公费医疗覆盖率高、卫生人员充足，是开展防治策略研究和效果评价的理想地点。研究团队与当地 33 家诊疗单位共同对 110 660 人进行筛查，最终筛查出 577 位糖耐量受损患者，平均年龄为 46.6 岁。这些患者被随机分为饮食干预组、运动干预组、饮食加运动干预组及对照组。

大庆研究的生活方式干预效果在世界上首次证明，通过简单的生活方式干预即可显著降低糖尿病的发生率，不同干预方式降低幅度达到 30% ～ 50%。进一步随访发现，经过生活方式干预的糖耐量异常患者发生糖尿病的风险明显降低，在随访 20 年间减少了 43%；干预组人群发生糖尿病的时间平均推迟了 3.6 年，心血管病死亡率和全因死亡率分别降低了 34% 和 19%。2016 年，大庆研究随访 30 年的结果显示，生活方式干预能够长期持久地减少糖尿病和心血管疾病的发生率，对高危人群的早期干预意义重大。相关研究成果在 The Lancet（《柳叶刀》）杂志上发表。大庆研究吸引了国内外专家前往大庆交流学习（图 2-5-17）。

图 2-5-17　国内外专家到达大庆

3. 心脑血管疾病科研成果的人群转化应用——心脑血管疾病风险评估和管理

在心脑血管疾病的防治实践中，高危人群筛查是开展个性化干预和管理的基础，而风险评估是识别高危人群的最有效手段。欧美国家在 20 世纪 70 年代开始探索心血管疾病风险预测模型。1983 年，中国医学科学院吴锡桂、蔡如升、陶寿淇等利用首钢队列，首次尝试预测冠心病发病风险。2004 年，首都医科大学附属安贞医院刘静教授等发现美国的弗拉明翰冠心病预测模型明显高估了中国人群的冠心病发病风险。此后中国医学科学院阜外医院武阳丰教授等探索开发了中国人群缺血性心血管病的 10 年风险预测模型及评估量表。

随着居民生活方式、心血管疾病危险因素的不断变化，心血管疾病风险评估模型也需要不断更新。2016—2018 年，中国医学科学院阜外医院顾东风教授牵头利用涵盖全国 15 个省市的 12 万队列人群，随访长达 25 年，开发了适用于中国人群心脑血管疾病（冠心病和脑卒中）的 10 年风险和终身风险预测模型。该预测模型得到多个队列数据的独立验证，具有较好的准确性和应用价值，被国际权威机构建议作为亚洲人群心血管疾病风险评估的使用工具，基于该研究成果形成了《中国心血管病风险评估和管理指南》，开发了简便易行的风险评估网站（www.cvdrisk.com.cn）和手机应用程序（名称为"心脑血管风险"），免费对公众开放使用。风险预测模型的开发和推广应用促进了我国心血管疾病防治和居民主动健康观念的形成。

4. 脑卒中防治工程

脑卒中是我国人群单病种死亡人数最多的疾病。2011 年 4 月，国家卫生部正式成立脑卒中防治工程委员会，建立覆盖全国的脑卒中防治工作体系。2016 年，国家卫生和计划生育委员会出台了《脑卒中综合防治方案》，要求加强脑卒中防治体系建设，实施脑卒中综合防控策略和措施，开展脑卒中高危人群筛查和干预，推动疾病治疗向健康管理转变。在王陇德院士的牵头组织下，各省（自治区、直辖市）相应成立了脑卒中防治工程委员会，组织医疗机构、急救单位等开展"防治管康"一体化的区域脑卒中防治工作体系

图 2-5-18 脑卒中筛查和防控工程启动会

（图 2-5-18）。截至 2019 年，由 327 家脑卒中筛查与防治基地、1 000 余家二级医疗机构及 2 700 余家社区乡镇基层医疗机构初步构建了国家一级脑卒中筛查与防治网络体系。在全国范围针对 40 岁以上常住居民使用结构化的面对面调查问卷开展脑卒中高危人群的筛查和干预工作。其中，971.6 万人接受了免费的脑卒中高危因素筛查和综合干预，检出高危人群 171.3 万，检出率 17.6%；并以此为基础，建立并完善了脑卒中高危人群筛查的门诊数据库、住院数据库、社区数据库及乡镇卫生院数据库四个数据库，形成了中国卒中数据中心。为了规范医疗机构的工作流程，整合资源、高效救治，降低了卒中的死亡率、致残率，改善了患者的预后，减少了治疗费用。2015 年，国家卫生和计划生育委员会正式在全国范围内启动中国卒中中心建设工作。截至 2019 年，共建设完成 30 家示范高级卒中中心、350 家高级卒中中心及 170 家防治卒中中心，为建立脑卒中急救"1 小时黄金救治圈"奠定了坚实的基础。脑卒中防治工程极大地提升了全国脑卒中防治管理能力和技术能力，推动了我国脑卒中防治工作的发展。

（九）肿瘤高发区防治和全国肿瘤登记

肿瘤是我国居民的主要死因之一。2018 年肿瘤登记年报显示中国恶性肿瘤年新发病例数为 392.9 万，肿瘤死亡人数为 233.8 万。我国肿瘤防控自

20 世纪 50 年代起步至今，已经走过 70 余年，形成了一套符合中国特色的肿瘤防控体系，产生了一系列防治研究成果，为我国及全球肿瘤防控提供了关键证据和指导。

1. 我国肿瘤高发区防治点建设

1973—1975 年，我国启动了第一次全国死因回顾性调查，基本摸清了我国恶性肿瘤的死亡水平和地区分布，发现了多个恶性肿瘤高发现场。多为农村贫困地区，卫生资源匮乏，高发的恶性肿瘤包括胃癌、食管癌、肝癌、大肠癌、肺癌等。党和政府高度重视，以这些高发现场为基础，先后建立恶性肿瘤高发现场多达 50 余处。高发现场建立后，各级政府从人员、财政、软硬件多层面给予支持，国家专业机构大力扶持，在肿瘤登记、流行病学调查、病因探索，直至筛查、早诊早治等二级预防领域开展人群综合防治工作，并在专业防治机构的建立等方面开展了大量工作。逐步形成了河南林县肿瘤防治、江苏启东肝癌早期诊断和免疫预防、广西梧州及苍梧鼻咽癌早诊早治、江西静安宫颈癌筛查及早诊早治、云南宣威肺癌病因及预防研究等诸多具有中国特色且被国际同行广泛认可的肿瘤防治模式。更为重要的是，基层综合防治工作的开展带动了防治机构和网络建设，培养了基层肿瘤防治的专业队伍，为开展恶性肿瘤防治工作奠定了基础。

林县肿瘤防治是我国具有特色的肿瘤高发区现场防治点的典范。1957 年，河南林县食管癌高发问题引起了政府的高度关注，在周恩来总理的亲切关怀下，中国医学科学院肿瘤医院院长李冰赴林县调查食管癌的发病情况。随后林县启动了食管癌登记工作，成为我国第一个农村肿瘤登记点。1969 年，周总理作出了"对肿瘤研究根治办法"的指示，此后由北京多家医院组成的北京医疗队陆续进驻林县，开始了轰轰烈烈的肿瘤基础研究和肿瘤现场综合防治工作，并在林县建立了我国第一批肿瘤防控基层专业队伍。

林县高发现场的食管癌综合防治研究工作主要包括以下几个方面：首先，建立了县、乡、村三级防癌网，开展了食管癌发病、死亡登记报告工作，这是我国建立的第一个农村恶性肿瘤登记报告机构，并创建了"政府主导、专家引路及群众参与"的防癌模式，促进了现场恶性肿瘤防治研究工作的进展。其次，广泛开展食管癌流行病学和病因学调查研究，调查人员以林县姚村两个大队作为试点，调查人员发现过去该地区食管癌发病呈现"北高南低"的分布规律，随后，进一步扩大调查范围至林县、安阳及华北三省一市的5 000万人口，揭开了我国第一次恶性肿瘤死因调查工作的序幕。专家队伍在高发区内开展亚硝胺、真菌及其毒素、微量元素、遗传因素、生活方式等食管癌病因学研究，提出了"防霉、去胺、治增生、施钼肥、改变不良生活习惯"5项防癌措施。最后，不断发展和改进食管癌早诊早治技术。20世纪60年代，食管癌脱落细胞拉网采样器首次在林县高发现场使用，开创了食管癌早期诊断的新纪元，开展了高危人群普查，发现了大量早期癌症。20世纪80年代，食管内镜下碘染色及指示性活检早诊早治技术在林县研究、发展并在全国推广应用，推动了食管癌临床综合治疗策略的发展。

2. 全国肿瘤登记建设

我国最早的肿瘤登记点于1959年建立于河南林县。1963年，上海市在我国城市地区开展肿瘤发病与死亡登记工作，上海市肿瘤登记也是最早被国际癌症登记协会（International Agency for Research on Cancer，IARC）《五大洲癌症发病率》收录的登记处之一。1969年，根据周恩来总理的指示，全国肿瘤防治研究办公室成立，统筹规划和领导全国肿瘤防治工作。我国第一次死因回顾性调查，覆盖人口达到 96.7%，摸清了当时我国恶性肿瘤的流行现状，并出版了《中国恶性肿瘤调查研究》《中国恶性肿瘤地图集》等专著，在国际上获得广泛赞誉。随着死因统计工作的开展及肿瘤高发现场的建立，20 世纪 70 年代各地相继建立肿瘤登记处。1986 年又重新成立全国肿瘤防治研究领导组，并设立了全国肿瘤防治研究办公室。

　　1990 年全国肿瘤防治研究办公室在上海市成立"中国肿瘤登记协作组"，并通过了中国肿瘤登记协作组章程。1991 年全国肿瘤防治研究办公室对全国肿瘤登记工作及登记处情况进行摸底调查，结果显示，全国共有 21 个肿瘤登记处，城市登记处 11 个，肿瘤高发现场肿瘤登记处 10 个，共计覆盖人口约 3 500 万。"九五"期间，全国肿瘤登记办公室联合卫生部开展了国家重大科技攻关项目"常见恶性肿瘤发病、死亡与危险因素监测方法研究"，选取了 7 个城市和 7 个农村开展肿瘤登记试点工作，先后出版了《中国试点市、县恶性肿瘤的发病与死亡》第 1 ～ 3 卷，收录我国 1988—2002 年共 15 年的肿瘤登记地区的发病和死亡资料。

　　2002 年 7 月，经卫生部疾病预防控制局批准，成立全国肿瘤登记中心，对《中国恶性肿瘤登记规范》进行重新修订和增补，公开发行了《中国肿瘤登记工作指导手册》，正式开始在全国开展肿瘤登记报告工作，定期开展督查与业务培训，并每年召开总结会议。2008 年，肿瘤登记工作得到政府的空前重视，开始有中央财政转移支付专项资金的支持，肿瘤登记工作快速发展，登记点数量大幅增加，登记质量不断提高，并出版了第一本《中国肿瘤登记年报（2004）》。2009 年，国务院批复成立国家癌症中心，在国家癌症中心的推进下，目前 23 个省级癌症中心相应成立，组建了国家级、省级、地区级及乡村级癌症防治网络。2015 年，国家卫生计生委和中医药管理局发布全国第一个《肿瘤登记管理办法》，从政策层面明确了肿瘤登记工作的法定地位，为医疗机构或个人向全国肿瘤登记中心上报癌症病例信息提供政策依据。在政策的推动下，截至 2019 年初，全国肿瘤登记处达 574 个，覆盖全国 31 个省份（自治区、直辖市）4.38 亿人。每年发布《中国肿瘤登记年报》，完成编制《中国癌症地图集》。按照《健康中国行动计划——癌症防治行动实施方案（2019—2022 年）》的要求，我国将于 2022 年实现肿瘤登记工作所有县区全覆盖，并且要求各省定期发布省级肿瘤登记报告，以促进肿瘤登记数据在更大范围内被使用。

我国自 20 世纪 70 年代就开始向《五大洲癌症发病率》提交登记资料，目前有 36 个肿瘤登记点的发病资料被收录，分布在我国的 15 个省（自治区、直辖市），5 年覆盖人口 1.8 亿，在全球癌症监测中占有举足轻重的地位。

3. 首个国产宫颈癌疫苗

宫颈癌可通过接种宫颈癌疫苗和进行宫颈癌筛查进行预防。作为宫颈癌的高发国家，我国面临宫颈癌疫苗缺口 10 亿支的困境。此前，全球仅有三款宫颈癌疫苗面世，进口疫苗价格昂贵。研制质优价廉的国产宫颈癌疫苗成为了我国的重大民生需求。2002 年，厦门大学夏宁邵团队等开始了宫颈癌疫苗的研究工作。面对国外药企严格的专利保护壁垒，研究团队从抗原表达技术入手，采用一种新型疫苗研制技术体系——大肠杆菌原核表达系统。历经 18 年研制，2020 年 4 月我国首个国产宫颈癌疫苗终于获批，我国成为继美国、英国之后全球第三个实现宫颈癌疫苗自主供应的国家。与进口疫苗不同的是，国产疫苗接种年龄范围更宽，价格更亲民，能很大程度上提高宫颈癌疫苗的接种率，对我国的宫颈癌防控具有重要意义。

总之，肿瘤高发现场防治工作是我国恶性肿瘤防治工作的缩影，其在肿瘤防控、人才队伍培养、诊疗技术创新、基层防控模式和政策探索等方面发挥了示范、引领作用。全国肿瘤登记工作为我国肿瘤防控提供了极其宝贵的基础数据，未来也将进一步完善登记流程、提高数据代表性，继续为我国肿瘤防控工作发挥关键作用。首个国产宫颈癌疫苗的成功研发，是我国在全球疫苗产业竞争力提升的一个重要标志，也是对我国创新疫苗事业工作的肯定。

参考文献

[1]　YU D.Prevention of plague in China in last 50 years[J].Chinese Journal of Epidemiology,2000,21(4):300-303.

[2]　FANG X Y,XU L,LIU Q Y,et al.Eco-geographic landscapes of natural plague foci in China[J]. Eco-geographic landscapes of natural plague foci[J].Chinese Journal of Epidemiology,2011,32(12):1232-1236.

[3]　SHEN E L.Human plague during 1979-1988 in China and strategy of its control[J].Chinese Journal of Epidemiology,1990,11(3):156-159.

[4]　XU J G.Behavioral and ecological infectious diseases: from SARS to H7N9 avian influenza outbreak in China[J].Chinese Journal of Epidemiology,2013,34(5):417-418.

[5]　STONE R.China. Race to contain plague in quake zone[J].Science,2010,328(5978):559.

[6]　ZHOU H J,GUO S B.Two cases of imported pneumonic plague in Beijing,China[J].Medicine(Baltimore),2020,99(44):e22932.

[7]　魏承毓 . 我国霍乱的流行特征和防控对策 [J]. 中国公共卫生 ,2004,20(7):894-896.

[8]　肖东楼 . 霍乱防治手册 [M]. 北京 : 人民卫生出版社 ,2013.

[9]　程红燕 , 杨隽钧 , 赵峻 , 等 .PD-1 抑制剂治疗耐药复发妊娠滋养细胞肿瘤的初步探

讨 [J]. 中华妇产科杂志 ,2020,55(6):390-394.

[10] YE C Y,ZHU X P,JING H Q,et al.Streptococcus suis sequence type 7 outbreak,Sichuan, China[J].Emerg Infect Dis,2006,12(8):1203-1208.

[11] YE C Y,ZHENG H,ZHANG J,et al.Clinical, experimental, and genomic differences between intermediately pathogenic,highly pathogenic, and epidemic Streptococcus suis[J].J Infect Dis,2009,199(1):97-107.

[12] DU P C,ZHENG H,ZHOU J P,et al.Detection of multiple parallel transmission outbreak of Streptococcus suis human infection by use of genome epidemiology,China,2005[J].Emerg Infect Dis,2017,23(2):204-211.

[13] ZHANG L J.Nosocomial transmission of human granulocytic anaplasmosis in China[J].JAMA,2008,300(19):2263.

[14] Li Q, Guan X, Wu P, et al. Early transmission dynamics in Wuhan, China, of Novel Coronavirus-Infected Pneumonia [J]. N Engl J Med, 2020, 382(13): 1199-207.

[15] 郭德银 , 江佳富 , 宋宏彬 , 等 .2020—2021 年度新型冠状病毒肺炎疫情发展趋势分析与应对 [J]. 疾病监测 ,2020,35(12):1068-1072.

六、医工融合　助力医疗

医疗器械是生物医药的重要组成部分，在满足人民卫生与健康需求，提高医疗诊、防、治能力，推动创新产业发展方面发挥了重要作用。百年来，我国医疗器械行业经历了从无到有、由点及面、从跟随到突破的发展过程，产业规模不断扩大，产品类型逐渐丰富，创新产品逐渐涌现，为"健康中国"建设和"创新驱动发展"战略的实现贡献着力量。

池慧教授谈生物医学
工程创新发展

清末民初，西方医疗技术开始以较快的速度传入我国，西医医疗器械也随之引入我国。然而 20 世纪 50 年代前，我国医疗器械受到时代环境和水平制约，发展缓慢，体温表、注射器等基础医疗器械都需依赖进口。在极其困难的条件下，党中央带领我国人民克服多重阻碍，在解放区陆续建立了一些医疗器械生产厂，生产刀、剪、钳、镊等医疗器械（图 2-6-1）。据统计，截至 1949 年 10 月，全国的医疗器械年工业产值仅为 200 万元左右，从业人员不足 1 800 人。

图 2-6-1　建在解放区的医疗器械工厂

新中国成立后，医疗器械的生产规模和职工队伍不断扩大，技术水平有所提高。在此期间，我国实行计划经济体制，企业以国有和集体所有制为主，产品开发多为仿制，产品品种、数量由国家计划安排，流通销售由国营商业机构进行。

改革开放后，在国家正确的布局和不断增加的研发资助下，我国医疗器械整体稳健发展，关键技术不断突破，已形成了以影像设备、机电一体化设备、组织与器官修复等领域为代表的多个产品集群，研制产品包括X线机、CT（图2-6-2）、大型X线机组、磁共振成像装置、人工关节、机织涤纶毛绒型人造血管、氧化锆人工骨、可溶性止血纱布等。1978年，我国组建国家医药管理总局，首次统一了药品和医疗器械的生产、供应、使用等管理职能与机构人员。

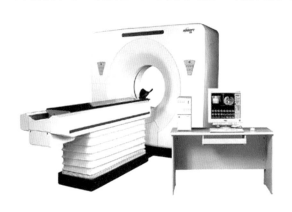

图2-6-2　中国第一台CT-C2000于1997年问世

21世纪初期，我国医疗器械行业进入高速发展时期，在进一步研发高端医疗器械、提高国产医疗器械质量的同时，不断完善医疗器械产品市场准入和市场监督管理制度。2000年，国务院发布《医疗器械监督管理条例》，国家药品监督管理局发布《医疗器械注册管理办法》和《医疗器械生产企业监督管理办法》，初步形成了以上市前审批、对生产企业监管和上市后监督为核心的三位一体的监管体系。

"十二五""十三五"时期，越来越多的高端医疗器械实现了国产化。截至 2018 年，我国医疗装备产业规模已超过 5 000 亿元人民币，产品销售收入占全国国内生产总值（GDP）的 5.89‰，且逐年上升，出口呈现贸易顺差。

本章节笔者多角度梳理了建党 100 年来生物医学工程领域的科技成就，并结合广泛的业界专家咨询，尝试提出本领域"首次、首个、填补空白、具有重大历史意义等标准"的重大科技成就，包括全磁悬浮人工心脏、骨科手术机器人、显微光学切片断层成像、组织工程人耳、可降解冠脉洗脱支架、组织工程神经、脑起搏器、耳聋基因检测芯片等。

（一）我国代表性医疗器械发展历程

1. 医疗器械与诊疗技术相互促进

20 世纪的后 50 年，世界医疗技术得到了很大的发展，诞生了一大批新的诊断、治疗技术，如医学成像技术、激光血运重建术、内镜外科技术、动态监护技术、适形调强辐照技术、体外震波碎石术、介入治疗技术、临床体外诊断技术，以及人工器官或功能替代物植入技术等，这使人类对自身生命奥秘的探索和延长生命的设想又向前跨进了一大步。没有新医疗器械就没有新的诊断治疗技术；同样，没有新技术源源不断地滋润和支持，也就没有新医疗器械。正是这一时期新的医疗器械的诞生使医疗器械产业从一般机电业迅猛进入高科技产业，从默默无闻的小行业一跃成为广受社会关注的明星产业。

我国在 1978 年后，产品品种中的仪器设备性产品门类有了较大改观，中小型 X 线设备、单导心电图机、同位素扫描仪、超声波诊断仪、人工球形机械心脏瓣膜等实现了批量生产，从整体看，已具有了向县级及县级以下医院提供成套的常规医疗器械装备的生产能力。这是中国医疗器械工业发展的第一阶段。

2. 超声成像技术

医用超声成像是医学、声学、电子学等专业相结合的学科，20 世纪 80 年代以来，超声诊断成像和 CT、MRI、核医学一起构成了临床医学中必不可少的四大影像诊断技术。超声成像技术与其他成像技术相比，具有安全无创、患者无痛苦、实时性好、价格低廉等优点，在预防、诊断、治疗疾病中有很高的价值，广泛应用于消化科、妇科、产科、泌尿外科、胸科、儿科、心内科、急诊科等科室的多种临床检查，且逐渐与其他临床科室结合，发展出消化科（超声内镜）、心外科（血管内超声）等新的临床科室。目前超声已是一种不可或缺的检查方法。

超声成像技术的发展经历了一维成像到二维成像再到三维成像的过程，从静态成像到动态成像，从结构成像到功能成像，超声诊断仪结构越来越复杂，功能越来越强大，临床诊断所获得的信息越来越丰富。

1958 年 11 月，上海市第六人民医院首先采用江南 I 型超声波探伤仪对人体进行探索，该院成为我国超声诊断技术应用的发源地。

1962 年，姚锦钟在汕头率先研制成功符合人体诊断要求的 TS-1 型超声波诊断仪，并批量投入生产。同年，武汉无线电元件厂与武汉协和医院协作研制成功 M 型和 ABP 超声诊断仪的主机。1965 年姚锦钟又成功开发出 CTS-5，成为此后近 20 年国内唯一一款 A 型医用超声诊断产品。

1983 年，姚锦钟在汕头研制出了 CTS-18 型 B 型超声诊断系统，实现了中华 B 超 "零的突破"，并在次年的中国进出口商品交易会上拿到了 "金龙奖"。

1989 年，我国第一台彩色多普勒超声诊断仪面世；1993 年，我国第一台经颅多普勒脑血流诊断仪推出。国产超声先后实现了 A 超、B 超及多普勒彩超诊断仪的国产化，度过了模拟超声发展阶段。2001 年，第一台全数字黑白超声诊断仪 DP-9900 被生产出来，标志着国产数字黑白超时代的到来。2003 年中国第一台具有自主知识产权的便携彩超 SSI-1000 推出，2006 年国内首台具有自主知识产权的台式彩超 DC-6 发布，标志着数字彩超诊断仪时代的到来。此后，国产超声诊断仪迅速发展，进入百花齐放的时代。由于我国超声技术发展起步晚，国内该领域大部分时间都处于追赶国外先进水平的道路上，直到近年，我国生产的超声诊断仪的高端彩超图像水平才能与进口高端彩超诊断仪一争高低。

中国是继美国之后全球第二大超声诊断仪市场，自 2017 年以来，国家推出了很多扶持国产医疗器械的政策和措施。国产超声设备在研发、生产、推广等方面取得了显著提高，除少数科研型超高端彩超之外，国产彩超的功能性能基本可以满足医院的需求。在满足国内需求的同时，国内厂商积极开拓海外市场，产品远销亚太、欧美，出口金额逐年增长。中国已经成为全球重要的彩超诊断仪出口国，海外市场发展空间巨大。

从技术发展来看，今后以 GPU 为主的图像处理技术将迅速替代传统的硬件图像处理方式。对于超声信号的分析不仅局限于纵波的回波信号，还增加了剪切波、射频信号。人工智能的应用将医生诊断图像的经验医学向数据化、规范化、标准化转变，辅助诊断系统的应用，极大地提高了临床阳性病例的诊出率，降低了误诊率。5G 的普及使远程医疗传输超声实时动态影像成为现实，为分级诊疗、远程会诊、统一教学提供了很大的帮助。从客户需求来看，超声由于具有准确、直观、无创伤、操作简便等优点，在临床上成为许多疾病的常用诊断方法。除在超声科、妇产科、心脏科这三大传统科室的应用外，超声技术与临床医学的紧密结合带动了超声影像设备在临床应用的延伸和分化，如甲乳外科、血管科、消化科、皮肤科、泌尿外科、肿瘤科、眼科、急诊科、ICU 等临床科室都需要彩超。超声产品在一机多用、满足全身应用场景的同时向便携化及更具临床针对性的专科化发展将是未来的趋势。

3. 人工球形机械心脏瓣膜

治疗心脏瓣膜疾病的最终办法是人工心脏瓣膜置换手术。先天性心脏病、风湿性心脏瓣膜病、心脏瓣膜退化，以及病原微生物的感染等，使心脏瓣膜结构改变导致功能异常，引起心脏瓣膜疾病。目前治疗此类疾病的最终办法是人工心脏瓣膜置换手术。根据生产材料的不同，人工心脏瓣膜分为两大类：一类全部或部分由生物组织制成（简称生物瓣）；另一类全部结构由人造材料制成（简称机械瓣）。机械瓣根据血流方式的不同，又分为周边血流型瓣膜（笼球瓣、笼碟瓣）与中心血流型瓣膜（斜碟瓣、双叶瓣）。机械瓣用特殊的不锈钢或生物炭作为瓣架，用热解炭或其他材料作为瓣叶，利用不同的枢纽关节将瓣叶铰链在瓣架中，使瓣叶在血流冲击下达到启闭的目的。机械瓣经过临床观察及长期随访调查，因其性能稳定良好，已被广泛应用，临床疗效比较满意。机械瓣的唯一缺点是患者术后必须终身服用抗凝药物，而生物瓣虽然能弥补机械瓣的这一缺点，但其在人体内的工作寿命短暂。发展和完善机械瓣还应是现阶段的当务之急。

机械瓣膜在瓣膜病治疗中有着显著的临床疗效。20 世纪 60 年代初，我国的人工心脏瓣膜研究发展过程与国外类似，经历了从第一代笼球瓣、笼碟瓣到第二代倾碟瓣，再到第三代双叶机械瓣的发展历程。

1960 年世界上首次应用笼球式机械瓣原位置换术获得成功，开创了临床应用第一代机械瓣的时代。我国自 1963 年开始，由第二军医大学、上海医疗器械研究所及上海硅橡胶制品研究所共同合作，研制出了国产笼球瓣，并于 1965 年 6 月由蔡用之等应用该国产笼球瓣成功施行了国内第一例二尖瓣置换术。这标志着我国人工心脏瓣膜的成功研制并临床应用的开始，从根本上促进了我国心脏瓣膜外科的发展。

1969 年国外第二代人工机械瓣单叶侧倾碟瓣问世。与第一代机械瓣相比，血流动力学得到明显改善，患者术后并发症发生率显著降低。国内于 1978 年由蔡用之等与上海医疗器械研究所等单位合作，成功研制了国产侧倾碟瓣并应用于临床。1985 年 5 月朱晓东等与航天部 703 所合作，成功研制钩孔型斜碟瓣并在全国推广应用。

1980 年以 St. Jude Medical 为代表的双叶机械瓣问世，标志着人工机械瓣的研究进入第三代。双叶瓣因其优异的血流动力学特点和耐久性获得了广泛的应用。国产双叶瓣最早在 1992 年就有临床应用的个例报告。国产 CL-V 全炭双叶型人工机械心脏瓣膜（CL-V 型双叶瓣）于 1994 年开始在临床应用。1996 年 1 月国产久灵双叶瓣开始在临床应用。2002 年 9 月 GK 型双叶式人工机械心脏瓣膜（GK 双叶瓣）开始在临床应用。

人工机械心脏瓣膜的每一次改良与发展，都是建立在人们对人工心脏瓣膜血流动力学认识的深入和新材料应用的基础之上。虽然随着体外循环技术的进步及心脏瓣膜外科的发展，心脏瓣膜外科手术安全性明显提高，但至今人工心脏机械瓣膜并未达到完美境界，瓣膜相关并发症仍未彻底解决。另外，目前我国人工心脏瓣膜的市场几乎被国外人工心脏瓣膜所垄断。因此，理想的国产人工心脏瓣膜有待继续研究开发。

4. 单导心电图机

心电图是从体表记录的心脏电位随时间而变化的曲线。它可以反映出心脏兴奋的产生、传导及恢复过程中的生物电位变化。心电图检查已成为临床四大常规检查项目之一，应用范围已超出心血管病的诊治，其对脑血管病（如尼加拉瀑布样 T 波）、呼吸系统疾病（如肺栓塞）的诊断都有特异性强、敏感性高的表现。

英国生理学家沃勒（1856—1922 年）被称为心电图先驱。1887 年，英国皇家学会圣玛丽医院举行了一场具有划时代意义的科学演示：该院生理学教授沃勒在犬和人的心脏上应用 Lippman 毛细血管静电计记录心电图，为心电图技术的问世奠定了基础。

1903 年，荷兰生理学家爱因托芬（1860—1927 年）成功地用弦线式心电图机记录了第一份真正意义上的心电图，并将各波命名为 P、Q、R、S、T、U 波，这些命名沿用至今。这一年被称为心电图的公元元年，爱因托芬因此被称为"心电图之父"。

1928 年，北京协和医院购进了两台 Cambridge 公司生产的心电图机，开启了我国心电图应用的先河。截至 1949 年，北京协和医院已积累了几万份双极肢体导联心电图资料。

1950 年黄宛教授（图 2-6-3）回国，及时将原来的旧式心电图机改造为单极导联心电图机，再次与世界同步。黄宛将心电图"单极导联"的原理和应用引进国内，奠定了国内标准十二导联心电图规范检查方法。黄宛是新中国心血管内科的开拓者，为中国的心电图学、心导管学的应用和发展做出了里程碑式的奠基性工作，著有《临床心电图学》（图 2-6-4），是我国广大心脏病医生公认的经典的心电图专业著作。

图 2-6-3　中国心电图第一人　图 2-6-4　《黄宛临床心电图学》第 6 版
黄宛（1918—2010 年）

近年来，我国心电图领域的迅速发展让人目不暇接。此外，我国正常人心电图数据库的研究也已完成，预计在不久的将来，我国心电图专著中有关心电图的正常值、异常值将更换为中国人自己的数据，标志着我国心电图领域将跨入一个新纪元。

5. 我国医疗器械行业的发展趋势

"十三五"期间，我国经济社会保持高速发展，城镇化进程不断加快、人口老龄化不断加剧、医疗保险覆盖率不断提高、慢性病发病率不断升高、医疗服务需求不断释放、医疗器械国产化不断加深，诸多因素推动医疗器械行业蓬勃发展，市场成长空间巨大。

（1）技术创新与进口替代提速。近年来，国家层面为鼓励医疗器械创新出台了一系列政策，针对国内首创、国际领先水平，并且具有显著临床应用价值的医疗器械开通了特别审批通道，促进了创新性医疗器械的发展，有助于国内企业加大核心技术的研发，加速实现高端医疗装备自主可控。

（2）行业并购与平台整合提量。根据业态分析，医疗器械产业细分领域众多，多数市场规模在几十亿元，具备单品种、技术不可延展性等特点，导致内生性发展容易出现瓶颈，极易触碰天花板，行业并购和平台整合将是主流。未来并购和搭建多品类的平台型公司将是医疗器械企业发展壮大的主要方式。

（3）产品智能化与信息化提质。国家出台《"十三五"卫生与健康科技创新专项规划》等一系列文件规划人工智能的发展，国务院办公厅印发《关于促进"互联网＋医疗健康"发展的意见》，健全和完善"互联网＋医疗健康"服务体系及支撑体系，推进"互联网＋人工智能"应用服务，从政策层面为人工智能医疗的发展提供了保障。智能化医疗器械发展趋势同时对信息追溯、信息编码等提出了更高的要求，用信息化手段对医疗器械生产、流通全过程进行监管是对医疗器械行业要求的重点，医疗器械产业价值链也将从功能型向服务型转变，"互联网医疗＋智能设备"将是未来医疗器械服务发展的大方向。

（二）全磁悬浮人工心脏

1. 心力衰竭人数众多，病程的恶化难以通过已有药物和传统医疗器械得到逆转

心力衰竭与不少恶性肿瘤相仿。心脏移植是目前公知的治疗手段，但因心脏供体极其有限，无法惠及大众，心脏辅助装置（VAD）已逐渐成为治疗终末期心力衰竭的重要手段，是晚期心力衰竭患者显著延长生命、提高生活质量的治疗手段。

根据近期国际组织相关的临床统计，磁悬浮人工心脏前3年生存率不亚

于心脏移植，目前每年全球植入近万例，已超过心脏移植数量。随着医疗管理和监测技术的不断提高，VAD产品的适用范围从过渡到心脏移植逐步演变为长期植入，成为心力衰竭患者的长期治疗手段。全球已经约有400家医疗机构能够开展该类手术，中国不超过6家机构能开展该类手术，总体临床应用和产业化前景广阔。

因受制于欧美发达国家高端医疗器械技术的壁垒，人工心脏研制与临床应用技术是我国与世界心血管病治疗领域差距最大的一个方向。自2014年3月以来，在国家重点研发计划支持下，心血管疾病国家重点实验室胡盛寿院士联合苏州同心医疗器械有限公司共同启动第三代全磁悬浮人工心脏CH-VAD（图2-6-5）的X5型样机的研究，提高产品可靠性，进行可知造型研究，提升工艺。

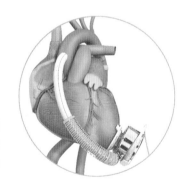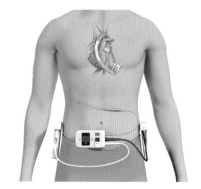

图2-6-5 全磁悬浮人工心脏CH-VAD产品模型图

全磁悬浮人工心脏CH-VAD创新性地去除传统人工心脏的机械轴承，通过悬浮叶轮旋转产生离心力，抽吸心室血液，从而减轻衰竭心脏负荷，保证脑、肝、肾等器官有效灌注，流体力学和血液相容性测试均显示已达到国际领先水平。

2. 具备血液相容性和小型化优势的超小型完全磁悬浮式人工心脏是当前关注的热点

我国于 20 世纪 70 年代即在外科学奠基人黄家驷教授亲自指导下开展人工心脏研究，至今心脏外科权威专家一直给予人工心脏高度重视。近 10 年来，国内有几个单位在连续流人工心脏的整机研发中取得重要进展，推进到了动物实验阶段，包括机械接触轴承类、液力悬浮（磁液双悬浮）类、完全磁悬浮类。苏州同心医疗器械有限公司和心血管疾病国家重点实验室联合研发的 CH-VAD 人工心脏具有完备的自主知识产权和行业优势。

国际上许多单位开始了完全磁悬浮人工心脏的研究。经过逾 15 年的研发，Thoratec 公司推出 HeartMate 3，革命性地显著缩小了血泵尺寸，并采用和 HVAD 相同的方式植入人体胸腔。HeartMate 3 于 2014 年 6 月在欧洲开始临床试验，2015 年 10 月就获得 CE 认证，50 名患者未发生任何溶血或泵内血栓事件。同时，该产品于 2014 年 9 月在美国开始临床试验，2015 年 4 月，在仅完成 10 例植入后，就获得美国食品药品管理局批准将试验范围扩展到了全部 60 个中心，在临床上受到极大欢迎。2015 年 7 月，Thoratec 公司被 St. Jude 以 34 亿美元收购，这进一步表明 HeartMate 3 是目前被看好的新一代技术。

因此，目前人工心脏领域的主流技术分别以机械接触轴承、液力悬浮、完全磁悬浮为特征，具备血液相容性和小型化优势的超小型完全磁悬浮式人工心脏是当前关注的热点。

3. CH-VAD 是当今世界上尺寸最小的完全磁悬浮离心式人工心脏

CH-VAD 突破流体力学设计、电机及磁悬浮设计等技术瓶颈，成果达到国际先进水平：该装置通过分立式电机与磁轴承原理设计了全新的磁悬浮结构，研发了世界上最小的全磁悬浮式 VAD；通过运用微型化电子技术，设计了世界上各类人工心脏中最细、包含导线数量最少的经皮式电缆；通过独特的流道结构，产生了更简洁、平滑、匀称的围绕转子的流动，迄今已有的各项测试和临床试验结果表明，在血液相容性方面的表现更好。CH-VAD 在衡量人工心脏先进性的关键性能指标上全面达到或优于国际上所有竞争产品，有望通过未来更大规模的临床应用确立其国际领先地位。

首期临床应用开创了我国 VAD 应用的先例。在胡盛寿的亲自带领下，2017 年下半年，经人道主义豁免许可，CH-VAD 连续用于 3 名患者，3 名患者分别以长期携带、过渡到心脏移植、过渡到心脏康复为结局，均开创了我国人工心脏应用的历史先例。患者属于目前国际上 VAD 应用的高风险类别，甚至罹患 VAD 禁忌证，临床应用的成功充分展示了 CH-VAD 的性能优势。首例患者至今仍然生存，并获得了良好的生活质量（图 2-6-6）。

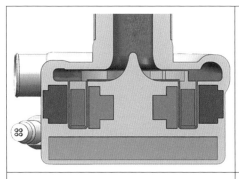

| （A）通过将电机与磁轴承分开和全新的磁悬浮磁路设计，增大叶轮直径，大幅提高工作效率 | （B）剪切力显著低于国际同类装置水平 |

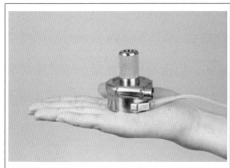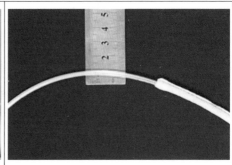

（C）重180g，直径50mm，厚26mm，可微创植入 ｜ （D）驱动线缆直径3.4mm，目前世界上最细

图 2-6-6　第三代全磁悬浮人工心脏 CH-VAD

2018 年 12 月，同心医疗获得国家药品监督管理局临床试验批件。自 2019 年 3 月正式临床试验开展以来，已经在 3 个中心完成植入 25 例，于 2020 年 10 月向国家药品监督管理局提交了产品注册申请并获得受理，目前正在注册审评阶段，有望于 2021 年正式在我国商业化落地，真正实现我国自主知识产权的全磁悬浮人工心脏产业化，造福终末期心力衰竭患者。

全磁悬浮式人工心脏 CH-VAD，解决了终末期心力衰竭患者缺乏有效的治疗手段的问题。心力衰竭被称为"心脏病里的癌症"，每年夺走全球数十万人的生命。心脏移植手术是目前公认的治疗终末期心力衰竭患者的唯一有效手段，但严重缺乏心脏供体这一问题极大地限制了心脏移植手术的进行，寻找替代心脏移植的晚期心力衰竭的新型治疗手段，是全球科技界面临的重大历史性课题，具有极为重要的社会意义。人工心脏（心室辅助装置）的出现，正在不断改善这一问题。患者通过治疗能够有效度过心脏移植手术的等待期或携带人工心脏长期生存，部分患者经过一段时间人工心脏辅助后，自身心脏的功能可以完全恢复，从而可将人工心脏摘除。

全磁悬浮式人工心脏 CH-VAD 解决了终末期心力衰竭患者缺乏有效的治疗手段的问题，填补了我国不能设计和生产人工心脏的空白。CH-VAD 的出现为我国的心力衰竭患者带来了一种可显著延长寿命、提高生活质量的治疗手段，而且对于提高我国医疗器械科技创新能力有着重要意义，提高了我国对人造器官的研究水平和实践能力。2019 年 CH-VAD 作为唯一入选的医疗器械参展"中华人民共和国成立 70 周年大型成就展"（图 2-6-7）。

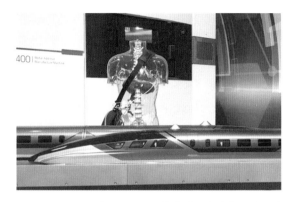

图 2-6-7 2019 年 CH-VAD 作为唯一入选的医疗器械参展"中华人民共和国成立 70 周年大型成就展"

4. 人工心脏朝着智能化、微型化方向发展

人工心脏被称为目前科技含量最高的一类医疗器械，人工心脏的研发、生产能力从一个侧面代表了一个国家的高端医疗器械的科技水平。目前人工心脏技术发展的趋势主要有三个方面：第一，无限电能传输技术（TET）进一步提高 VAD 装置的安全有效性；第二，智能化 VAD 保证血泵的安全运行，进一步提升患者生活质量；第三，微型化 VAD 解决植入侵犯性、安全性、手术便利性等一系列问题。

人工心脏是一个完整的植入式机电一体化单元，包含由大电流驱动、控制的执行机构，还需满足十分苛刻的小型化要求。因此，人工心脏中包含了人工器官、植入式医疗器械、医用电子系统的大量共性技术。开展人工心脏的研究开发，可为相关领域提供关键共性技术，培养具有国际前沿的新产品开发能力的科技和管理人才，为我国高端医疗器械行业的科技创新发挥引领

和支撑作用。

目前 VAD 主要有三方面临床应用：一是作为等待心脏移植的过渡，为患者争取更多的时间等到合适的供体；二是为急性心力衰竭患者提供短期替代支持，待心脏功能恢复后撤除；三是为终末期心力衰竭患者提供长期替代，支持患者携带人工心脏长期生存。随着医疗管理水平的持续进步、临床经验的不断丰富、接受度的不断提高、医疗资源的持续投入，人工心脏技术在救治终末期心力衰竭患者方面具有重大推广应用价值。

（三）全球首创多适应证骨科手术机器人

1. 骨科疾病已经位居全球人类疾病死因前列

骨科疾病日益增多，已成为严重影响人类生命和健康的突出问题。骨科疾病中的大部分疾病需要手术治疗。传统骨科手术受制于医生经验和术中影像设备，存在手术风险高、内植物植入精度低、复杂术式难普及、智能设备匮乏等不足，这些会带来骨科手术创伤大、并发症多等问题。随着人们生活质量的逐渐提高，对治愈骨科疾病的需求日趋迫切。

精准、微创治疗是 21 世纪骨科手术发展的主旋律，已成为骨科临床治疗的发展趋势。骨科手术机器人是推动精准、微创手术发展和普及的核心智能化装备，能够从视觉、触觉及听觉上为医生决策和操作提供充分的支持，扩展医生的操作技能，有效提高手术诊断与评估、靶点定位、精密操作及手术的质量。

2. 骨科手术机器人取得技术突破

机器人在 20 世纪 90 年代中期开始进入骨科领域，表现出卓越的临床实用性能，可提高手术精度、降低手术伤害、减轻医生劳动强度等。目前，国内外多个机构开发出了骨科手术机器人原型系统，部分系统已成功转化为商业化产品，正在全球范围内推广和应用。

中国骨科手术机器人研究整体上处于起步阶段。自2001年至今，中国骨科手术机器人研究从无到有，取得了显著进步，在基础理论、关键技术及自主产品、临床应用等方面均取得了重要突破，但整体上仍处于起步阶段，存在基础理论不完整、技术研究分散、产品种类少、临床应用有限等问题。2002年，在科技部项目的支持下，北京积水潭医院以创伤骨科为切入点，启动了中国骨科手术机器人技术研究及临床试验工作。随后，国内多家机构开展了相关研究，并在创伤骨科、脊柱外科、运动医学等领域取得了技术突破，部分成果已被应用于临床。

3. 天玑骨科手术机器人可用于脊柱全长、骨盆骨折、四肢骨折等多种手术

2002年，北京积水潭医院联合多家单位启动了中国骨科手术机器人研究。

2004年，北京积水潭医院联合北京航空航天大学提出了基于2-PPTC结构的骨科双平面定位技术，实现了术中靶点的精确定位，并研制出一种小型双平面骨科手术机器人系统，其功能模块化的临床构型设计可用于不同手术适应证。2004年，该系统完成国内首例机器人辅助骨科手术，解决了传统骨折内固定术定位困难、主要依赖术者经验、术中透视等的瓶颈问题；2006年，完成了中国首次骨科手术机器人异地远程手术试验并取得成功，从技术上验证了骨科手术远程化的可能性，为远程骨科医学的发展提供了技术参考和经验积累。北京天智航医疗科技有限公司以此为基础，启动科研成果产品转化工作，研制出中国第一台具有完全自主知识产权的骨科手

术机器人产品，2010 年获得国内首个骨科手术机器人 Ⅲ 类器械注册证，填补了国内空白。2012 年第 2 代骨科机器人产品成功研制并获得国家医疗器械注册证。

中国工程院院士、北京积水潭医院原院长田伟认为，目前的机器人产品都只针对单一种类的骨科手术，这对于人均医疗资源匮乏的中国显得过于"奢侈"。于是，一种能够适配多种骨科手术的全新类型机器人成为团队的新目标。他带领医工企团队多年联合攻关，最终成功研制了第 3 代骨科手术机器人，并于 2016 年成功获得国家医疗器械注册证。该骨科机器人为国际首台通用性骨科手术机器人，可用于脊柱全长、骨盆骨折、四肢骨折等多种手术，临床性能和技术指标达国际领先水平，极大地提升了中国医疗高端制造业的水平及能力。2015 年 8—10 月，北京积水潭医院使用机器人辅助技术陆续完成了世界首例基于术中实时三维影像的机器人辅助脊柱胸腰段骨折的微创内固定手术、世界首例基于术中实时三维影像的机器人辅助寰枢椎经关节螺钉内固定术和世界首例基于术中实时三维影像的机器人辅助齿状突骨折内固定术，定位精度和临床适用范围达国际领先水平。

天玑骨科手术机器人（图 2-6-8、图 2-6-9）取得 38 项自主知识产权、9 项医疗器械注册证，并获评中

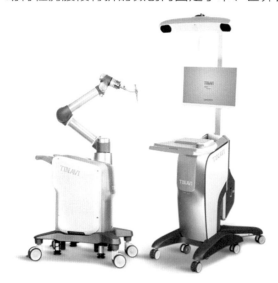

图 2-6-8　天玑骨科手术机器人

关村"首台（套）重大技术装备示范项目"。项目获国家科学技术进步奖二等奖等奖项，成为全国"十二五"科技成果展标志性成果之一。

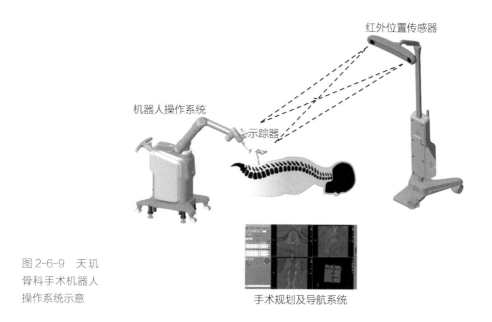

图 2-6-9　天玑
骨科手术机器人
操作系统示意

手术规划及导航系统

4. 骨科手术机器人技术正朝着人机交互全面化、图形图像精细化、硬件体积微型化、手术过程无创化、远程操作流畅化等方向发展

推动自主研发骨科手术机器人产品、全方位制定行业规范和临床标准将是中国智能医疗器械和设备发展的重要导向。本领域的技术发展趋势有以下几点：①灵巧的骨科手术机器人构型技术；②基于多模影像的智能配准技术；③简捷高效的人机交互技术；④针对临床环境的传感技术；⑤远程手术安全控制技术；⑥基于生物力学的手术治疗规范；⑦以机器人技术为基础的精准治疗综合解决方案。

5. 骨科手术机器人：中国智造，造福人民，走向世界

骨科手术机器人是推动精准、微创手术发展和普及的核心智能化装备，发展前景广阔，市场巨大。中国在骨科手术机器人领域起步较晚，但经过 10 余年的发展，取得了巨大的成绩，其中以天玑骨科手术机器人为代表的中国自主研发的机器人产品，性能和技术指标已达国际领先地位，人们应当以此为契机，把握机遇，争取在医疗机器人领域继续取得卓越成就，使更多的"中国制造"造福人民健康，走向世界。

（四）全脑介观神经联接图谱绘制的利器——显微光学切片断层成像系列技术

1. 脑图谱是脑科学研究的导航图

脑图谱被形象地比喻为脑地图，是脑科学研究的基石。脑图谱的研究可以追溯到 20 世纪早期，德国科学家 Brodmann 借助尼氏染色法在人脑的组织切片上染出了几乎所有的细胞，并根据细胞的大小、形状、密度、位置等差异，将脑划分为几十个脑区。现代神经科学已发现，大脑之所以极其复杂难解，是因为脑功能的活动不是单一神经细胞可以完成的，而是由神经元群组合成神经环路，包括局部的和长程的神经环路协同作用，才能完成复杂的脑功能。人脑中约有 860 亿个神经元，小鼠脑内约有 8 000 万个神经元。这些巨量的神经元相互组合，形成了极其复杂多样的神经环路。没有单细胞水平的脑解剖基础数据，也就无法为大脑构建出如今在计算机、手机上方便使用的电子地图，也不可能查找从指定的一栋楼（细胞）到另一处房屋（另一个细胞）之间，有多少条、什么样的路相连接，路上允许什么类型的车（类比生物分子）通行等。

习近平总书记在 2016 年全国科技创新大会上指出："脑连接图谱研究是认知脑功能并进而探讨意识本质的科学前沿，这方面探索不仅有重要科学意义，而且对脑疾病防治、智能技术发展也具有引导作用。"2017 年 *Nature* 新闻首次报道了巨型神经元环绕小鼠全脑的"路线图"，文章用了"荆棘皇冠"（the crown of thorns）来形容，而这个"路线图"当时只是一个初步结果，至今尚未发表，这也反映了这块"处女地"的待开发状态。

至今的脑图谱之所以不够完整、不够高清，关键在于缺少既能在全脑范围以介观分辨率获取神经元的形态，又能知道神经元解剖坐标的研究方法和仪器。

2. 追求卓越，誓做最精细的脑导航图

脑科学需要深入脑内进行探测，对其内部每一个神经元给出解剖位置、形态特征及其轴突投射的定位信息，这需要解决信号穿透的问题。华中科技大学骆清铭教授从 1989 年读博期间就开始从事激光与生物组织相互作用理论及医学应用的研究。1995 年，他赴美国宾夕法尼亚大学，师从"生物医学光子学之父"Britton Chance 院士，将光学成像技术应用到脑科学。在美国，他和导师发明了用近红外光谱术探测脑功能活动的方法，获得了人脑运动皮质的近红外光学映射图像。

1997 年回国后，他继续发展多种光学成像手段，从不同层面研究大脑。他在国内率先采用近红外光谱成像方法研究人脑皮质的功能活动。2000 年，骆清铭获得国家杰出青年科学基金资助，开展"脑功能与神经活动基本过程的光子学成像研究"。他和团队成员尝试用各种成像技术从宏观、介观到微观等不同尺度研究神经活动。骆清铭等人得知单细胞分辨的完整脑图谱对于神经科学研究至关重要，但国内还没有人做这方面的工作。

传统方法获得的脑片间隔较大，数据会丢失，如果采用精细切削，降低每层的厚度，增加层数，再通过计算机数字化，还原成三维立体图像，不就能得到空间上三个维度都是高分辨率的脑图谱了吗？骆清铭曾对一名美国的知名神经科学家说："这种高分辨率的全脑连接图谱值得做，且非常有意义。"但在美国开展这项研究太难，需要相当长的时间，按美国大学对教职人员的考核，可能研究成果还没有做出来，工作岗位已经没有了。

2002年，骆清铭开始构思实验方案，希望获得完整鼠脑的高分辨精细解剖图谱，还要研制一台自动化的成像仪器，为脑科学家提供先进可靠的研究手段。2008年，为这个目的设计的成像原理机有了雏形，获得了国家自然科学基金仪器项目的支持。第一代显微光学切片断层成像技术（micro-optical sectioning tomography，MOST）解决了高分辨快速切削光学成像、厘米大小完整鼠脑的光学标记、高分辨三维数据集的构建等系列关键问题，在国际上首次绘制出单细胞分辨的小鼠全脑三维神经元图谱。2010年12月，论文发表在 *Science* 上，*Science* 配发的评论指出："来自中国的研究团队竭尽全力地创造出迄今为止最精细的小鼠全脑神经元三维连接图谱。"

3. 创新的脚步从未停止，中国技术走向世界

骆清铭和他的同事们在光学成像领域长期耕耘，深知荧光蛋白标记对于生命科学研究的意义，2013年成功研制出荧光显微光学切片断层成像技术（fMOST）。该技术被 *Nature Methods* 和 *Neuron* 等期刊发表的综述评价为"首次展示了鼠脑内每根轴突的长距离追踪图像""取得了详细描述鼠脑连接的重大突破""为更特异地表征细胞类型打开了大门"。

为了提高 fMOST 系统的成像速度，2016 年，发展了基于结构光照明的双色荧光显微光学切片断层成像技术（dfMOST），将一个完整小鼠脑的成像时间从原来的 10 天缩短到了 3 天。*Nature Methods* 专题予以报道"全脑范围单神经元投射是大型神经科学研究计划的重要目标，这个新技术突破了过去在研究方法上的诸多限制""使用该技术获得的脑图谱毋庸置疑将是对理解脑连接和脑功能有重要价值的资源"。

MOST 系列设备的自主研制成为我国原创性、重大基础科研成果的代表。党和国家领导人多次莅临武汉光电国家研究中心视察。2012 年，相关成果入选了 2011 年度中国科学十大进展。2014 年，荣获国家技术发明奖二等奖。2016 年 6 月，在北京展览馆，显微光学切片断层成像设备的实物参加了国家"十二五"科技创新成就展。2016 年 8 月 8 日，中央电视台"新闻联播"头条《改革调研行》以"科研：加强基础研究聚焦重大前沿"为标题，重点报道了具有全部自主知识产权的高分辨全脑连接图谱成像技术研发的工作。2019 年 9—10 月，荧光显微光学切片断层成像整机设备作为基础科学研究成果的代表，应邀参加"庆祝中华人民共和国成立 70 周年大型成就展"（图 2-6-10），现场

图 2-6-10　骆清铭和荧光显微光学切片断层成像整机设备参加庆祝中华人民共和国成立 70 周年大型成就展

以多媒体形式展示了使用 MOST、fMOST 技术获得的研究结果，包括小鼠运动皮质区神经元的长距离投射形态、小鼠全脑三维血管网络等。

2013 年，美国脑计划、欧盟脑计划相继启动，脑图谱绘制成为各国脑计划的研究重点。骆清铭等人发明的显微光学切片断层成像，既能看清每一个神经元，特别是长程投射轴突的形态，又能获得全脑范围所有神经连接环路。骆清铭多次应邀参与美国脑计划和欧盟脑计划的研讨会，介绍 MOST 和 fMOST 技术。与神经科学顶尖机构如美国艾伦脑研究所、冷泉港实验室、斯坦福大学等的合作也陆续展开。正是有了 fMOST 技术，加速了介观水平（微米级分辨率）研究全脑的神经联接的进度。

2016 年，由 MOST 团队独立完成的一套大鼠全脑高分辨数据集，"鼠脑最精细脑图谱基础数据库"被欧盟脑计划正式采用，发布在其神经信息平台上。信息学家可以根据这个基础数据库建立大脑的数学模型、进行人工智能的模拟计算。2017 年，美国国立卫生研究院（NIH）启动了脑计划细胞普查网络（BRAIN Initiative Cell Census Network，BICCN）计划，首批启动的两个大型综合中心项目（U19）分别由艾伦脑研究所和冷泉港实验室牵头，均邀请 fMOST 技术参加，计划五年时间用 fMOST 设备产生 900 个单细胞完整形态的脑图谱数据集。

自 2019 年起，MOST 团队与美国冷泉港实验室、斯坦福大学、艾伦脑研究所的合作论文相继在 *Cell Reports*、*eLife*、*Nature Communications*、*Nature Methods* 等期刊发表，还有多篇高水平合作论文已经在预印平台公布。*Nature Methods* 15 周年特刊专门邀请骆清铭展望未来脑图谱研究的技术挑战，与其余 38 位在基础生物学分支领域具有代表性的各国科学家一起，汇编成 *Voices in Methods Development*。

4. "脑成像设施" 助力中国脑计划

美国脑计划和欧盟脑计划选择 MOST 技术，是国际上对 "中国技术" 的认可，是中国科学家的荣誉，同时也激发了骆清铭和团队成员的使命感和深度思索。如何让更多中国的神经科学家优先使用世界领先的 MOST 和 fMOST 技术，助力国内神经科学的发展。

2012 年，骆清铭获得了科技部国家重大科学仪器设备开发专项的资助，实施 "显微光学切片断层成像仪器研发与应用示范" 项目。用 5 年时间完成了从原理机到显微光学切片断层成像工程化样机的设计和制作，并在国内多家应用单位进行了工程化样机的异地安装、调试、运行及培训。项目还发展了 MOST 工程化整机配套的数据处理软件平台及基于网络的数据发布和共享平台，已在十余家单位推广应用。2013 年，MOST 部分知识产权经公开挂牌转让，由企业通过市场化运作生产出商品化仪器，服务于神经科学研究领域。骆清铭带领的 MOST 团队继续专注于脑科学的需求，研发新技术。

2016 年 10 月，华中科技大学苏州脑空间信息研究院建立，以 MOST 技术为核心，构建标准化的三维全脑图谱，建立全脑精细结构的资源型大数据库，力争建设成为世界一流水平的脑科学国际合作研究中心。2017 年，40 套全脑精准成像系统陆续安装到位，成为全球规模最大、技术性能指标国际领先的介观脑连接图谱研究设施，*Nature News* 以《中国启动脑成像设施（China launches brain-imaging factory）》为题，称 "这种以工业化的形式，大规模标准化地产生数据，将改变神经科学已有的研究方式。"

2017 年，中国科协授牌成立脑连接图谱产业协同创新共同体。运行

3年来，已吸纳16个成员单位，其中科研创新机构和产业创新机构各半。搭建了专利情报平台和快速通关平台，组建了专业化知识产权服务集群，专利导航工程成效初显。MOST团队与国内科学家们的合作研究不断地结出硕果，成果发表在 *PNAS*、*Nature Methods*、*Neuron* 等期刊上。

　　中国脑计划经过多年酝酿，即将正式公布。同时，"全脑介观神经联接图谱"大科学计划已经明确由蒲慕明和骆清铭共同发起，将使用最接近人类的非人灵长类和小鼠等动物模型，在介观分辨率水平绘制具有神经元类型特异性的全脑联接图谱。脑图谱大科学计划将结合"脑科学与类脑研究"科技创新——2030重大项目的任务布局，采取联合攻关、逐步推进的实施方式。毫无疑问，"脑成像设施"将在其中发挥重要作用（图2-6-11）。

图2-6-11 全脑介观神经联接图谱研究设施

　　经过20年的砥砺奋进，骆清铭率领的MOST团队通过光电、机械、生物、材料、数学、计算机等多学科交叉联合攻关，拥有从样本标记制样、三维高分辨率全自动成像到大数据计算与分析的全链条自主知识产权，形成了体系完整的技术。这套"中国方案"将传统脑图谱绘制从组织分辨、二维平面、局部范围的水平提升到单细胞分辨、三维立体、完整器官的层次，改变了神经科学已有的研究方式。《中国启动脑成像设施》这篇文章曾如此评价："正如高通量测序技术在 21 世纪助力遗传学家解码了人类基因组一样，高通量快速脑测绘技术也将彻底改变神经科学家对于脑内神经元联接方式的理解。"

（五）全球首例组织工程人耳再生再造研发历程

1. 先天性小耳畸形严重影响患儿身心健康，目前缺乏理想治疗方法

先天性小耳畸形又称为小耳症（microtia），总发病率约 1/3 000，是继唇腭裂之后发病率最高的颅面部先天畸形。耳郭发育畸形会严重影响患儿的容貌和心理健康，很多患儿会因为自己"缺失"一只耳朵而感到极度自卑，有相当比例的患儿会逐渐发展成为自闭症，进而影响患儿的学业和正常成长，乃至影响整个家庭的幸福。

人体的耳郭主要由皮肤和软骨两种组织组成，由于皮肤组织很容易通过局部皮肤扩张和 / 或植皮获得，所以，小耳症患者耳再造治疗的关键难点在于如何获得形态和功能均良好的耳再造支架。目前临床上常用的耳再造支架主要有两种：自体肋软骨雕刻的耳支架和高密度聚乙烯（HDPE）人造耳支架，两者各有其优缺点。总体上讲，先天性小耳畸形外耳再造目前仍缺乏理想的治疗方法。

2. 组织工程技术为小耳畸形外耳再生再造提供了可能

组织工程与再生医学技术是继细胞生物学和分子生物学之后生命科学领域的又一个革命性新兴技术。组织工程核心技术的特点是可以生产和制造自体来源的活体组织并用于组织器官缺损修复和永久性生理功能重建，是完全不同于传统组织器官缺损修复模式（自体组织移植、异体组织移植或人工替

代材料移植）的全新医疗手段。

曹谊林教授 1997 年在美国哈佛大学访学期间成功在裸鼠背上再生了精确人耳形态的软骨。该成果轰动了整个国际学术界，被誉为"组织工程发展史上的里程碑"，预示着人类将来有望利用组织工程技术原理成功培育和制造活体人体组织或器官。曹谊林也因此获得了美国整形外科学界最佳成果奖——James Barrett Brown Prize（图 2-6-12）。人耳形态软骨再生技术的这一重大突破，为小耳畸形患者的外耳再生再造提供了可能。组织工程技术再生的人耳软骨支架，完全整合了传统自体肋软骨耳支架和高密度聚乙烯人造耳支架的全部优点，规避了它们的全部缺点和不足，有望发展成为一项全新的人耳再生再造创新医疗技术。

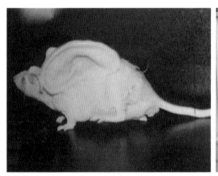

图 2-6-12 曹谊林 1997 年成功在裸鼠背上再生了精确人耳形态软骨，该成果被誉为组织工程发展史上的里程碑，曹谊林因此获得了 James Barrett Brown Prize

3. 组织工程人耳再生再造核心技术研发困难重重

自 1997 年曹谊林在裸鼠背上成功再生出人耳形态软骨起，为何至今二十多年该技术仍未成为临床耳再造治疗的主流技术？事实上，组织工程人耳再生再造核心技术临床转化研发过程困难重重。

种子细胞、支架材料、组织构建微环境是组织工程三要素，也是决定特定三维形态软骨能否成功再生的关键因素。曹谊林团队经过二十余年的不懈努力，攻克了一个又一个关键科学问题和技术难题，最终实现了组织工程人耳再生再造技术临床转化的突破。

（1）种子细胞来源难题：体内外模拟软骨再生微环境，成功调控了干细胞和已去分化软骨细胞的三维软骨再生，解决了种子细胞来源难题。

耳郭构建需要大量种子细胞。针对干细胞软骨定向分化调控难题，曹谊林和周广东教授共同提出了"模拟软骨微环境诱导干细胞软骨定向分化理念"（ZL 02155171.5），将软骨细胞与骨髓基质干细胞体外共培养或体内共移植，利用软骨细胞提供的微环境成功诱导了干细胞形成软骨。为明确其调控机制，该团队又建立了多种体外研究模型，结果证实：软骨细胞分泌的可溶性因子及软骨细胞外基质成分是其发挥诱导作用的主要机制（ZL 200610024205.9；ZL 200910200056.0）。以此为依据，通过多种生长因子联合应用，建立了高效、稳定的干细胞体外软骨定向诱导技术（ZL 200510112068.X），解决了干细胞三维软骨再生的难题。此外，通过模拟软骨微环境，还发明了一种能逆转软骨细胞功能的重分化体系（ZL 201110268830.9；ZL 01710057997.8），该体系可促使大量扩增后已去分化的软骨细胞重分化形成软骨（图 2-6-13）。上述系列研究从根本上解决了人软骨再生种子细胞来源难题。系列研究成果已在本领域权威杂志 *Biomaterials* 上发表论文 6 篇，累计被引用 300 余次，获发明专利 5 项，受邀在重要国际学术会议做特邀报告 30 余次，得到了国际同行专家的高度评价。

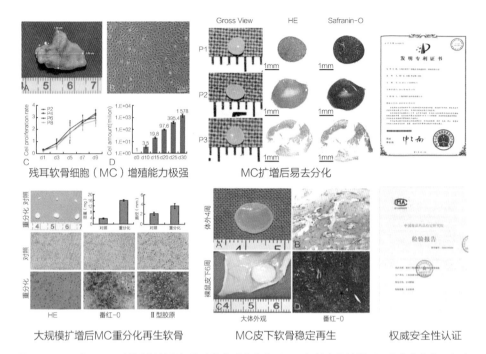

图 2-6-13　发明了一种能逆转软骨细胞功能的重分化体系，可促使大量扩增后已去分化的软骨细胞重分化形成软骨。该体系已获中国食品药品检定研究院的权威认证

（2）支架材料炎性反应难题：提出"体外构建策略"，解决了支架材料引发炎性反应的难题，实现了大动物体内稳定软骨再生。

支架材料及其降解产物引发炎性反应是导致免疫功能健全大动物体内软骨再生失败的常见原因。由于裸鼠存在免疫缺陷，支架材料不会引发严重炎性反应干扰软骨再生，但在大动物和人体内则会导致软骨再生完全失败，这就是轰动学术界的"裸鼠背上的人耳"一直未能突破临床转化的重要原因之一。针对该难题，曹谊林团提出了"体外构建策略"，模拟软骨微环境建立了体外三维软骨再生核心技术，待体外软骨形成、支架材料大部分降解后再植入体内，避免大量材料残留引发炎性反应干扰软骨再生，多项动物实验结果已充分证实了该策略的可行性和有效性。目前已建立了规范化、标准化的体外三维软骨构建核心技术体系（ZL 200510112068.X），为软骨再生技术后续临床应用及产业转化奠定了坚实的技术基础（图2-6-14）。

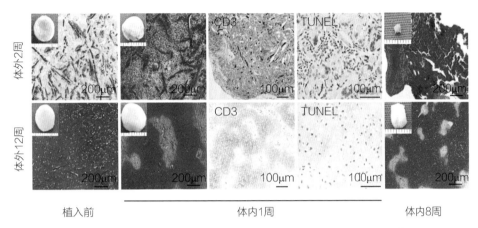

图2-6-14 支架材料引发炎性反应易导致大动物体内软骨再生失败。"体外构建策略"可实现体外软骨再生，在大部分材料降解完成后再植入体内以避免炎症，因而可实现大动物体内稳定的软骨再生

（3）干细胞软骨再生稳定性难题：通过软骨微环境体内外仿生模拟，攻克了干细胞在皮下环境中异位软骨再生稳定性的国际难题。

干细胞异位软骨再生稳定性是阻碍其临床转化应用的国际难题，也是干细胞再生软骨无法用于耳再造、气管重建等皮下微环境中软骨修复的瓶颈难题。曹谊林团队研究证实，干细胞再生软骨异位骨化与血管化密切相关，干细胞经体外长期诱导再生的软骨血管化因子表达降低，可以在皮下环境中稳定维持软骨表型。进一步研究证实，利用软骨细胞或其再生的软骨膜片在皮下模拟软骨微环境，能显著提高干细胞异位软骨再生稳定性，而敲除主要血管抑制因子软骨调节素 I 后，软骨细胞在皮下环境中再生的软骨也不能维持软骨表型。上述系列研究为解决干细胞异位软骨再生稳定性国际难题提供了多种新思路。曹谊林主导的软骨、骨、皮肤、肌腱系列组织再生核心技术突破获 2008 年国家技术发明奖二等奖（图2-6-15）。

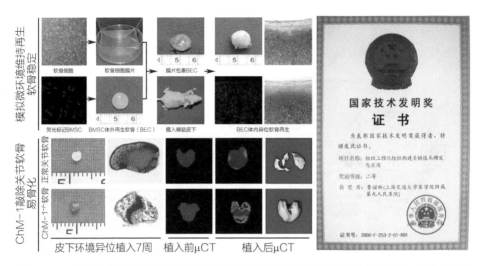

图 2-6-15　软骨细胞膜片模拟的软骨微环境有效维持了干细胞异位软骨再生的稳定性；敲除血管抑制因子软骨调节素 I 后，关节软骨在皮下环境也不能维持软骨表型。曹谊林教授主导的系列组织再生核心技术突破获 2008 年国家技术发明奖二等奖

（4）三维形态精确控制难题：整合激光扫描、计算机辅助设计（CAD）、3D 打印等先进技术，成功建立了体外再生软骨三维形态精确控制及量化评估技术。

三维形态精确控制是耳再造的特殊应用需求，也是国际公认的技术难题。曹谊林团队在国际上率先通过计算机辅助设计和 3D 打印技术实现了支架材料患者个性化耳形态的精确控制，结合上述体外软骨再生核心技术，成功建立了以耳郭、股骨头为代表的复杂三维形态软骨体外构建核心技术。该技术突破已申请了发明专利（ZL 201110268830.9），在 *Biomaterials* 等权威杂志上发表 SCI 论文 5 篇，在重要国际学术会议做特邀报告 20 余次，引起了国际同行的广泛关注和高度评价。为表彰曹谊林在组织器官再生再造领域的诸多学术贡献，美国整形外科学会特授予其"至高荣誉奖"——Maliniac Lecture（被誉为整形外科学界"诺贝尔奖"，授予对整形外科领域具有突出贡献者，每年全球仅授予 1 人）（图 2-6-16）。

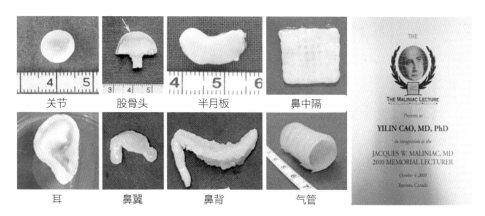

图 2-6-16　整合 CAD、3D 打印、激光扫描等先进技术，建立了体外再生软骨三维形态精确控制及量化评估核心技术。曹谊林荣获整形外科学界"至高荣誉奖"——Maliniac Lecture

（5）再生软骨力学强度不足难题：通过优化支架设计，结合软骨再生特异性生物反应器研发及应用，显著提升了构建软骨力学强度。

　　组织工程人耳必须具备足够的力学强度，移植后才能对抗皮下张力而稳定维持原有精确形态。曹谊林团队从优化支架设计和施加力学刺激两方面提高了再生软骨的力学性能。在优化支架设计方面，开展了 3 项研究：①提出带内核复合支架设计理念，依靠高强度慢降解内核维持体外再生软骨精确形态及力学性能；②进一步使内核具备生长因子缓释功能，从而提高软骨再生效率和力学性能（国际访问学者在本实验室完成）；③通过优化支架材料微管取向促进细胞迁移，改善物质传输，提高了再生软骨的均质性和力学性能。力学刺激方面，首先证实了静态液压刺激可以促进软骨基质大分子间交联，显著提高体外再生软骨力学强度。以此为依据，研制了一款软骨再生专用生物反应器（ZL 201210401945.5），该反应器能对三维培养物施加持续的静态液压，显著提升了再生软骨质量及力学性能（图 2-6-17）。

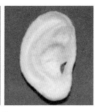

图 2-6-17 基于 PCL 内支撑网的复合耳支架

（6）临床前可行性和有效性验证：建立了耳郭、气管等特殊形态软骨缺损修复大动物模型，明确了软骨再生技术临床转化的安全性、可行性及有效性。

大动物模型有效性是评估临床转化可行性的关键依据。曹谊林团队在国际上率先建立了软骨细胞复合可降解支架修复兔长节段性气管缺损修复模型，术后存活时间超过 1 年。同时，应用兔、犬等动物模型开展人耳形态软骨再生再造尝试也获得了初步成功。此外，为进一步降低支架材料在免疫健全大动物体内引发炎性反应的风险，建立了不依赖支架材料的软骨膜片再生技术，可在大型哺乳动物（羊）体内形成大面积均质软骨，用于修复羊气管缺损或雕刻成耳郭形态进行耳再造。上述系列研究结果表明，组织工程技术再生的软骨用于大动物各类软骨缺损修复安全、可行、有效（图 2-6-18）。

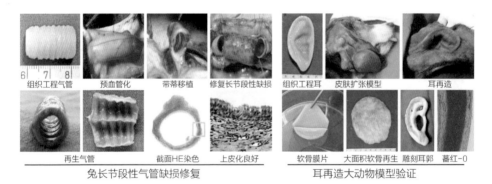

图 2-6-18 特殊形态异位软骨再生技术，在大动物体内开展了耳郭、气管等软骨再生临床前有效性验证

4. 国际首例组织工程人耳再生再造终获临床突破

整合上述系列基础科学研究及应用技术研发成果，建立了规范化的体外软骨再生技术体系和质控标准，完成了软骨再生种子细胞、支架材料的安全性评估及临床级活体软骨组织制备产业基地建设。同时，制订了完善的临床应用技术标准和实施方案，最终于 2014 年 7 月在国际上首次开展了"自体残耳软骨细胞体外再生人耳形态软骨"的组织工程耳再造临床转化应用，经长达两年以上的密切随访，再造耳长期存活，形态满意并具有良好的弹性，组织学活检证实为弹性软骨再生，相关研究成果发表在 *Lancet* 子刊 *eBiomedicine* 上。该研究成果被国际组织工程与再生医学学会欧洲分会主席 Ivan Martin 教授评价为组织工程领域的又一个重要里程碑，并被 CNN、BBC 等国际知名媒体竞相报道（图 2-6-19）。同时，"人工耳朵"入选 2018 年中国医药生物技术十大进展，2019 年"组织工程耳软骨再生关键科学问题、核心技术及其临床转化"获中国生物材料学会首届科学技术奖一等奖（全国仅授予 2 名）。目前该技术模式已成功拓展到关节软骨缺损修复、鼻再造、唇腭裂畸形矫治、睑板缺损修复、颅面部轮廓微整形等多种软骨缺损的修复与功能重建，累计已开展各类软骨缺损修复及再生再造近 200 例，有望开辟一条活体组织再生再造全新治疗模式，必将极大地推动组织工程与再生医学行业的临床转化和产业转化。曹谊林、周广东因此受邀在本领域国内外重要学术会议做 *Plenary*、*Keynote*、*Invited* 报告 20 余次，引起了巨大的国际反响和高度评价。

图 2-6-19 全球首例组织工程人耳再造临床转化突破——组织工程领域的重要里程碑

5. 组织工程软骨再生再造技术的临床推广应用任重而道远

尽管活体软骨再生技术目前已实现耳再造、鼻再造、睑板缺损修复、唇腭裂畸形矫治等系列临床转化突破，但其进一步的临床推广应用仍面临诸多实际困难，临床转化之路任重而道远。首先，目前对自体细胞生产制备的活体组织制品分类尚无定论，这限制了该技术的临床转化和推广应用。活体软骨再生技术作为一项国际新兴前沿技术，它既不同于以往的生物活性材料医疗器械产品（不含活细胞成分），也不同于常规的生物制品或组织移植（未经体外培养和组织再生过程），更不同于常规的药品或细胞治疗产品（全身应用，不含活体组织成分）。其次，活体软骨再生核心技术仍需进一步优化和升级。以组织工程耳再造为例，尽管目前已实现了临床转化的突破，但由于不同患者免疫系统对体外再生软骨中残留少量高分子材料的反应存在一定差异，部分患者会出现体内软骨再生不均质，在一定程度上影响了其耳再造实际的临床效果，进而影响组织工程耳再造的成功率和满意度。目前，已经在尝试应用天然可降解材料替代高分子材料进行耳鼻形态软骨再生再造研究，现已获得了较为满意的研究结果，近期将正式启动新一轮的临床研究。同时，还开发一系列不依赖于高分子合成材料的软骨再生新技术，相信在不久的将来该技术会快速进入临床。

（六）新型可降解涂层冠脉药物洗脱支架

1. 冠心病是危害我国居民健康的主要疾病之一

近年来冠心病已成为危害人类健康最常见、最严重的疾病之一，2006年我国冠心病患者已达到4 000多万，已严重影响人们身体健康。冠状动脉（冠脉）介入技术为其提供了有效的治疗手段。2002年药物支架（图2-6-20）问世，其通过抑制平滑肌增殖，克服了金属裸支架再狭窄率高的难题，使再狭窄率下降到了5%～15%，但随着药物支架的应用，其安全性风险逐渐凸显。

图2-6-20　传统冠脉药物支架构造图

2. 药物支架克服了冠状动脉介入治疗再狭窄率高的难题，但也存在安全性风险

2002年药物支架的问世开辟了冠心病介入治疗的新纪元，其通过

支架涂层中携带的可抑制细胞增殖的药物作用，使再狭窄率下降到了5%～15%，但随着药物支架的广泛应用，一些新的问题浮现了出来，最主要的争议是关于药物支架内皮化延迟、贴壁不良及晚期血栓发生风险的不断增加。另外，药物支架晚期贴壁不良率达到了7%～21%，发生贴壁不良也会引发支架内血栓风险增加。研究显示，支架内血栓形成的主要原因是传统药物支架采用的涂层材料（药物载体）无法完成体内降解，长期残留体内，刺激局部血管产生持久的炎性反应；药物长期释放会影响支架术后内皮化进程，从而导致血管内皮化不完全和晚期支架贴壁不良。

我国开展冠脉介入治疗比国外晚了近10年，原因在于关键技术和设备依靠从国外引进，费用高昂，而且早期引进的不可降解涂层的药物支架晚期贴壁不良发生率可以达到7%～21%，严重影响患者的生命安全，这迫使我们研制具有自主知识产权、可降解涂层的药物支架，从而使更多的冠心病患者得到安全、有效的治疗，并在该领域迎头赶超国际先进行列。

3. 新型可降解涂层药物支架具有内皮覆盖快、炎症和血栓发生率低等临床应用优势，得到了国内外一致认可

葛均波院士团队经过多年攻关研究终于从数十种生物可降解高分子材料筛选出了性能良好和无毒性的分子量范围为70 000～100 000D的消旋聚乳酸类材料作为冠脉药物洗脱支架的涂层材料。

2005年3月率先证实了国产化新型可降解涂层冠脉支架的临床有效性和安全性。在国内首次将聚乳酸类可降解材料作为支架药物载体应用于药物支架。

葛均波团队研制和开发的聚乳酸可降解涂层材料和国产化新型可降解涂层药物洗脱支架，可降解涂层使药物支架具有稳定的释放载体，并具有良好的生物相容性和较低的支架植入部位致炎性，涂层材料和药物在支架植入后6个月可完全释放，解决了既往传统药物支架药物不能完全释放、涂层材料残留在体内引发炎性反应和内皮化不全的问题，并且新型可降解涂层药物支架可缩短术后双联抗血小板的应用时间，减少了晚期和极晚期支架内血栓形成并发症及其造成的缺血复发、再次血运重建与因长期双联抗血小板治疗引起的出血并发症，也大大减少了相关的医疗费用。临床实践证实，国产化聚乳酸可降解涂层药物洗脱支架具有良好的临床有效性和安全性，并具有广阔的应用前景。

葛均波团队研发的新型可降解涂层药物支架，具有内皮覆盖快、炎症和血栓发生率低等临床应用优势，疗效和安全性更好，得到了国内外心血管介入专家的一致认可，已在全国超过900家医疗机构获得临床应用。该支架植入后氯吡格雷服用时间从传统的12个月缩短至6个月，有效降低了医疗成本。产品出口十余个国家。已申报专利3项，获授权2项。经科技查新和成果鉴定，达到国内领先、国际先进水平。2006年，可降解涂层材料研制被评为国家"863计划"新材料领域优秀研究成果（全国40项评出2项）。新型可降解涂层冠脉支架的研制和应用，提高了中国医疗器械产品在国际市场上的竞争力，提升了我国在该领域研发的核心竞争力。

4. 国产化新型可降解涂层药物洗脱支架打破了进口支架长期垄断国内市场的格局

新型国产药物洗脱支架的产业化提升了我国高端医疗器械的生产水平，同时带动了我国医疗器械行业的长足发展。新型可降解涂层材料和可降解涂层冠脉支架的研发，克服了传统药物支架的性能缺陷，体现了我国医疗科技的自主创新，提高了中国高科技品牌形象，打破了国外产品长期垄断市场的格局，提高了中国医疗器械产品在国际市场上的竞争力，开创了民族品牌。

（七）构建生物可降解组织工程神经

1. 周围神经损伤严重影响患者生活质量

周围神经损伤是一个世界性的临床问题，常由创伤或手术引起，可导致部分或全部的运动功能及感觉和知觉丧失，甚至导致终身残疾。研制组织工程神经作为神经移植的替代物，已成为神经缺损修复的一个重要研究领域。组织工程的三要素是支架、种子细胞及因子。构建组织工程神经的生物材料支架可统称为人工神经移植物，种子细胞主要是神经膜细胞或具有类似功能的细胞，使用较多的因子是神经营养因子。组织工程神经在神经缺损修复中主要起桥梁、支持、营养等作用。

2. 人工神经移植物是构建组织工程神经的基础

人工神经移植物是构建组织工程神经的基础。制备人工神经移植物的生物材料按来源可分为天然材料和人工合成材料两大类，按降解性又可分为不可降解聚合物和可降解聚合物两大类。用于制备人工神经移植物的天然可降解聚合物主要有壳聚糖、胶原、丝素蛋白等，合成可降解聚合物则以聚乙醇酸、聚乳酸为代表。2014 年生物可降解组织工程神经构建理念被载入英国剑桥大学新版教科书（图 2-6-21）。

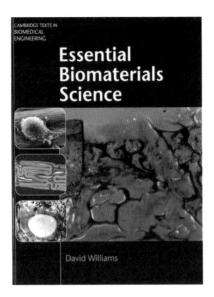
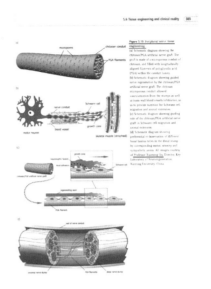

图 2-6-21　生物可降解组织工程神经构建理念被载入英国剑桥大学新版教科书（2014）

　　顾晓松院士团队研究发现，蚕丝丝素蛋白与神经组织的细胞具有良好的生物相容性，根据仿生学原理制备的丝素蛋白人工神经移植物，对大鼠坐骨神经缺损具有较好的桥接修复作用。除上述材料外，聚羟基丁酸盐、藻酸盐、聚己内酯、毛发角蛋白等也被用作制备组织工程神经的支架材料，且均显示出一定的修复神经缺损作用。可降解聚合物各有优缺点，合理采用两种或两种以上聚合物搭配，能达到优势互补、增强效果的目的。顾晓松团队用壳聚糖制成多微孔、利于物质交换和血管长入的神经导管，管腔内置有利于神经膜细胞和轴突有序导向生长的聚乙醇酸纤维支架，构建复合型人工神经移植物，对犬坐骨神经 30mm 缺损有较好的桥接修复作用，初步临床研究结果表明患者神经功能恢复较满意（图 2-6-22）。在微观结构方面，影响神经导管支持神经再生作用的因素主要包括管壁的孔隙率、渗透性、表面形貌等，采用特殊工艺制成的非均一多孔性导管、内表面微沟化神经导管等，均显示出较好的神经修复作用。构建人工神经移植物的另一种思路是应用天然细胞外基质支架，即采用经化学去细胞处理的神经移植物，其免疫原性低，而神经基底膜管保存较好，可作为神经纤维再生的通道，国内学者对此进行了较系统和深入的研究，并已应用于临床治疗。

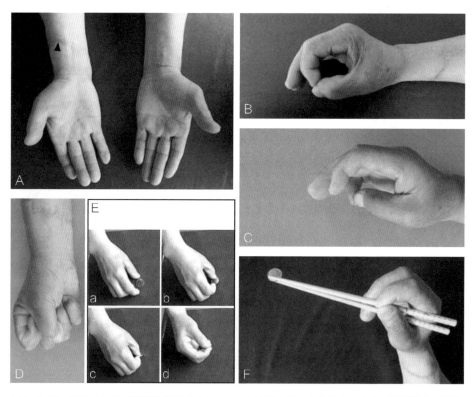

图 2-6-22　医用人工神经移植物修复人 30mm 正中神经缺损，疗效优良，攻克了周围神经缺损修复自体神经移植供体来源受限的世界性难题

3. 我国在国际上率先将人工神经应用于临床，受试患者损伤肢体功能明显恢复

过去，当人的肢体受损再接时，临床上主要采用自体神经移植的办法，

总优良率在 60% 左右，但其本质上是以一处损伤修复另一处损伤。南通大学神经再生重点实验室顾晓松团队提出"构建生物可降解组织工程神经"的学术观点，被作为新的理念载入英国剑桥大学新版教科书；研制了生物力学性好、降解可调控、低免疫原性、有利于血管生长和神经导向生长的组织工程神经，发明了构建组织工程神经的新技术和新工艺。

继而，顾晓松发明了生物可降解人工神经移植物，在国际上率先将壳聚糖人工神经移植物应用于临床，受试患者损伤肢体功能明显恢复，优良率为 85%，已经完成临床试验，正进入产品注册证书的申报阶段；创建了自体骨髓间充质干细胞组织工程神经修复长距离神经缺损的新技术、新方法，成功修复人正中神经干 8cm 缺损，术后患者功能恢复良好。

顾晓松创新性地研制了新一代细胞基质化丝素组织工程神经，并获中国发明专利及美国、澳大利亚等国际发明专利，为我国组织工程神经的创新与转化应用进入国际领先地位发挥着重要作用。*Science* 杂志撰文称："顾教授在世界上第一个将壳聚糖神经移植物应用于临床，第一个转化人工神经研究进入临床，是组织工程神经转化医学开拓者（Translational Pioneer）。"

4. 周围神经移植物获批上市，临床使用中技术要求相对简单，具有较好的可推广性

2020 年 11 月，国家药品监督管理局经审查，批准了创新产品"周围神经修复移植物"注册（图 2-6-23）。产品无菌提供，一次性使用。用于长度在 30mm 以内的指神经、桡神经浅支及前臂正中神经缺损的感觉神经功能修复。

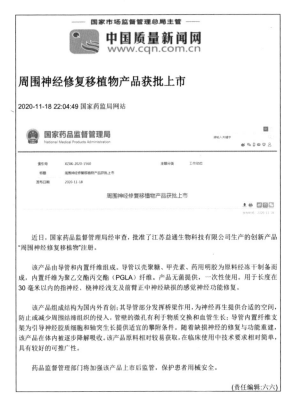

图 2-6-23　周围神经修复移植物产品获批上市

近日，国家药品监督管理局经审查，批准了江苏益通生物科技有限公司生产的创新产品"周围神经修复移植物"注册。

该产品由导管和内置纤维组成。导管以壳聚糖、甲壳素、药用明胶为原料经冻干制备而成，内置纤维为聚乙交酯丙交酯（PGLA）纤维。产品无菌提供，一次性使用。用于长度在30毫米以内的指神经、桡神经浅支及前臂正中神经缺损的感觉神经功能修复。

该产品组成结构为国内外首创；其导管部分发挥桥梁作用，为神经再生提供合适的空间，防止或减少周围结缔组织的侵入，管壁的微孔有利于物质交换和血管生长；导管内置纤维支架为引导神经胶质细胞和轴突生长提供适宜的攀附条件。随着缺损神经的修复与功能重建，该产品在体内被逐步降解吸收。该产品原料相对较易获取，在临床使用中技术要求相对简单，具有较好的可推广性。

药品监督管理部门将加强该产品上市后监管，保护患者用械安全。

（责任编辑：六六）

该产品组成结构为国内外首创。随着缺损神经的修复与功能重建，该产品在体内被逐步降解吸收。其原料相对较易获取，在临床使用中技术要求相对简单，具有较好的可推广性。

（八）拯救大脑的电波——脑起搏器

1. 帕金森病是老年人常见的疾病之一

随着社会的老龄化，疾病谱也在相应发生变化，老年神经变性疾病已成为继心脑血管病、肿瘤、糖尿病之后最常见的疾病之一。例如帕金森病，症状表现为动作缓慢，手脚或身体的其他部分震颤，身体失去柔软性、变得僵硬等，导致生活不能自理，也被称为"不死的癌症"，给患者及家庭带来了巨大的身心痛苦和经济负担。目前我国约有 300 万帕金森病患者，人数排名世界第一，预计到 2030 年将达到 500 万人。

2. 脑起搏器成为治疗帕金森病的两大武器之一

目前帕金森病的治疗方法主要是药物和手术两种，但随着用药时间的延长，药物的效果会逐渐下降，而副作用则会随着用药量的积累而越来越明显，这时候需要脑起搏器手术的帮助。这一疗法最早是法国神经外科医生本纳比在 1987 年发明的，他在为患者做手术时发现对大脑特定核团的高频电刺激可以控制住震颤，随后美国医疗器械公司研发了植入体内的脑深部电刺激器，即脑起搏器，并在 1997 年获得美国食品药品管理局的批准，到现在已经和药物共同成为治疗帕金森病的两大武器，在全世界开展了几十万例植入手术。

脑起搏器的组成及临床植入方式如图 2-6-24 所示：脑起搏器包括脉冲发生器、延长导线及电极三个部件。脑起搏器产生的高频电刺激脉冲，通过电极触点作用于脑内靶点核团，抑制因多巴胺能神经元减少而过度兴奋的神经元的电冲动，减低其过度兴奋的状态，从而缓解震颤、僵直、运动迟缓等症状。该技术最大的特点是可通过术后调整控制到最佳状态，疗效确切、安全、副作用小、不破坏脑组织、不影响今后其他新方法的治疗。

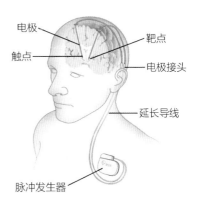

图 2-6-24　脑起搏器工作示意图

3. 清华脑起搏器手术成功实施，临床试验全面展开

1998年，北京天坛医院在国内率先开展了第一例脑起搏器植入手术。2000年，在清华大学与北京天坛医院的学术交流中，时任北京天坛医院院长、中国工程院王忠诚院士（2008年度国家最高科学技术奖获得者，图2-6-25）认为，帕金森病是老年病，人老了难免会得这个病，随着社会老龄化及人民生活水平的提高，治疗需求会越来越迫切，而进口脑起搏器价格昂贵，老百姓用不起，希望清华大学能够研发脑起博器。清华大学李路明教授非常认同，认为脑起搏器不仅可以解决临床患者的需求，而且代表了医科和工科交叉研究的制高点，引领学科方向，值得作为一生的研究方向。

图2-6-25 医药卫生界向王忠诚同志学习座谈会

大脑是人体的中枢司令部，支配和调节人的一切思想和活动，稍有损伤就可能出现功能缺失，甚至危及生命，而脑起搏器技术一直被美国垄断，在医疗器械领域有"皇冠上的明珠"一说，其对精密、可靠的要求可见一斑。

"如果患者是我们的亲人，我们放心让他们用我们研发的脑起搏器吗？"这是李路明和团队成员时时思考检视的准则。医工零距离，深入临床，多学科交义，将航天技术成果应用到脑起搏器研发中，自主突破了专用芯片、高密度封装、抗疲劳电极导线、密封连接、低功耗控制、电磁兼容、高可靠性保障等一系列核心技术，打破美国独家垄断，攻克多项世界难题，研发成功了脑起搏器。再经过长达 3 年的反复测试和动物实验的磨砺，清华脑起搏器日臻成熟，进入了临床试验阶段。2009 年 11 月 26 日，首例清华脑起搏器手术在北京天坛医院成功实施，张建国教授主刀，王忠诚院士亲自到手术室指导（图 2-6-26）。随后，临床试验全面展开，全部患者手术顺利，开机程控正常，经过术后一年的观察随访，帕金森病症状均获得了很好的改善。清华脑起搏器首位临床患者赵先生，术后十余年

图 2-6-26 首台清华脑起搏器临床手术（中间为王忠诚）

疗效一直稳定，身体状态良好，还可以干些农活。

4. 清华可充电脑起搏器实现一次手术、终身使用

2013 年 5 月，清华脑起搏器获得国家食品药品监督管理总局颁发的医疗器械注册证，这是我国第一个植入式神经调控的医疗器械，上市后迅速被在临床推广。2013 年 12 月 10 日，中央电视台"新闻联播"专题报道了清华脑起搏器研究成果。该技术打破了美国独家技术垄断，造福了患者。

可充电脑起搏器，解决患者的后顾之忧。脑起搏器国产化，极大地促进了疗法的推广应用，但患者提出了新的需求：脑起搏器由内置电池供电，每

隔几年电池耗尽，都要手术更换，住院受罪不说，费用也高，能不能想办法解决能源问题？

患者的需求就是指挥棒，李路明带领团队投入到了无线充电技术攻关中。脑起搏器植入体内后，要隔着皮肤和皮下组织、患者衣服进行无线充电，为了患者安全要发热低，还要考虑老年患者使用要操作简便。研发团队攻克了一系列关键技术，研发成功可充电脑起搏器（图2-6-27），经过一系列严格的实验室测试、动物实验及临床试验后，在2014年获得国家食品药品监督管理总局颁发的医疗器械注册证，这是我国第一个可无线充电的植入式医疗器械。

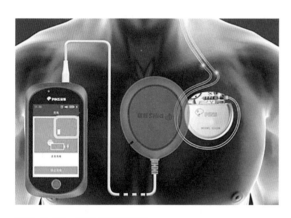

图2-6-27　无线充电示意图

可充电脑起搏器，可以实现一次手术、终身使用，从根本上解决了患者对于后续更换手术和医疗费用的担忧，在临床上广受好评，迅速成为了主流产品，进一步促进了脑起搏器疗法的普及。到2020年6月，清华脑起搏器已经推广到全国30个省（自治区、直辖市）的260余家医院，共为超过一万名患者完成了植入手术，在我国的年手术量已超过进口产品，占到2/3左右比例，并成功应用到多个"一带一路"沿线国家。

5. 在国际上从"跟跑"发展到整体"并跑"、局部"领跑"

患者在脑起搏器术后，随着疾病进程、身体状态等变化，需要经常返回手术医院调整刺激参数，以获得最佳的治疗效果。但帕金森病患者多为老年人，长途奔波行动不便、身心疲惫，需要家属陪同，人力时间和经济的负担都比较重。为此，在医生和患者音视频通信的基础上，团队研究了将脑起搏器接入互联网的方法，发明了患者端硬件保护与网络身份识别、数据加密和失效安全防护等软件保护相结合的远程程控技术，建设了国际首个基于云

平台的异地远程程控体系（图 2-6-28）。到 2020 年 6 月，累计完成远程程控近 1.5 万人次，在新型冠状病毒肺炎疫情期间每月有近千人次远程程控，科技助力抗疫，保障了患者健康。

图 2-6-28　北京医生正在为外地患者进行远程程控

帕金森病患者到晚期后，可能出现起步困难、突然难以行走、摔倒等，医学上称为"冻结步态"，这给患者带来了严重困扰。团队在国际上首创了高低不同频率交替的变频刺激技术，如果将电刺激大脑比作演奏音乐，那么以前是单一节律，现在就是交响乐了，临床上给患者带来了更多帮助。

患者植入脑起搏器后，可能因其他疾病诊疗而需要进行磁共振扫描，而大脑内电极由于综合性能的要求，是由铂铱合金制成的，在磁场中会受力和发热，尤其电极尖端的热量集中可能对大脑造成不可接受的灼伤。团队在国际上率先提出了在电极上增加一种特殊的编织网，通过数字人体和磁场耦合的建模计算、人体模型测试及动物实验，证实了在 1.5T 和 3T 磁共振扫描（图 2-6-29）时电极温升不超过 2℃，在此基础上新型的脑起搏器用于临床，满足了患者诊疗和脑研究的需求。

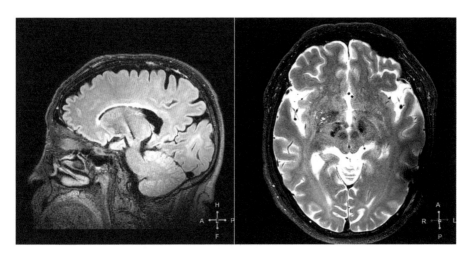

图 2-6-29 植入新型脑起搏器后的患者头部 3T 磁共振扫描图像

团队解决了颅内电脉冲刺激环境下微弱脑电信号的获取难题，研制成功刺激同步记录、实时传输的新型脑起搏器（图 2-6-30），在对患者进行治疗的同时实时获得长程脑深部电信号，发现刺激与局部场电位之间的节律相关性，通过分析信号特征实现了患者睡眠状态检测和基于睡眠状态的闭环刺激。国际首创的可充电、磁共振兼容、可实时感知的脑起搏器，可以

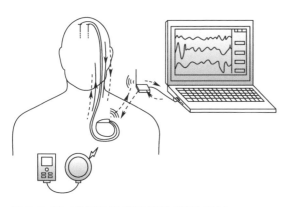

图 2-6-30 可实时感知的新型脑起搏器示意图

通过蓝牙技术和智能手机连接在一起，能够提供影像学和电生理学数据，为脑和脑疾病研究打开了新的窗口。

经过 20 多年的持续努力，我国已经形成了良好的"产－学－研－医"

密切合作，以清华大学为首的众多大学和科研院所、以北京天坛医院为首的几百家医院、医疗设备高科技企业共同努力，建立起关键技术、工程制造及临床应用三大体系，在国际上从"跟跑"发展到整体"并跑"、局部"领跑"。作为我国高端医疗器械的成功典范，清华大学、北京天坛医院、北京协和医院、解放军总医院（原301医院）、北京品驰医疗设备有限公司共同完成的"脑起搏器关键技术、系统与临床应用"项目，荣获2018年度国家科技进步奖一等奖（图2-6-31）。

图2-6-31 脑起搏器项目荣获国家科技进步奖一等奖

现在我国已成为全球除美国之外唯一具有完整的脑起搏器研究、产业化及临床应用能力的国家，并在快速发展之中。除帕金森病以外，脑起搏器还开始用于治疗特发性震颤、肌张力障碍、癫痫、强迫症、阿尔茨海默病（俗称"老年痴呆症"）、慢性意识障碍（俗称"植物人"）等神经和精神疾病。继脑起搏器之后，团队还研发成功治疗癫痫的迷走神经刺激器、治疗膀胱过度活动症的骶神经刺激器及治疗疼痛的脊髓刺激器，正在形成我国的神经调控产业生态。

（九）全球首创遗传性耳聋基因检测芯片

1. 听力障碍（耳聋）是我国第二大出生缺陷疾病

据《中国出生缺陷防治报告（2012）》显示，听力障碍已经成为我国第二大出生缺陷疾病。根据统计，在我国，每15分钟就有一个听力障碍儿童降生。每年有3万左右听力障碍儿童出生，如果加上迟发性耳聋和药物性耳聋患者，每年新增的听力障碍儿童超过6万。听力残疾人群总数高达2054万。0～3岁是听觉言语发育的关键时期，听力残疾导致儿童言语发育障碍并影响其情感、心理、社会交往等能力表达，给家庭和社会造成了沉重负担。

事实上，在中国庞大的耳聋案例中，90%聋儿的家长听力都是正常的，还有很多孩子在出生时听力表现是正常的。在成长过程之中，可能由于一场感冒、用药不当、外力损伤等外界因素而诱发耳聋，导致这种情况发生的主要原因在于人体内存在的耳聋基因在作怪。

研究表明，60%以上耳聋是由遗传因素导致的，我国正常人群中耳聋基因突变携带率达6%。家庭没有听力障碍史的年轻父母由于各自携带着同一致聋基因的相同突变（隐性），在生育孩子时，孩子就有25%的致聋概率。反过来讲，聋人和正常人结婚未必会生聋儿，同样聋人和聋人结婚也未必一定会生下聋儿，主要还是看其携带的耳聋基因的突变情况。

2. 为新生儿足跟采一滴血即可筛查多种常见耳聋突变基因

大部分耳聋"无药可治"，只能通过植入人工耳蜗或者佩戴助听器等器械辅助手段来改善。1997年3月，中国工程院院士、北京同仁医院原院长韩德民主刀完成了中国内地第一台儿童人工耳蜗植入手术。自此，人工耳蜗技术逐渐在我国推开，越来越多的听力障碍儿童告别了无声世界。

然而，韩德民并未满足于此，他期待有一种技术能将"被动治疗"变成"主动预防"。为了攻克这一难题，韩德民想到一个人——中国工程院院士、清华大学教授、生物芯片专家程京。程京研发的 SARS 病毒检测基因芯片给他留下了深刻印象！

一句"咱们携手吧！"让韩德民和程京又一次成为战友。

2006 年，解放军总医院耳鼻咽喉头颈外科戴朴教授也加入了组合。他找到程京，希望合作开发一种生物芯片，只须采一滴血，就能筛查多种常见耳聋突变基因——这滴血是人一生中的第一滴血，芯片一旦研发成功，这第一滴血将改变万千孩子的命运。

彼时，传统的新生儿听力筛查，是通过耳声发射、听性脑干反应、声阻抗等电生理学进行检测，在新生儿出生后 72 小时内，自然睡眠或安静状态下，进行客观、快速、无创的检查。该听力筛查在世界范围内被广泛应用，但却无法及时发现迟发性耳聋和药物性耳聋的高危个体。

传统的耳聋筛查和诊断技术要么操作烦琐、通量低，要么平台昂贵且耗费人力物力。因此，当时迫切需要一款高精度、高灵敏度、高通量、低成本的新型基因突变检测技术及配套设备，以实现规模化预防耳聋。

戴朴认为："如果联合听力和基因筛查方法，就可以弥补传统听力筛查的缺陷，提高新生儿耳聋诊断率。"耳聋基因筛查可从正常人筛查做起，婚前、孕前先对女性做，如女性没有致聋基因携带，就可通过，如有，则需视情况是线粒体 DNA 发生了药物致聋的突变还是与先天性耳聋或迟发性耳聋相关的基因组 DNA 的突变来确定是否也需对男性一方做基因检测。最起码也要从新生儿做起。

　　早在 2003 年，戴朴进行了一项全国耳聋流行性病学调查，发现中国人 60% 的耳聋都是可以诊断的遗传性耳聋，明确了中国人群常见的致聋基因 GJB2、SLC26A4 突变频谱信息，确定 GJB2、SLC26A4、12SrRNA、GJB3 四大基因为中国人群主要的遗传性耳聋致病基因及其上 9 个突变为高发突变。

　　在全国遗传性耳聋分子流行病学调研结果的基础上，由生物芯片北京国家工程研究中心暨博奥生物集团有限公司联合清华大学、解放军总医院（原 301 医院）研发的"遗传性耳聋基因诊断芯片系统"项目应运而生（图 2-6-32）。

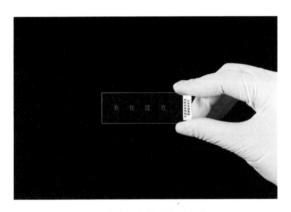

图 2-6-32　九项遗传性耳聋基因检测芯片

　　"遗传性耳聋基因诊断芯片系统"获得了国家"863"项目重大科技专项经费的支持，发明了多重等位基因特异性扩增及通用芯片技术，提高了基因扩增特异性的人工引入错配碱基技术，磁珠分离富集单链 DNA 及磁珠、荧光双标记技术及利用表面张力精确控制液膜厚度和气泡产生的杂交技术。

　　2007 年，项目团队将这四大技术整合在一起设计出了全球首款遗传性耳聋基因检测芯片，能够检测先天性耳聋、药物性耳聋、迟发性耳聋相关的致聋基因位点，使耳聋步入可控、可防、可干预的新时代，实现了耳聋从被动康复到主动预防的重大突破。同时，项目还解决了痕量样品基因检测的难题，同步研制出全套适合大规模筛查的配套仪器及整体解决方案，具备检测结果准确可靠、灵敏度高、通量高、价格低、检测快捷等多项优势。

随后，围绕芯片核心技术，项目组又发明了芯片点样仪、芯片杂交仪、芯片扫描仪等配套设备，形成了系统的芯片制备、反应及检测平台；发明了全自动液体工作站，实现了核酸自动提取和单链 DNA 制备，使筛查的效率和准确性得到了提高。

3. 全国近 400 万新生儿接受筛查，直接避免了 10 万人药物性致聋

遗传性耳聋基因检测芯片于 2009 年获得医疗器械注册证书，进入市场，2010 年获得国家重点新产品称号，是至今获证最早、筛查人群最大，且实现干血斑等痕量样品检测的高灵敏度产品。

2012 年，在充分了解了遗传性耳聋基因检测芯片作用和产品质量的情况下，北京市在全国率先开展新生儿遗传性耳聋基因筛查工作，成为全国乃至全世界第一个实现新生儿耳聋基因筛查的城市。随后，基于北京的示范效应，成都、郑州、福州、太原、南通、东莞、济南、长治、新疆等二十多个地区也将该项目列入为民办实事的民生工程，开展新生儿遗传性耳聋基因免费筛查（图 2-6-33）。

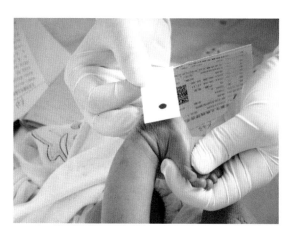

图 2-6-33 为新生儿采足跟血

2013 年 2 月，由北京市卫生计生委委托卫生经济学专家对北京耳聋基因筛查项目（图 2-6-34）实施情况进行了科学、客观的经济学评价。筛查的成本效益比率为 1∶7.27，即投入 1 元可获得 7.27 元的收益。专家一致认为，新生儿耳聋基因筛查作为政、产、学、研、用相结合的重大科技成果转化和北京市基本公共卫生服务项目，对预防和减少耳聋残疾的发生具有重要作用。截至 2020 年 7 月，全国接受遗传性耳聋基因筛查的新生儿数量近 430 万人，检出总突变率约为 4.4%，其中药物致聋基因携带者 1 万多人，直接避免了 10 万多新生儿及其母系家庭成员因错误用药致聋，

图 2-6-34　北京市新生儿耳聋基因筛查项目用药指南卡片

也使中国成为国际上规模最大的遗传性耳聋基因筛查国家。至今，已为国家节约了 600 亿元左右的医疗开销。

遗传性耳聋基因诊断芯片系统自问世以来，共获得授权专利 41 项，软件著作权证 1 项，医疗器械注册证书 4 个。该芯片系统在婚育指导、产前筛查、新生儿和高危人群筛查、耳聋病因诊断等领域被广泛应用，受到国内外一致好评，也屡次斩获各类奖项，包括国家技术发明奖二等奖（2018）、黄家驷生物医学工程奖技术发明奖一等奖（2017）、第十九届中国专利优秀

奖（2017）、第十七届中国专利优秀奖（2015）、首届妇幼健康科学技术奖科技成果奖一等奖（2015）、北京市科学技术奖二等奖（2014）、国家重点新产品证书（2010）、北京市自主创新产品证书（2009）等奖项。

4. 走出国门，成为全球耳聋基因筛选芯片领军者

随着在全国范围内的推广应用，遗传性耳聋基因检测芯片技术也引来其他国家和地区众多医疗机构的关注。2017年7月，遗传性耳聋基因检测试剂盒获得泰国国家公共卫生部食品药品监督管理局核发的医疗器械注册证书，为布局东南亚市场奠定了基础。

此外，项目团队采用自主研发的微流控阵列芯片技术平台，研发出首款用于检测白种人遗传性耳聋的基因检测芯片和配套试剂，该芯片可以同时检测与白种人常见遗传性耳聋相关的5个基因中的9个位点。

目前，白人耳聋基因芯片（图2-6-35）已经进入临床试验阶段，该项目的研发和所取得的系列成果，大大提升了中国高科技的国际地位，也为国际分子诊断行业的发展做出了实质性贡献。

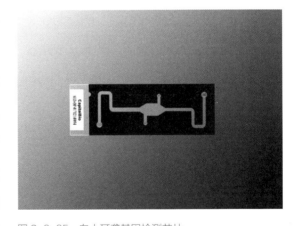

图2-6-35　白人耳聋基因检测芯片

2019年9月，国际知名人类与医学遗传学杂志 *The American Journal of Human Genetics*（《美国人类遗传学杂志》）在线发表了题为"中国北京180 469例新生儿听力与基因联合筛查及其随访"（Concurrent Hearing and

Genetic Screening of 180 469 Neonates with follow-up in Beijing，China）的重要研究成果（图2-6-36）。这是国际上首次在具有千万级人口

的超大城市中完成的新生儿听力与基因联合筛查的前瞻性研究工作，说明中国耳聋群体性防控工作已受到国际主流学者和顶级期刊的关注和认可并走在国际前列，发挥了引领示范作用。

以耳聋基因芯片技术为代表的中国创新分子诊断技术已然成为引领全球的"中国样板"。今天，生物芯片北京国家工程研究中心在这一领域持续开拓，在微阵列芯片平台和高通量测序平台陆续推出了9项遗传性耳聋基因检测、15项遗传性耳聋基因检测、遗

图 2-6-36　国际知名人类与医学遗传学杂志 The American Journal of Human Genetics（《美国人类遗传学杂志》）

传性耳聋18个基因100个位点检测、线粒体基因组检测、遗传性耳聋相关227个基因检测及全外显子测序产品，新一代21项遗传性耳聋基因检测芯片（图2-6-37）也即将面世。新产品将依托全新的具有自主知识产权的微流控SNP芯片检测系统，将微流控技术和竞争性等位基因特异性扩增技术相结合，可为受检者提供更全面、更精准的检测。

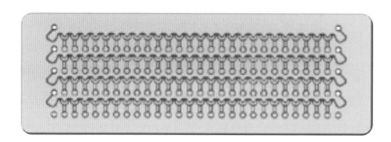

图 2-6-37　21项遗传性耳聋基因检测微流控芯片

　　这些由我国原创并获得临床准入的遗传性耳聋基因芯片诊断系统，作为中国高科技的代表已经走出国门，正式标志着中国在生物芯片耳聋基因筛查领域成为全世界当之无愧的领军者。

参考文献

[1]　ANIKEEVA P,BOYDEN E,BRANGWYNNE C,et al.Voices in methods development[J].Nat Methods,2019,16(10):945-951.

[2]　CYRANOSKI D.China launches brain-imaging factory[J].Nature,2017,548(7667):268-269.

[3]　袁永一,戴朴.遗传性聋的精准医疗[J].临床耳鼻咽喉头颈外科杂志,2016,30(1):1-5.

[4]　LI C X,PAN Q,GUO Y G,et al.Construction of a multiplex allele-specific PCR-based universal array(ASPUA)and its application to hearing loss screening[J].Hum Mutat,2008,29(2):306-314.

七、中医中药　民族瑰宝

陈士林教授谈中医药
传承与创新

中医药是中华民族的伟大创造，中医药学有着悠久的历史，凝聚着深邃的哲学智慧和中华民族几千年的健康养生理念及实践经验，是中华优秀传统文化的重要组成部分，为中华民族繁衍生息作出了巨大贡献，对世界文明进步产生了积极影响。

中国共产党自成立以来，一直保护、传承和发展传统中医药，坚持不懈地推动中医药与时俱进，为保障人民群众生命安全和身体健康服务，坚持中西医并重，推动中西医优势互补、融合发展。

传承创新发展中医药是新时代中国特色社会主义事业的重要内容。党和政府高度重视中医药工作，特别是党的十八大以来，以习近平同志为核心的党中央把中医药工作摆在更加重要的位置，中医药改革发展取得显著成绩，为增进人民健康作出了重要贡献，也对世界医学文明产生积极影响。习近平总书记强调：中医药学包含着中华民族几千年的健康养生理念及其实践经验，是中华文明的一个瑰宝，凝聚着中国人民和中华民族的博大智慧。

本书中医药部分梳理了新中国成立以来中医学、中药学、中西医结合领域重大而具有代表性的科技成就、重大科技事件和重要科技人物，当然这些只是新中国成立以来中医药诸多丰硕成果的一部分。中医药的发展，任重而道远，只有传承精华，守正创新，我们才能共同擦亮中医文化瑰宝，为健康中国建设助力。

（一）中药资源"家底勘察"风雨兼程——"十年一剑"！盘点第三次全国中药资源普查成果

1984—1995 年，我国开展了规模宏大的第三次全国中药资源普查。丰硕的成果获得 1997 年国家科学技术进步奖二等奖。第一次全面查清、梳理了全国中药资源种类 12 807 种，总结了中药资源分布规律，编著出版了《中国中药资源丛书》，解决了中药资源"家底不清"、临床用药供应短缺等可持续发展的行业瓶颈问题，推动中医药行业跨入了新时代。

作为天然药物大国的一分子，我们应该对此次中药资源普查有哪些了解呢？一起来看！

1. 资源普查的时代背景

我国是中药资源非常丰富的国家，素有"世界药用植物宝库"之称。自古以来，医药名家都重视修著本草，不断丰富祖国中药资源宝库。秦汉时期《神农本草经》是现存最早的中药学著作；明代"药圣"李时珍铸就了名传千古的《本草纲目》。但之后，我国在中药资源的查勘和汇编方面一直无重大突破。新中国成立后，党和国家领导人高度重视中医药事业的继承和发展，于 1960—1962 年和 1969—1973 年先后开展了两次较大规模药材资源的局部"家底勘察"，而第三次全国中药资源普查（1984—1995 年）旨在扩大药源和解决医疗用药问题。其时代背景是全国有 140 多种药材"抓药难、配方难"，供应严重紧缺。1982 年 12 月 28 日第 45 次国务院常务会议正式提出对全国中药资源进行系统调查研究，在摸清资源家底的基础上制订发展规划。

此外，由于中药资源是以再生性资源为主，具有周期长、分布地域广、动态性强、易受人为因素及自然力的影响、蕴藏量易发生变化等特点；加之中药产业迅速发展，许多资料已成为历史资料，难以发挥其指导生产的作用。中药资源"家底不清"，中药资源信息不流通、不对称，中药相关技术资源匮乏等成为中药资源可持续发展面临的巨大问题和瓶颈。因此，组织开展第三次全国中药资源普查势在必行，肩负着新时代国家战略使命。

2. 资源普查的过程与内容

普查时间：1984—1995 年，由国家医药管理局等 7 部委领导、中国药材公司组织实施了全国中药资源普查；普查规模：全国各地约 4 万名专业人员参加，普查规模空前、范围最广，是第一次真正意义上中药资源的全面普查；普查内容：包括中药资源的种类和分布、数量和质量、保护和管理、中药区划、中药资源区域开发等；普查步骤：分为野外调查、内业整理和总结验收三个阶段。5 年完成规模宏大的实地考察，5 年完成资源、名录、数据、区划、品种、验方六个成果专题的系统汇总（图 2-7-1）。

图 2-7-1 资源普查的标本夹及采集记录簿

资源普查的主要成果：

第三次全国中药资源普查取得的丰硕成果主要分为以下五个方面：查清资源种类、总结分布规律、调查资源数量、编辑资源丛书、培养资源人才。

（1）查清了全国中药资源种类12 807种。包括药用植物383科2 309属，药用动物395科862属。其中药用植物11 146种，药用动物1 581种，药用矿物80种。

（2）总结了中药资源分布规律。根据自然地形地貌分成三个类型区：①东部季风区域，气候比较湿润，降水量比较多；②西北干旱区域，降水量少；③青藏高寒区域。按照气候区划为九个气候带。

（3）重点调查了362种常用药材的数量并建立技术档案和数据库。数量指标包括资源蕴藏量、栽培年产量、年收购量、年销售量和年需要量。并建立全国数据库及其管理系统。

（4）编著了《中国中药资源丛书》，共六册。

第一册《中国中药资源志要》，以记录中药资源种类为主，分布记录到省（自治区、直辖市）。

第二册《中国中药资源》，是对中国中药资源种类、分布、蕴藏量和产量、中药区划、保护管理的系统论述。

第三册《中国中药区划》，是对全国中药资源和生产区划系统的研究成果，应用农业区划的理论体系，首次提出中药区划的原则依据，建立了9个一级区和28个二级区的中药区划分区系统，并对69种药材进行了适宜性分析，开创了农业区划在中药材上的应用先例。

第四册《中国常用中药材》，主要介绍138种大宗中药材的种类和产区分布、生产技术、产销变化趋势、商品规格标准、产地加工贮藏等内容。

第五册《中国民间单验方》，收集了10多万个民间单方和验方（图2-7-2）。

图 2-7-2 《中国中药资源丛书》

第六册《中国药材资源地图集》，分为序图和专题图两部分。序图包括行政区划、地形、植被、土壤、气候、综合区划、中药区划等宏观性地图。专题图包括省区药材分布图和128种药材数量分县统计图。

（5）培养了一批中药资源专业人才队伍。通过普查，培养锻炼了大批具有探索和奉献精神，从事中药资源调查和研究、开发、利用的专业技术人才。

3. 资源普查成果的意义和影响

"中国医药学是一个伟大的宝库，应当努力发掘，加以提高。"毛泽东对为保障人民生命健康作出巨大贡献的中国医药学给予充分肯定，不仅把中国医药学看成中国传统文化留给我们的一份珍贵遗产，强调要充分挖掘其现实价值，而且把中国医药学提到对全世界有贡献的高度。第三次全国中药资源普查获得大量药材资源的第一手资料和百万份药材标本，形成了丰硕的研究成果，丰富了我国中药资源宝库；在较长时期内对我国中药事业发展起到了指导和参考作用，是新中国中医药发展史上的一件大事。

《中国中药资源丛书》集中体现了普查成果，是当代中药史上的重要文献。本次全国中药资源普查对中药产业、科研以及农、林、牧、副等相关产业具有十分重要的参考价值，于 1995 年获评"95 全国十大科技成就"，后又获得 1996 年度"国家中医药管理局中医药科技进步奖一等奖"，并于 1997 年荣获"国家科学技术进步奖二等奖"。

第三次全国中药资源普查是中国特色社会主义进入新时代开展的一次重大国情国力调查，其突破性成果为开展第四次全国中药资源普查夯实了数据、技术和人才储备，具有重要而深远的意义。

（二）活血化瘀少生病，中西医结合传承创新发展的典范——活血化瘀现代临床及基础研究

1972 年 4 月 28 日，在长沙市芙蓉区马王堆一号汉墓中，考古队挖掘出一具外形完整无缺、全身柔软而富有弹性的汉代女尸，其血管甚至可以随着防腐剂的注入而隆起；经专家解剖发现，这位有着"东方睡美人"之称的辛追夫人生前患有以瘀血为主要特征的全身性动脉粥样硬化症，也极有可能死于瘀血导致的冠心病急性发作。同年，甘肃省武威县柏树公社下五畦大队兴修水利时，发现一座汉墓，考古专业人员从中清理出一批木质医药简牍，上面记载了一个名叫"瘀方"的古代医方，正是以活血化瘀法治疗瘀血证的典型方剂（图 2-7-3，图 2-7-4）。

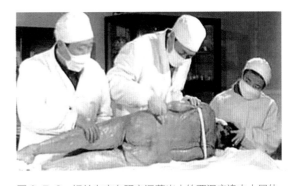

图 2-7-3　相关专家在研究汉墓出土的西汉辛追夫人尸体

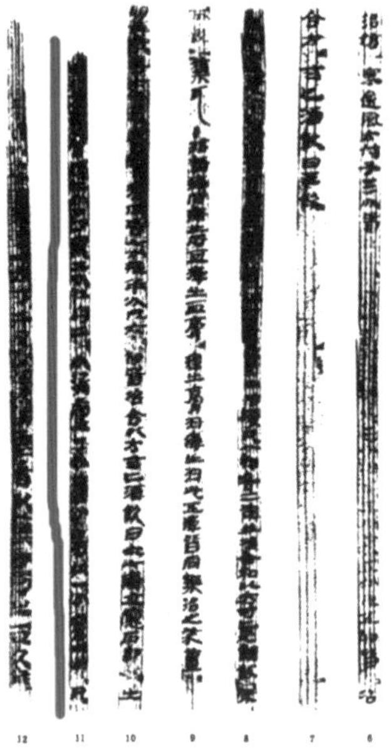

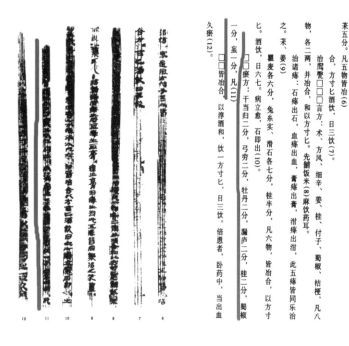

治伤寒遂风方：付子三分，蜀椒三分，泽舄五分，乌喙三分，细辛五分，
茱五分。凡五物皆冶(6)
合，方寸匕酒饮，日三饮(7)。
治鹰瞖□□言方：术、方风、细辛、姜、桂、付子、蜀椒、桔梗，凡八
物，各二两，并冶合，和以方寸匕。先餔饭米(8)麻饮药耳。
治诸癃：石癃出石，血癃出血，膏癃出膏，泔癃出泔，此五癃皆同乐治
之。茱、姜(9)
瞿麦各六分，兔系实、滑石各七分，桂半分，凡六物，皆冶合，以方寸
匕。酒饮，日六七。病立愈，石即出(10)。
□□瘀方：干当归二分，弓穷二分，牡丹二分，漏庐二分，桂二分，蜀椒
一分，虻一分，凡(11)
□□皆冶合，以淳酒和，饮一方寸匕，日三饮。倍恿者，卧药中，当出血
久瘀(12)。

图 2-7-4 武威汉代医简中关于“瘀方”的记载

这些出土文物的出现使得中华民族应用活血化瘀法治疗心脑血管疾病、瘀血性疾病的历史得以追溯至秦汉以前。此后，经过无数医药学家的共同努力，传统医药学对血瘀证和活血化瘀理论的认识更是在清代时达到了巅峰。

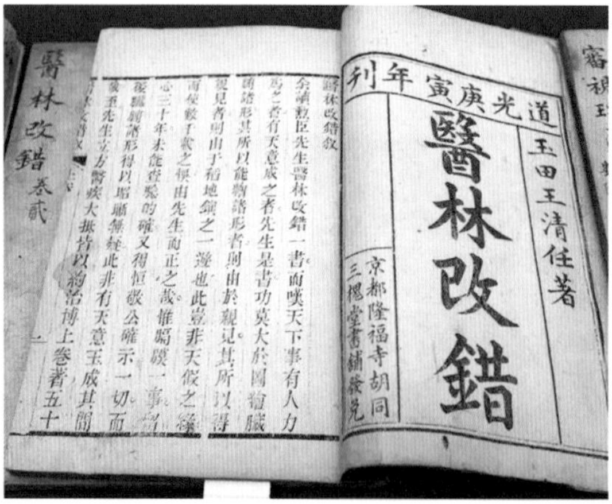

图 2-7-5 清代王清任著作《医林改错》

清代著名医学家王清任在《医林改错》（图 2-7-5）中记载过两则医案：一位 74 岁的巡抚阿霖公，七年来每晚睡觉必须袒露胸腹，哪怕有一层布盖在身上，也会觉得压迫而无法入睡；而另一位 22 岁女子则恰好相反，两年间睡觉时必须要女仆坐在其胸上

方可入睡。前者经服用五剂活血化瘀方药而愈，后者仅服用三剂药就痊愈。更令人称奇的是，两人服用的竟是同一个方子，这就是被陈可冀誉为活血化瘀第一方的"血府逐瘀汤"。

中华人民共和国成立以后，在毛主席的号召下，陈可冀奉调来到北京的中国中医研究院（现中国中医科学院），并成为第一批"西医学习中医"的学员，师从著名中医学家冉雪峰、蒲辅周、岳美中（图 2-7-6）等，进行临证学习，并系统进行理论学习。在跟师临床学习过程中，陈可冀接触了大量的冠心病和心绞痛患者。他发现，经过连续服用血府逐瘀汤类方药加减治疗后，有的患者每周舌下含服硝酸甘油片的数量从多达百余片减少至 20 片。因此，他进一步发现，传统的活血化瘀方药治疗与现代医学改善心肌供血之间具有极好的可通约性，也是中西医结合沟通的良好切入点，并指出了活血化瘀法的经典理论意义和实际临床应用价值。这奠定了陈可冀毕生不可动摇的活血化瘀的临床研究和基础研究的方向，成为国家重点研究项目。

向冉雪峰先生学习

向蒲辅周先生学习

图 2-7-6　陈可冀跟随著名中医专家学习

向岳美中先生学习

向郭士魁先生学习

20 世纪 70 年代，结合传统医学自身的优势和当代社会需求，在周恩来总理的指示下，陈可冀加入了北京地区防治冠心病协作组。这一协作组由中国医学科学院阜外医院、中国中医研究院西苑医院和中国人民解放军总医院牵头，汇聚北京协和医院、首都医科大学附属北京友谊医院、首都医科大学附属北京同仁医院等十多家医院参加协作，经过反复集体讨论与修订，最终选定具有活血化瘀、理气定痛作用的冠心 II 号方剂进行循证医学模式的多中心研究，不仅证明了其高达 80% 的有效率，还在药理、病理、生化和血液流变性等方面探讨其作用机制。这项研究不仅获得了全国科学大会奖，还为全社会防治冠心病提供了活血化瘀思路与方向，辐射全国，形成了心血管病治疗的"活血化瘀现象"，震撼中国医药学界。协作组对以此为基础改制的"精制冠心片"进行了临床试验研究，其试验结果总结成为我国中医药历史上第一篇随机双盲对照临床研究论文（图 2-7-7，图 2-7-8）。

图 2-7-7　陈可冀主持研制的活血化瘀系列方药

图 2-7-8　活血化瘀治疗冠心病心绞痛随机双盲对照研究

自此以后，陈可冀带领团队始终秉持传承创新互动发展的理念，本着"士不可以不弘毅，任重而道远"的执着精神，在继承传统医学活血化瘀理论的基础上开拓创新，从宏观表征、器官组织、细胞分子水平系统阐释了血瘀证的实质，研究了不同活血化瘀中药或复方的抗血栓素、抗血小板，以及抑制纤维蛋白原活性等作用机制和特点，倡导引领了活血化瘀治法防治心脑血管病，并从心脑血管病推广应用到临床多个学科，显著提高了临床疗效；建立并多次修改完善了血瘀证和冠心病血瘀证的诊断标准，推动了传统中医药的现代化和国际化进程；进行了传统活血化瘀中药的现代分类，对指导临床合理使用活血化瘀中药产生了积极作用。一条活血化瘀理论和现代研究的道路就此开辟，多年来取得一系列进展，包括对冠心Ⅱ号组成药物的进一步开拓研究，发展了川芎嗪、芍药苷等系列活血化瘀新药。陈可冀团队及其研究成果也成为中西医结合传承创新发展的典范。

由于陈可冀在活血化瘀和中西医结合领域的一系列成就，各项荣誉也纷至沓来。1991年，在中断了十多年以后，代表我国科学技术方面最高学术荣誉的中国科学院学部委员迎来了再次增选工作，陈可冀当选为中国科学院学部委员（院士），而其主持的"血瘀证与活血化瘀研究"也于2003年获得中医药界首个国家科学技术进步奖一等奖（图2-7-9）。除此之外，陈可冀还是中国中医科学院首席研究员及终身研究员，世界卫生组织传统医学顾问，多所世界著名大学客座教授，中国科学技术协会荣誉委员，第十届国家药典委员会执行委员，中国中西医结合学会名誉会长，中央保健委员会专家顾问委员会委员，多部中英文杂志主编及顾问等；荣获首届立夫中医药学术奖，第一批国家级非物质文化遗产项目中医生命与疾病认知方法代表性传承人，以及吴阶平医学奖等。

图2-7-9 陈可冀团队获得国家科学技术进步奖一等奖

人们在陈可冀从医 70 周年时总结其丰厚成就，探究其成功背后的原因，除组织引领、领导支持、老师教导等外部因素外，更值得我们学习的是其优秀的个人品质：

其一，几十年来他一直努力践行"不忘初心、牢记使命"这一做人做事的守则。陈可冀认为既然选择了从医这条道路，就要认真执着，心无旁骛，全身心投入，努力做好岗位赋予的职责，努力做名好医生，而他的几十年行为也表明他是这么做的。

其二，一贯重视团结协作的团队精神。陈可冀总是谦逊地表示他的大部分工作是多年来团队分工负责协作的结果，如果没有团结协作精神，个人是不可能取得这些成绩的。

其三，还要加上自身的刻苦勤奋。几十年来，陈可冀除了白天努力工作，夜晚还要挑灯夜战，刻苦工作学习到深夜子时前后，常年如此，已成常规。有人注意到并告诉陈可冀"西苑医院宿舍区每夜电灯熄灭时间最晚的是你们家"，而多年来他节假日期间也基本都在工作，如 1978 年翻译的《美国科学家和发明家》一书以及他的一些清宫医案资料研究工作都是在春节、国庆节等假期内完成的。

如今，陈可冀已经年逾九十，但仍然怀着一颗赤子之心，奋战在中医药及中西医结合临床、教学和科研的第一线（图 2-7-10）。他表示将始终不遗余力地为中医药事业发展奔走呼吁！他崇高的个人品质及其在中西医结合与活血化瘀领域的成就推动了祖国医药卫生事业的发展，造福无数患者，也激励我国医药卫生科技工作者在党的领导下，在中医药和中西医结合的道路上再创辉煌！

图 2-7-10 陈可冀工作在临床教学一线

（三）辨识体质，科学养生——中医体质辨识法为健康中国服务

"世界上没有一片相同的树叶，也没有一个相同的人。"体质现象是人类生命活动的一种重要表现形式，与健康和疾病密切相关。接触同样的病原，有人发病，有人不发病；同样的疾病，不同的人表现不同；同样的疾病用相同的治疗方法，不同的人应答反应不同。因此，不仅要"研究人的病"，还要"研究病的人"。2500 年前，西方医学之父希波克拉底和东方《黄帝内经》，就有对人类体质分类的思想，但一直没有形成理论体系，没有制定标准，难以临床实践。

中医体质，不同于体育学、体质人类学中的体质概念。王琦提出："中医体质是指在人体生命过程中，在先天禀赋和后天获得的基础上所形成的形态结构、生理功能和心理状态方面综合的、相对稳定的固有特质，是人类在生长、发育过程中所形成的与自然、社会环境相适应的人体个性特征。"王琦从最初学位论文，到提出中医体质学说，再到主编《中医体质学》教材，逐步构建和完善了中医体质学的理论体系，发展成为当代中医新的学术流派的代表，被批准为二级学科并成为国家中医药管理局重点学科，并分别建立了国内外相关的体质研究专业委员会。

过去医学上只有疾病分类标准、诊断标准、疗效判定标准，没有对人群个体的分类、判定标准。王琦带领团队在全国先后开展 129 963 例样本调查，发现并证实中国人群存在平和质、气虚质、阳虚质、阴虚质、痰湿质、湿热质、血瘀质、气郁质、特禀质九种体质类型。王琦创建体质辨识法，起草制定我国首部《中医体质分类与判定》行业标准。王琦团队开展生物物理学、基因组学、蛋白组学、代谢组学、肠道微生态学等多学科系统研究；以现代科学方法诠释体质特征，建立体质面部识别技术、体质基因分类器等多维测评技术；运用人脸可见光和近红外图像信息技术发现九种体质面部特征；发现不同体质类型具有独特的单核苷酸多态性、mRNA 表达谱特征、能量代谢及肠道菌群结构特征，为不同体质的微观特征和体病相关性提供现代生物学诠释；开发体质辨识 APP、机器人，为实施体质大面积筛查提供智能化、网络化工具。

医学在相当长的历史时期，是一个病一个病地找"病因"。中医体质研究发现，某些疾病甚至是一类疾病的发生与人的体质因素和类型有关。王琦提出了"体（质）病相关论"，并通过分析 1 441 篇体病相关临床研究文献（840 408 例样本，涉及 313 个病种），发现特定体质类型与特定疾病的发生具有相关性。比如，痰湿体质与代谢性疾病的相关性，从大样本流行病学调查到多组学分子生物学研究都证实了这一点。

王琦组织编制了《中国成年人中医体质调理指南》。研究证实，通过干预可以使人的体质偏颇失衡状态得到调整，从而控制疾病，恢复健康，甚至从根本上改变治疗观。如王琦发明的"化痰祛湿"系列组方干预糖尿病临床前期，可减缓糖耐量受损，降低患病风险；干预肥胖、血脂异常等代谢性疾病，可降低血脂，改善血中载脂蛋白，减重有效率达 75%。动物实验亦证实，该系列组方可逆转脂肪肝。由此说明，从改变产生疾病的体质入手，可实现从"一个人－一种病－一种治疗方法"到"一类人－多种病－一种治疗方法"的个体化诊疗新模式的转变。

一项工程技术只有发挥对国家、社会、民族的服务功能才能体现其贡献度。王琦创建体质辨识法，载入国家健康战略规划，为健康中国作出重大贡献。中医体质辨识是唯一纳入《国家基本公共卫生服务规范（第三版）》的中医内容，载入 3 份国务院、12 份部委级政策文件，被全国二级以上中医院的 235 家"治未病"协作组、450 所高校及医院采用。中医体质辨识应用于治未病，可降低相关疾病发病率。王琦团队创立全生命周期体质健康管理适宜技术并提供体质调理方案，仅老年人群应用 3.13 亿人次。王琦获国家发明专利 18 项，研发国家新药 2 项；以第一完成人获国家科学技术进步奖二等奖 1 项，省部级一等奖 9 项；获何梁何利基金科学与技术进步奖。国家中医药管理局评价王琦："创立体质辨识法，为国家医改、公共卫生服务作出了巨大贡献。"

中医体质研究在国际上保持领先地位，成果推广到全球多个国家和地区，形成广泛国际影响（图 2-7-11）。《中医体质学》著作被翻译为日语、韩语、英语 3 种语言出版，《中医体质量表》被译成英语、法语、德语、俄语、西班牙语、日语、韩语、马来语 8 种语言推广应用（图 2-7-12）。应用体质分类法研究中医体质遗传特征的论文发表于 *J Altern Complem Med*。编者按指出："该研究为中西医沟通架构了桥梁。"哈佛大学、康奈尔大学等学者评价王琦开创的中医体质学："对生命科学作出重要贡献，可用于预防和治疗疾病，将有利于全球公共健康。"

图 2-7-11　2016 年王琦在联合国总部"一带一路"与联合国可持续发展目标高峰论坛演讲

图 2-7-12　《中医体质量表》被翻译为 8 种文字

　　体质研究成果表明，优秀的民族文化和技术既是中国的，也是世界的。研究成果要使中医用，中国人用，西医用，外国人用。

（四）中医药给世界的礼物——新型抗疟药（青蒿素和双氢青蒿素）

　　20 世纪 60 年代中期，越南战争爆发。越南地处热带，恶性疟疾常年流行，越南军队因疟疾造成的非战斗减员远远超过战斗造成的伤亡。美军也饱受疟疾困扰。根据美国政府的公开资料，仅在 1967—1970 年的 4 年间，越战美军即因疟疾减员 80 万人。当时，抗疟药奎宁和氯喹等因长期使用产生了耐药性，对越南流行的疟疾已基本无效。能否研发出无抗药性、高效、速效的恶性疟疾防治药物，已经成为决定战争胜负的关键。

为此，美国专门成立了疟疾委员会，组织了几十个科研单位并联合了英国、法国、澳大利亚等国的研究机构和大型药厂开展抗疟疾新药的研发。到 1972 年，美国已筛选了 21.4 万种化合物，但始终没有取得理想效果。越南则向中国求援，为此，毛泽东主席亲自布置了抗疟疾新药的研发，即"523 项目"。

"523 项目"由当时中国人民解放军总后勤部商请国家科学技术委员会，会同卫生部、化工部、国防科学技术工业委员会和中国科学院、医药工业总公司，组织所属的科研、医疗、教育、制药等单位，在统一计划下分工合作，共同研发。

努力发掘祖国医药学宝库，从中医中药中寻找抗疟新药是"523 项目"的一个重要方向。中医研究院（现中国中医科学院）的屠呦呦即是这一方向上中医药研究者的杰出代表。屠呦呦收集整理历代中医药典籍，走访名老中医并收集他们用于防治疟疾的方剂和中药，同时调阅大量民间方药。在汇集了包括植物、动物、矿物等 2 000 余内服、外用方药的基础上，编写了包括青蒿在内的共计 640 余方的《疟疾单秘验方集》，并且在此基础上进行实验研究。屠呦呦课题组通过鼠疟模型筛选了 200 多种中药的 380 多个提取物，最后将焦点锁定在青蒿（黄花蒿）上。随后依照中草药有效成分提取研究过程中水、醇、醚等溶剂选择的基本思路做了大量研究，但疗效不稳定。屠呦呦重新温习中医古籍，进一步思考东晋葛洪《肘后备急方》有关"青蒿一握，以水二升渍，绞取汁，尽服之"的截疟记载（图 2-7-13）。这使她联想到提取过程可能需要避免高温，由此改用低沸点溶剂的提取方法。在经历了 190多次实验失败之后，屠呦呦课题组终于从植物青蒿的成株叶子的中性提取部分获得对鼠疟、猴疟原虫几乎 100% 抑制率的乙醚提取物。1972 年，屠呦呦课题组成功分离出一种无色结晶，后将其命名为青蒿素（图 2-7-14）。

图 2-7-13 晋代葛洪《肘后备急方》对青蒿用法的记载

图 2-7-14 屠呦呦在进行科研工作

团队精神，无私合作，促进科学发现转化成有效药物。为加快青蒿提取物的新药研发进程，屠呦呦课题组的研究人员自愿试服，在确定药物的安全性后开展了临床试验，结果显示青蒿提取物能大幅杀灭疟原虫，疗效优于氯喹。之后，中国科学院生物物理研究所于 1975 年确定了青蒿素的相对构型，1979 年最终肯定了青蒿素的绝对构型；1984 年，中国科学院上海有机化学研究所以香茅醛为原料，完成了青蒿素的全合成；2012 年，上海交通大学科研团队研发出一种常规的化学合成方法，实现了青蒿素的高效人工合成，为青蒿素实现大规模工业化生产奠定了基础。中国学者还开展了青蒿素衍生物的研发，提高了青蒿素的抗疟活性。1992 年，双氢青蒿素获得新药证书，其临床药效高于青蒿素 10 倍，进一步体现了青蒿素类药物"高效、速效、低毒"的特点。青蒿复方药的研发则克服了青蒿素类单方药在抗药性上的不足。

青蒿素的发现被称为"20 世纪下半叶最伟大的医学创举"，它不但直接为我军战备和边防军民防治疟疾提供了有力保障，更在全球特别是发展中国家挽救了数百万人的生命（图 2-7-15）。青蒿素也是到目前为止中国人研制成功的在全球唯一得到承认的药物。目前，青蒿素复方已成为世界上治疗疟疾的标准疗法，载入世界基本药物目录，被誉为"中国神药"。屠呦呦研究员也因发现青蒿素而于 2015 年荣获诺贝尔生理学或医学奖，成为首获科学类诺贝尔奖的中国人（图 2-7-16）。

图 2-7-15 "中国神药"青蒿素在非洲拯救百万生命

图 2-7-16 屠呦呦荣获 2015 年诺贝尔生理学或医学奖

青蒿素的发现是中国共产党领导下的社会主义新中国在医药领域取得的伟大成就之一，是国家制度优势和道路优势的生动体现，也是中华民族文化文明优势和中医中药科技价值的生动体现。青蒿素的发现离不开毛泽东主席对中西医结合创造中国新医学医药卫生道路的伟大设想和实践，离不开国家领导人自上而下的部署和全社会各部门的大力支持，也离不开科技大协作的举国体制下研发人员齐心协力、众志成城的艰苦努力。屠呦呦和青蒿素激励着我国医药科技工作者在党的领导下，在中西医结合创造中国新医学的道路上再创辉煌！

（五）以毒攻毒——中药砷剂治疗急性早幼粒细胞白血病

很多人都难以想象毒物砷剂可以治疗疾病，就如砒霜（主要成分三氧化二砷）总是会令大家脑海里浮现出文学人物和历史人物的中毒身亡，一如武大郎。砷剂对酶的巯基有很高的亲和力，会抑制其活性从而产生一系列有害影响。但其实它也是世界上最古老的药物之一，如西方的医学之父——希波克拉底用雄黄与雌黄的药膏来治疗溃疡。而在中国有句老话，叫作"以毒攻毒"，我国古代也使用砷剂来治疗疾病。比如，《黄帝内经》记载了用含砷的药剂治疗周期热；葛洪在《抱朴子》中记录了含砷化合物可作为消毒剂使用，以及他提纯砷剂的方法；"药王"孙思邈曾使用含雄黄、雌黄、砒霜的复方治疗疟疾；明代的李时珍更是在他的著作中描述了可用砒霜治疗一系列疾病。但中国古代用砷的概念比较模糊，剂量适应证不明确，而西方医学界也是如此。在西医中，1786 年英国的托马斯·福勒（Thomas Fowler）用含 1% 亚砷酸钾的溶液治疗疟疾。1845 年发现白血病后，福勒氏液于 1865 年被尝试用于治疗白血病，并于 1931 年用于慢性髓细胞性白血病（CML）的治疗，但由于砷剂治疗 CML 的成功率并不高而又属于急性毒物，慢慢被新出现的化疗药物取代。

砷剂在中国传统医药中沿用了千年，即使在近现代，也没有遭到像西方医药界那样的遗弃。20 世纪 70 年代，哈尔滨医科大学的韩太云药师偶然发现民间一种含砒霜（主要活性物质为三氧化二砷）、氯化亚汞和蟾酥毒液的药方对某些癌症有一定效果，而他的同事张亭栋进一步探索药方的成分和效果，并用于髓系白血病的治疗，取得了一些喜人的结果。但是，由于当时三氧化二砷（ATO）的作用机制尚不清楚，该方案没有广泛应用。

到了 20 世纪 80 年代，在上海血液学研究所，王振义课题组在急性早幼粒细胞白血病（APL）的治疗领域作出了重要突破，阐明了 APL 的发病机制和全反式维 A 酸（ATRA）的作用机制，而在 ATRA 的治疗下，患者的完全缓解（CR）率高达 90%。这是首次应用诱导分化的概念治疗白血病。然而问题并没有彻底解决，部分患者对 ATRA 治疗出现了耐受。

1994 年，哈尔滨与上海的两段故事产生了交集。在一次会议上，陈竺、陈赛娟了解到哈尔滨医科大学用三氧化二砷治疗白血病的事情，认为三氧化二砷也许能为那些对 ATRA 产生耐受的患者带来新的治疗方案。随即展开了针对三氧化二砷的现代生物医学的研究，发现三氧化二砷能够靶向融合致病蛋白 PML-RARα，促使白血病细胞分化成熟并使其凋亡。这一系列研究为三氧化二砷的临床试验铺平了道路，确立了 ATRA/ATO 联合靶向治疗 APL 的"上海方案"，目前已经进入美国国立综合癌症网络（NCNN）指南，成为 APL 治疗的重要标准选择。而且近年来，随着研究的深入和科学技术的飞速发展，上海血液学研究所的蒙国宇发现了 PML 核体组装新机制，明确癌蛋白寡聚化是癌症发生的重要机制之一，并在此基础上提出了以 PML 核体为核心的抗肿瘤新策略，为砷剂治疗其他恶性肿瘤疾病的转化研究提供了新的理论基础（图 2-7-17）。

图2-7-17　王振义、陈竺、陈赛娟在进行科研讨论

　　此外，中国人民解放军第210医院（现中国人民解放军联勤保障部队第967医院）中医血液病科的黄世林首次根据中医"君臣佐使"配伍原则而研制出复方黄黛片（又名白血康），将砷剂从静脉注射改变为口服，方便了患者的诊疗，降低了住院费用。而且在2007年10月，北京大学血液病研究所黄晓军团队联合全国7家血液病治疗中心，开展复方黄黛片和静脉砷剂治疗急性早幼粒细胞白血病的多中心前瞻性随机对照试验，显示复方黄黛片并不劣于三氧化二砷。2014年，复方黄黛片进入中国APL诊疗指南，可在多个治疗阶段作为ATO的替代药品。中医配药讲究"君臣佐使"配伍原则，最早见于《黄帝内经》《神农本草经》等中国古代医书中，其中《素问·至真要大论》将该原则解释为"主病之谓君，佐君之谓臣，应臣之谓使"。陈竺、陈赛娟又利用现代分子生物学手段阐明了"君臣佐使"的科学性，从分子水平阐明了复方黄黛片治疗白血病的多成分多靶点协同作用的机制。复方黄黛片通过各组分的联合应用，产生大于三个组分加和的协同效应（三药联用的小鼠生存期延长了10多天）：硫化砷（雄黄主要活性成分）靶向降解PML-RARα，是"君"药；丹参酮能解除转录抑

制，促进 APL 细胞正常分化，是"臣"药；而靛玉红则能够将 APL 细胞阻滞在 G1/G0 期，是"佐"药。此外，丹参酮与靛玉红能够上调膜蛋白 AQP9 的表达，提高 APL 细胞对硫化砷的摄取量，二者又起到"使"药的作用。这是首次在分子水平上辨别了中医复方"君、臣、佐、使"四个成分配伍在治疗白血病过程中所发挥的扶正祛邪、调整阴阳的作用，用现代手段阐明了传统中药原理。

中医药界一直坚持不懈地在传统中医药中寻找新的药物，同时寻找老药物的新适应证，坚持老方新用，没有像西方医学那样完全抛弃传统药物。中药是一个伟大的宝库，不只是砷剂，还有许多"老方新用"的例子，包括屠呦呦团队发现的抗疟药物青蒿素；药理学大师陈克恢发现的有治疗过敏性疾病和支气管哮喘效用的麻黄素；原本认为有抑菌作用的小檗碱，目前发现在降血糖、降血脂中有一定作用；人参皂苷、雷公藤内酯醇、柴胡皂苷被发现具有包括抗肿瘤在内的多重生物学作用。这些从传统中医药学中获益的鲜活案例，似乎预示着，在临床医学面临困境的今天，现代医学或许能从中华民族千年医药宝库中，得到医学创新与突破的灵感和启发（图 2-7-18，图 2-7-19）。

图 2-7-18 陈竺院士在美国接受美国血液学会（ASH）授予的"欧尼斯特·博特勒奖"并做学术报告

图 2-7-19 王振义与蒙国宇在进行科研讨论

(六)大疫出良方——中医药抗疫三方三药展现神奇效果

1. 新冠肺炎疫情来袭

2019 年末,北半球处于寒冷的冬季,季节性流行性感冒多地肆虐。在流感的掩护下,一种高传染性、高致病性的新型冠状病毒在世界各地悄悄游荡。

12 月底,湖北省武汉市疾病预防控制中心监测发现不明原因肺炎病例;12 月 31 日,国家卫生健康委员会派出工作组、专家组赶赴武汉指导疫情防治工作,武汉开始依法发布疫情信息——新型冠状病毒(简称新冠病毒)在中国武汉被及时发现,并展开有效防控。一场全球范围、影响数十亿人口,注定会被载入史册的新冠疫情阻击战、歼灭战和保卫战打响了!

适逢中国农历春节,数亿人口的大迁徙导致疫情多地散发,已呈燎原之势。大量流感、普通感冒的患者在恐慌情绪的驱使下纷纷涌向医院,造成大规模的交叉感染,致使医疗资源极为紧张;武汉的医疗系统甚至一度因急遽的负荷增加而濒临瘫痪。党中央和国务院采取了断然措施：武汉封城，全国各地的医务人员有组织地驰援武汉；各地开展最全面、最严格、最彻底的疫情防控措施，并针对散发病例开展积极救治。

然而，这是一种全新的病毒，人类对它还缺乏了解。没有诊断试剂，没有特效药，没有疫苗，甚至没有基础性的临床数据。如何安抚群众以缓解恐慌情绪，如何有效治疗以挽救患者，成为抗疫取得决定性胜利的关键因素。

2. 中医药再次亮剑

生死存亡之际，中医药站了出来。中医药有数千年的抗疫历史，据《中国疫病史鉴》统计，西汉到清末，中国至少发生过 321 次大型瘟疫。从东汉的《伤寒论》到清代的《温病条辨》，历经千年磨砺，中医药抗疫的理论和方法不断进步，一直护佑着中华民族的繁衍昌盛。在新型冠状病毒肺炎的抗疫战场上，古老的中医药再次焕发了新生，成为抗击疫情的生力军。

疫情伊始，中医药各方专家响应国家号召，在第一时间积极介入。2020年1月20日，习近平总书记对新型冠状病毒感染的肺炎疫情作出重要指示，强调要把人民群众生命安全和身体健康放在第一位，坚决遏制疫情蔓延势头。国家中医药管理局迅速反应，于1月25日派出由黄璐琦院士率领的第一支国家中医医疗队，赶赴湖北省武汉市，全面参与疫情防控工作（图2-7-20）。1月27日，国家中医药管理局以临床"急用、实用、效用"为导向，紧急启动了"防治新型冠状病毒感染的肺炎中医药有效方剂筛选研究"专项。在疫情防控的紧急时刻，明确核心病机是成功抗疫的前提。著名中医药学家王永炎院士在中医经典理论——五运六气学说的指导下，根据患者的临床症状、当地气候和地理特点提出新型冠状病毒感染的肺炎为"寒湿疫"的论断。这一观点很快成为中医界的共识。国家中医药管理局也于第一时间派出强大的中医药专家团队驰援武汉。中国中医科学院院长黄璐琦院士担任第一支国家中医医疗队队长，带领团队整建制接管了武汉市金银潭医院一个重症病区，采用纯中医或中西医结合疗法全程干预，使新冠肺炎重症患者的病情好转率达到 83.61%。针对普通感冒、流感、新冠肺炎轻型患者混杂并相互传染、恐慌性就诊占用医疗资源的问题，中国中医科学院仝小林院士采取通治方加减的社区用药模式，有效降低了疑似病例的确诊比例。天津中医药大学张伯礼院士与首都医科大学附属北京中医医院刘清泉教授接管了江夏方舱医院，采用中医药疗法全覆盖，在汤药、中成药的基础上配合按摩、灸疗、太极拳、八段锦等，取得患者零转重、零复阳，医生零感染的成绩。中医药对于普通型患者可改善症状，缩短疗程，促进康复；对于重症、危重症患者，可减轻肺部渗出，控制炎症过度反应，防止病情恶化；对于恢复期患者，可促进康复。中医药广泛、全程地深入到新冠肺炎疫情的防控中，参与救治了超过 90% 的确诊患者，总有效率达到 90% 以上。

图 2-7-20　黄璐琦和国家中医医疗队专家

新冠肺炎疫情是百余年来全球范围内发生的传播速度最快、感染范围最广、防控难度最大的一次重大突发公共卫生事件。中国人民在党中央和中央人民政府的领导下，团结一致，众志成城，积极应对突如其来的新冠肺炎疫情，在毫无经验可资借鉴的情况下，用一个多月的时间初步遏制了疫情蔓延势头，用两个月左右的时间将本土每日新增病例控制在个位数以内，用三个月左右的时间取得了武汉保卫战、湖北保卫战的决定性成果，取得疫情防控阻击战的重大胜利，这一胜利来之不易。目前，疫情仍在全球蔓延。中国作为一个 14 亿人口的大国，是全球疫情控制最好的国家。这一成绩来自中国共产党的坚强领导和社会主义制度的优越性，其中也有中医药的一份功劳！

张伯礼院士谈新冠肺炎
疫情防控

3. 大疫出良方

中医药是一门实践医学，善于在实践中发现问题，在实践中解决问题，在实践中总结经验，在实践中凝练方法，在实践中验证疗效，在实践中升华理论。疫情伊始，国家中医药管理局就组织各方力量在全国遴选有效方剂。在新冠肺炎疫情的防控救治中，中医药在实践中进步，积极开展临床研究，筛选出一系列卓有疗效的方药，而"三方三药"就是其中的代表。

2020 年 3 月 23 日，中华人民共和国国务院新闻办公室就中医药防治新冠肺炎的重要作用及有效药物举行发布会，总结清肺排毒汤、化湿败毒方、宣肺败毒方和金花清感颗粒、连花清瘟胶囊、血必净注射液为"三方三药"，推荐在临床中使用。

（1）清肺排毒汤

清肺排毒汤由麻杏甘石汤（《伤寒论》东汉张仲景）、射干麻黄汤（《金匮要略》东汉张仲景）、小柴胡汤（《伤寒论》东汉张仲景）、五苓散（《伤寒论》东汉张仲景）四个古代经典名方加减化裁而来，是新冠肺炎轻型、普通型、重型、危重型的通用方。

新冠肺炎疫情暴发后，国家中医药管理局以临床急用、实用和效用为导向，通过组织一线临床医生参与筛选有效方剂，最终确定推荐中国中医科学院特聘研究员葛又文组方的清肺排毒汤作为新冠肺炎的通治方剂。同时，紧急启动以中国中医科学院中医临床基础医学研究所（以下简称"临基所"）为主研单位的清肺排毒汤临床救治和疗效观察工作。通过对全国 64 家医疗机构清肺排毒汤治疗新冠肺炎临床数据的收集、整理、分析、总结，并在 4 家药企的共同参与下开展药学研究，推进清肺排毒颗粒新药申报。临床研究证实，清肺排毒汤可以缩短患者病毒核酸转阴时间和住院时间；清肺排毒汤联合西药治疗轻、中度新冠肺炎患者较单用西药抗炎效果显著，并有减轻多器官损伤程度的趋势；清肺排毒汤还具有免疫调节、抗感染、抗炎和多器官保护作用。相关研究成果分别于《柳叶刀》预印本和 *Pharmacological Research* 等杂志发表。

基于前期清肺排毒汤的临床研究，临基所启动清肺排毒颗粒临床试验注册申请工作，于 2020 年 3 月 26 日正式获得国家药品监督管理局药物临床试验批件。2020 年 12 月 28 日，通过北京市药品监督管理局审批，临基所获得清肺排毒颗粒药品生产许可证，取得上市许可持有人资质，成为全国首个科研事业单位作为药品上市许可持有人开展中药新药成果创新转化的成功示范。临基所作为上市许可持有人，按照中药注册分类 3.2 类路径向国家药品监督管理局提出清肺排毒颗粒的上市许可注册申请。2021 年 3 月 2 日，清肺排毒颗粒获得国家药品监督管理局批准上市。这是探索中医药理论、人用经验、临床试验"三结合"的中药新药审评制度全新实践，对于创新中药新药审评机制改革具有重要意义。

（2）化湿败毒方

化湿败毒方是黄璐琦院士带领国家首批中医医疗队在早期国家诊疗方案推荐使用方剂基础上，在武汉市金银潭医院及东西湖方舱医院的市级救治过程中（"边救治，边总结"的过程中）逐步凝练而成的治疗新冠肺炎的有效方剂。化湿败毒颗粒源于《新型冠状病毒感染的肺炎诊疗方案》（现称《新型冠状病毒肺炎诊疗方案》），是多位院士、国医大师和行业内知名专家在深入研究新冠肺炎患者临床症状、尸体解剖结果和中医病因病机的基础上，共同拟定的治疗新冠肺炎的核心处方，具有消灭病毒和增强自身免疫力两个典型的特点。

化湿败毒方在武汉抗疫救治中发挥了积极作用，对新冠肺炎可发挥多环节综合治疗作用，可明显缩短核酸转阴时间、平均住院天数，明显改善临床症状、促进理化检查及肺部 CT 好转。对服用化湿败毒颗粒患者的肝肾功能进行跟踪检测，未发现与药物相关的不良反应。在首批国家中医医疗队整建制接管的武汉市金银潭医院南一病区，中国中医科学院医疗队累计收治新冠肺炎患者 158 例，其中（危）重型患者治愈出院率达 88%，纯中药治疗出院 88 例。在将军路街卫生院针对普通型 210 例，在东西湖方舱医院针对轻型和普通型 894 例（中药组 452 例）进行临床疗效观察，发现在核酸转阴和症状缓解方面显著改善，确证了化湿败毒方的有效性。另外，中国中医科学院与中国医学科学院医学实验动物研究所合作开展的科学评测也证实，对于冠状病毒感染的实验小鼠，该方能够使肺部病毒载量降低 30%。

化湿败毒方被《新型冠状病毒感染的肺炎诊疗方案（试行第六版）》《新型冠状病毒感染的肺炎诊疗方案（试行第七版）》《新型冠状病毒肺炎诊疗方案（试行第八版）》列为适用于疫毒闭肺证重型患者的推荐处方。中国中医科学院黄璐琦院士团队依托中医药防治流感技术体系应急性任务，开展药学研究工作，依托中国中医科学院西苑医院完成医院制剂研发形成化湿败毒颗粒，并于 2020 年 2 月 20 日获得北京市药品监督管理局备案。此外，黄璐琦团队按照新药研发的要求，完成制剂工艺、质量标准及中试生产、急性毒性实验等，申报新药，于 3 月 18 日获得新药临床试验批件。2021 年 3 月 2 日，化湿败毒颗粒获批上市。

（3）宣肺败毒方

宣肺败毒方是中国工程院院士、天津中医药大学名誉校长张伯礼团队在武汉新型冠状病毒肺炎的红区内边治疗、边研究、边总结，针对新型冠状病毒肺炎疫情所研制的有效治疗方，适用于湿毒郁肺证普通型患者，收录于《新型冠状病毒感染的肺炎诊疗方案（试行第六版）》《新型冠状病毒感染的肺炎诊疗方案（试行第七版）》《新型冠状病毒肺炎诊疗方案（试行第八版）》。本方是在麻杏甘石汤、千金苇茎汤、麻杏薏甘汤、葶苈大枣泻肺汤等经典名方的基础上，结合现代中药组分配伍理论，通过组分筛选凝练而成的防控新冠肺炎的有效方剂。

临床试验证明，宣肺败毒方在改善新冠肺炎症状、降低 C 反应蛋白、提高淋巴细胞计数、特别是在减少轻症患者转重症方面效果非常明显。宣肺败毒方及其组分，在体内、外能够抑制包含新冠病毒、流感病毒、人冠状病毒在内的多种病毒的复制，干扰新冠病毒 S 蛋白与其受体的结合；通过调节机体的天然免疫及适应性免疫应答，抑制细胞因子风暴的产生，减轻肺、肠等靶器官的损伤。通过对湖北省中西医结合医院等地 120 例的对照观察，发现宣肺败毒方能够改善退热，治疗咳嗽以及憋喘、乏力等新冠肺炎症状。另外，在降低 C 反应蛋白，提高淋巴细胞计数这两点客观指标方面，效果非常明显，可以提高淋巴细胞计数 17%，降低 C 反应蛋白 75%。此外，在江夏方舱医院也做了 280 例的观察，结果没有一例转为重症。

宣肺败毒方是疫情发生后，基于有限的病原学信息、中医药组分库，通过计算机筛选确定的应对新冠肺炎的有效方剂。这体现了中医药的快速反应能力，也是中医药科技进步和科研储备力量的充分展示。

（4）金花清感颗粒

金花清感颗粒由张仲景《伤寒论》中的麻杏甘石汤和吴鞠通《温病条辨》中的银翘散两个经典名方合方配伍而成，是针对甲型 H1N1 流感研制而成的创新中成药。

新冠肺炎疫情来袭，金花清感颗粒再立新功。武汉和北京的临床研究显示，金花清感颗粒治疗新冠肺炎轻型和普通型患者，可将转重症的比例降低 2/3，核酸转阴时间缩短 2.5 天，退热时间缩短 1.5 天，同时反映免疫功能的白细胞、中性粒细胞和淋巴细胞计数均有显著改善。

（5）连花清瘟胶囊

连花清瘟胶囊是 2003 年严重急性呼吸综合征（SARS）疫情期间，吴以岭团队在中医络病理论的指导下，以汉代张仲景《伤寒论》麻杏甘石汤与清代吴鞠通《温病条辨》银翘散化裁，同时汲取明代吴又可《温疫论》中使用大黄治疫证经验研制而成的中成药。

新冠肺炎疫情防控中，连花清瘟胶囊被广泛用于火神山医院、雷神山医院及武汉所有方舱医院患者的救治，并作为中医药海外抗疫的重要药物在许多国家应用，临床疗效再次获得验证。前瞻性、随机、对照、多中心临床研究显示，连花清瘟胶囊可改善新冠肺炎确诊患者发热、乏力、咳嗽等临床症状，明显改善肺部 CT 特征，缩短症状持续时间和治愈时间，减少转重率，缩短核酸转阴时间，有效提高临床治愈率。

（6）血必净注射液

血必净注射液是以中医经典名方血府逐瘀汤为基础研制而成的中药注射剂，研究证实其对改善新冠肺炎重症患者的"炎症风暴"有明确功效。炎症风暴又叫细胞因子风暴，是一种不适当的免疫反应，由细胞因子与免疫细胞之间的正反馈循环产生。炎症风暴是新冠肺炎轻症向重症和危重症转换的一个重要节点，也是新冠肺炎患者死亡的重要原因。研究显示，在治疗重型、危重型患者中，血必净注射液适用于因感染诱发的全身炎症反应综合征，也可配合治疗多器官功能受损；与西医药联合使用，可提高治愈出院率，减少重症转危重症的比例。

2020 年 4 月，国家药品监督管理局批准血必净注射液用于重型、危重型新冠肺炎的治疗。

除"三方三药"之外，还有多种中医药治疗方案在疫情防控中凸显作用。比如按摩、刮痧、贴敷等治疗方法对促进肺部炎症吸收、改善症状，保护脏器、修复免疫功能都有积极作用。另外，广泛采用的中医药心理疗法、运动疗法对疏解隔离患者情绪，保持患者身心健康，激发其生命活力都起到了重要作用。

4. 走向海外，服务全球

疫情全球蔓延，中医药战"疫"经验走出国门，助力全球抗疫。中国与世界卫生组织合作，向全球分享中医药参与疫情防控的有关情况，把中国最新版本的新冠肺炎中医药诊疗方案翻译成英文，还通过远程视频与日本、韩国、意大利、伊朗、新加坡等 82 个国家和地区交流中国中医药诊疗方案、有效方药，共享中医药全程深度参与疫情防控、救治新冠肺炎患者的经验与做法。同时，国外疫情肆虐之际，国家中医药管理局紧急协助外交部为 286 个我国驻外使领馆提供捐赠"清肺排毒汤"等有效方药，面向海外留学生发放包括连花清瘟胶囊在内的防疫"健康包"，并建设全球抗疫中医药服务平台，专门为海外华侨华人提供远程咨询服务和专业指导，传递祖国关怀。此外，国家卫生健康委员会选派中医师加入对外医疗专家组，前往意大利、英国、委内瑞拉、俄罗斯、埃塞俄比亚、布基纳法索、沙特阿拉伯、柬埔寨、菲律宾、缅甸、老挝、巴基斯坦、哈萨克斯坦、乌兹别克斯坦、马来西亚等国开展防护知识讲座、问诊咨询，以中医药为纽带贡献中国力量。

疗效是硬道理，是医学通用语言。中医药全面参与本次新冠肺炎救治工作，从辨证组方、科学研究、指南推荐，到新药研发，不仅仅体现了在国家和民族危难的时刻，传统中医药有能力参与防治疫病，更重要的是建立了中医药应对重大传染病的快速应急机制，构建了中医药防治重大传染病的临床救治、科技研发、产业发展模式，提升了中医药应对重大公共卫生事件防控体系的构建速度，为搭建中医药抗病毒科学研究的创新中药攻关协作平台，全面构建中医药应对重大公共卫生事件防控体系，积极主动应对各种公共卫生事件打下了坚实基础。另外，在新冠肺炎疫情肆虐全球之际，中医药参与面之广、参与度之深、受关注程度之高均是前所未有的，这是中国共产党领导下的中医药卫生事业显著进步的集中体现。中医药在本次抗疫中的巨大成功使其成为中华文化、中国理念、中国体制的宣传队和播种机，让世界更加了解中国，也让中国对世界作出更大贡献。

第三篇
一路向前，迈向健康中国

一、前进路上，仍有荆棘

王辰院士谈医学发展

（一）新的国际形势与大国博弈对医学科技国际合作研究产生不确定影响

习近平总书记多次指出，当今世界正处于百年未有之大变局。近年来，世界格局处于不断变化中，国际主要行为体力量发生变化，一大批新兴市场国家和发展中国家群体性崛起，导致出现新的国际形势和新的大国博弈局面。这种变化不以人的意志为转移，不稳定性和不确定性成为常态，科技改变国运到了关键阶段。

新中国成立后，特别是改革开放以来，我国科技逐渐步入快速发展期，但仍与国际科技发展有一定的差距。发展至今，我国在医学的一些前沿领域仍需依赖国外先进技术、实验设备、研究理念及基本科研资源，医学科技领域的高速发展一定程度上还需要依靠国际合作。在全球大环境变化的情况下，我国医学科技未来的发展道路也可能因国际资源断供或国际合作终止迎来挑战。我们必须继续努力提升独立创新、自主科研的能力，加大基础资源平台建设，加强先进实验技术发展和设备研发，强调基础研究实力提升和理论产出，培养并传播先进医学科学研究理念，聚焦医学科技前沿，努力产出一批具有国际先进水平的成果。

（二）"卡脖子"技术是医学科技创新发展的重要难题

"卡脖子"技术是横在科技创新发展道路上的硬坎，突破"卡脖子"技术需要久久为功的战略定力。基础研究决定着一个国家科技创新的深度和广度，"卡脖子"问题的根子在基础研究薄弱。"卡脖子"的核心技术研发需要大量的原始积累，短期实现技术飞跃面临着相当大的挑战。但我们应该认识到，"卡脖子"技术是医学科技发展绕不开的问题。我国在今后的科学研究和技术发展过程中，还需要更加注重以基础研究作为重要基石，努力加强关键核心技术的突破，提高国际科技竞争力，推动医学科技向更高更远发展。

（三）人群健康诸多问题使医学科技创新的任务更加紧迫

作为拥有 14 多亿人口的国家，人口健康问题是我国经济社会发展中需要解决的主要问题之一。2020 年 9 月，习近平总书记主持召开科学家座谈会并发表重要讲话："希望广大科学家和科技工作者肩负起历史责任，坚持面向世界科技前沿、面向经济主战场、面向国家重大需求、面向人民生命健康，不断向科学技术广度和深度进军。"

新中国成立以来，社会经济财富的不断积累使人民群众生活水平显著提升，人均期望寿命由新中国成立前的 35 岁增加至 2019 年的 77.3 岁，全国孕产妇死亡率和婴儿死亡率分别由新中国成立前的 1 500/10 万左右、200‰左右下降至 2019 年的 17.8/10 万左右、5.6‰左右，5 岁以下儿童死亡率由 20 世纪 60 年代的 117.2‰左右下降至 2019 年的 7.8‰左右。人民健康水平在过去的几十年里得到了显著提高，但仍面临着传统传染病和慢性非传染性疾病的威胁，人口老龄化程度不断加重带来了新的健康问题，社会生活环境压力和自然环境改变对人类健康产生的影响仍存在众多未解问题，罕见病、遗传病、出生缺陷等为医学科技提出了一道道难题，人类在认识疾病发生和发展规律、人体机能的奥秘等方面仍需一步步突破和发展。人群健康的众多深刻问题为医学科技发展带来挑战的同时，也为不断提高科学研究水平、创新技术发展带来了重要机遇。

（四）生物安全问题与新发突发传染性疾病问题难以预测

生物学领域的技术创新和发展使人类在科学研究和生物改造方面的可能性和能力不断加强，分子生物学、结构生物学等前沿研究领域的不断扩展，使人类能够从分子水平甚至原子水平认识人体或客观物质的微小结构，并对其进行编辑和改造。但生物技术具有两面性，在为现代科学和人类发展带来不可估量的益处的同时，也存在谬用的可能。例如利用生物技术制造生物武器，违背物种遗传的客观规律制造新型动、植物，对国家、民族及社会形成生物安全威胁或对生态环境造成潜在威胁等。

除人为造成的生物安全问题外，人类生存的复杂生态环境中各类病原体对人类健康造成的威胁也难以避免。人类生存史，同时也是一部疾病抗争史。1918 年流感暴发造成全球近 2.5 亿人死亡。此后，鼠疫、霍乱、天花、流感等严重传染病疫情从未停止过对人类种群的威胁，21 世纪以来暴发的 SARS 和新型冠状病毒肺炎疫情，更凸显了生物种群进化的不可预知性和严重威胁性。

生物安全问题和新发突发传染病问题涉及国家安全、社会稳定、人民健康，不仅是亟待研究和解决的重要问题，也是医学科技面临的重大挑战。

（五）医学科技创新体系建设是重点也是难点

医学科技创新体系建设不仅是国家科技创新体系建设的重要组成部分，也是卫生健康事业发展过程中的重要科学问题之一。医学科技创新体系在客观上包括医学科技创新领域功能实体的设置和各实体间的关系及合作模式，从内涵来看，实质上是与医学科技创新相协调和配套的体制机制。体制机制对科技发展具有关键影响，如各类创新实体在科技热点领域争相布局，可能产生大量低水平重复研究，而属于基础冷门且难度较大的关键核心技术领域却极少被关注，或者由于资源能力不足，产生科学研究发展本身的不平衡和不可持续，出现较多"卡脖子"技术问题。近些年，我国在医学科技创新体系建设上虽在不断摸索，从基地平台到激励政策都在进行不同程度的建设与完善，但体制机制的完善仍是目前面临的主要挑战之一。因此，未来医学科技发展需要建设完善、有效、灵活的医学科技创新体系，最大程度推动我国医学科技创新的系统布局和整体发展。

二、当前我国医学科技发展态势

创新是引领发展的第一动力。我国日益增长的经济社会实力为医学科技创新提供了坚实的物质基础，工业制造水平和能力不断提高，人工智能和互联网产业迅速发展、领先世界，医学科技相关基础设施不断完善，夯实了创新基础。医学科技创新投资增长迅速，专利保护、产权制度、促进对外贸易、促进科研创新等基础性制度的活力和潜能不断释放，强大的科研激励机制正在形成，高端人才队伍正逐步发展壮大。我国巨大的医学科技产品消费能力为医学科技创新提供了源源不断的动力，推动了医学科技创新可持续发展。从整体上看，虽然医学科技创新面临诸多挑战，但我国医学科技宏观发展环境正在逐步优化改善。

（一）医学领域科技创新发展形势向好

1. 医学科技研究紧跟国际前沿，部分研究领域全球领跑

近十年，随着相关基础理论和高精尖技术的不断发展壮大，全球生物化学、分子生物学、细胞生物学、免疫学、药学、生物技术与应用微生物学等领域科技发展势头迅猛，我国也在各领域进行布局，高通量单细胞测序、肿瘤免疫学研究、基因编辑技术等研究紧跟甚至超越国际研究水平，为理论和技术的应用与发展奠定了坚实的基础。例如：我国学者基于体细胞核移植技术成功克隆出猕猴，可用于构建非人灵长类基因修饰动物模型；揭示了胚胎发育及早期细胞分化的特异性调控模式，对研究胚胎发育异常、提高辅助生殖技术的成功率有重要意义；建立了世界首例亨廷顿基因敲入猪模型，为开

发治疗亨廷顿舞蹈病的新手段提供了稳定、可靠的动物模型，标志着我国大动物模型研究正走在世界前列。

2. 临床医学研究趋向规模化、规范化发展

临床医学是研究疾病的病因、诊断、治疗及预后，提高临床治疗水平，促进人体健康的科学。随着循证医学和转化医学的兴起，临床研究越来越重视科学证据。为了打造一批临床医学和转化研究的高地，加快推进疾病防治技术发展，截至 2020 年，我国已分四批试点建设了 50 家国家临床医学研究中心，共涉及心血管疾病、神经系统疾病、慢性肾病等 20 个疾病领域，形成了联合 260 个地级以上城市的 2 100 多家医疗机构的协同创新网络；建成 60 余个大型生物样本库、数据库及 143 个临床研究队列，覆盖人群 706.05 万人次，涉及 60 余个病种；自主或参与制定诊治指南规范 151 项（其中 9 项纳入国际指南），制定国家标准 42 个；取得重大新药、医疗器械等科技成果专利 254 项；共完成了 248 项药物临床评价；各中心已建成 20 余个远程服务平台，年诊疗患者 6 万余人次；通过学术交流、技术培训、网络服务等形式，共组织开展了 172 项适宜技术和科技成果的基层推广活动，累计培训医务人员 31.89 万人次；建立了 43 个科普推广平台，自主设计了 15 个在线移动培训客户端。国家临床医学研究中心建设有力提升了基层医疗卫生机构的服务水平，在推动大医院优质医疗资源和技术下沉、支撑分级诊疗实施、降低医疗费用等方面发挥了积极作用。

3. 创新药品和医疗器械研发齐头并进

《国家中长期科学和技术发展规划纲要（2006—2020 年）》将"重大新药创制""艾滋病和病毒性肝炎等重大传染病防治"两个项目列入重大

专项，充分发挥社会主义制度集中力量办大事的优势，力争取得突破，努力实现以科技发展的局部跃升带动生产力的跨越发展，并填补国家战略空白。自 2008 年国家"重大新药创制"专项启动以来，累计研发成功1 类创新品种 52 个（32 个化药、20 个生物药），数量是专项实施前的9 倍。此外，还有 35 个中药新药（5 类和 6 类）。在专项支持下，200 余个品种获得临床批件，改造了 200 余种临床急需品种，成功研发全球首创的 EV71 疫苗、西达本胺、艾博卫泰，研究形成抗体大规模发酵制备、生物大分子给药、中成药二次开发等关键技术，构建了从靶点发现、药物筛选、临床前评价、临床评价到产业化全链条的创新药物研发技术体系。加之近年来国家大力推动创新药物研发，国家政策、研发人才、临床研究条件等软硬件兼备，使我国在医药研发方面具有显著优势，未来发展前景广阔。

近年来，我国也采取了一系列措施推动医疗器械产业创新发展。如2014 年，我国开始实施创新医疗器械特别审批程序，具有我国发明专利、在技术上属于国内首创且在国际领先、具有显著临床应用价值的医疗器械进入特别审批通道，在标准不降低、程序不减少的情况下优先进行审评审批。自 2016 年起，开始对临床急需等产品采取优先审批，包括国家科技重大专项、重点研发计划涉及的医疗器械，诊断或者治疗罕见病、恶性肿瘤、老年人特有和多发疾病的医疗器械，专门用于儿童的医疗器械及临床急需的医疗器械。这些措施的实施很好地促进了我国医疗器械产业的创新发展。目前，临床上已有一大批中高端医疗器械实现了国产化，逐步替代了进口产品。在产品质量有保障的前提下，国产医疗器械的价格也比进口产品更有优势。

4. 交叉学科和新技术应用发展态势增强

医学科技与传统或新兴学科的交叉融合发展，为医学科技创新带来了新思路和新动力。医学科技与现代信息技术、材料科技等的深度融合，极大地促进了医学科技的发展。计算机、大数据、人工智能、物联网等技术加快应用于卫生健康领域，不仅能更准确深入地揭示人体生理构造与疾病发生发展的全过程，还将带来疾病诊断和治疗模式的突破，使医学科技向个性化、精准化、微创化、智能化、集成化及远程化发展。高通量基因测序，海量生物数据管理、整合、分析、模拟，基于大数据的疾病预测，人工智能辅助医学影像识别，可穿戴健康监测设备等，极大地提高了医学各领域科研和业务工作效率，大大加强了医疗服务的可及性，获得了传统科研手段无法获得的创新发现，实现了传统工作流程难以挖掘的新规律。

（二）医学科技创新体系为科学研究提供了有力支撑

1. 医学科技创新顶层设计更加清晰

历史上，中国共产党根据不同发展阶段的要求，不断完善国家科技发展战略，积极推动科技体制改革。党的十八大以来，习近平总书记进一步明确了我国科技事业发展的总体定位、战略要求及根本任务，为科技创新提供了根本遵循和行动指南。我国深入实施创新驱动发展战略，创新体系和创新格局出现重大变化，科技体制改革取得重大突破，创新发展活力不断增强。我国医学科技创新体制机制改革也取得了重要进展，医学科技成果转移转化体系建设取得重大突破，医学科技创新体制机制的功能更加优化，对国家卫生健康事业体系和卫生健康治理能力现代化的促进作用更加明显。

2. 医学科技经费投入持续增加

近十年来，我国总体上对国家科技经费投入的力度进一步加大，研究与试验发展（R＆D）经费投入保持较快增长，国家财政科技支出稳步增加，R＆D经费投入强度持续提高。2019年，全国共投入R＆D经费22 143.6亿元，比2010年的7 062.6亿元增长了两倍多；经费投入强度（R＆D经费与国内生产总值之比）为2.23%，比2010年的1.76%提高了0.47个百分点。2019年，我国R＆D经费总投入中，医药制造业规模以上企业的R＆D经费为609.6亿元，比2010年增长了3倍有余；R＆D投入强度为2.55%，比2010年的1.82%提高了0.73个百分点，凸显出医药科技创新在整个社会创新体系中的地位日益重要。

国家财政每年以科技计划的形式稳定持续地支持着我国的科技创新活动，如"十五""十一五"期间的国家重点基础研究发展计划（即973计划）、国家高技术研究发展计划（即863计划）、科技支撑计划（即原有的科技攻关计划）、科技基础条件平台建设计划和政策引导类科技计划等。2015年，国务院印发《关于深化中央财政科技计划（专项、基金等）管理改革的方案》，根据国家战略需求、政府科技管理职能和科技创新规律，进一步将原科技计划整合形成五大类科技计划。其中，科技重大专项继续支持医学科技领域的"重大新药创制""艾滋病和病毒性肝炎等重大传染病防治"研究工作。"重大新药创制"科技重大专项自2008年启动实施至2019年年初，共设立了1 900余个项目，中央财政累计投入近200亿元，引导地方财政、企业等其他来源的资金投入近2 000亿元。"艾滋病和病毒性肝炎等重大传染病防治"科技重大专项自2008年启动至2018年年底，共设立近500个项目，中央财政投入近100亿元，针对严重危害人民健康的重大传染性疾病加强协同攻关，在应对新发突发传染病疫情特别是人感染 H7N9 禽流感、新型冠状病毒肺炎疫情方面发挥了重要作用。国家重点研发计划在医学科技领域共部署了 11 个项目，中央经费每年投入近 50 亿元资金，支持数字诊疗装备、干细胞及转化、蛋白质机器与生命过程调控、精准医学、生物安全关键技术研发、生物医学材料研发与组织器官修复替代、生殖健康及重大出生缺陷防控、重大慢性非传染性疾病防控、合成生物学、中医药现代化、主动健康和老龄化科技应对等研究。

此外，国家自然科学基金和国家社会科学基金，共同优化医学科技资源配置，前瞻性、系统性地布置医学科技创新工作。从国家自然科学基金资助项目数量和资助金额来看，生命科学部和医学科学部的总立项数和金额约占国家自然科学基金委员会八大学部的 1/3，资助项目数量和金额总体呈上升趋势。

3. 医学科技人才队伍不断发展壮大

人才是科技创新的核心，高层次医学科研人才更是医学科技创新与进步的引领者。一个国家能否有一支高层次、高素质、高水平的杰出学术带头人队伍，是领域学科能否跟上或走在世界前列的关键。我国高度重视科技高层次人才队伍建设。自新中国成立以来，国家逐步建立中国科学院学部，成立中国工程院，同步进行每两年一次的院士增选。2019 年，中国科学院生命科学和医学学部共有 149 名院士，中国工程院医药卫生学部共有 121 名院士，这些院士成为国家医学领域学科发展的学术领军者和核心。此外，国家通过布局杰出青年基金、政府特殊津贴、人社部百千万工程、国际知名奖项、其他国家或省部级奖励等高层次人才项目，不断吸引壮大人才队伍，为医学科技创新不断注入动力。

4. 医学科技创新发展法律法规体系逐步建立

我国早在 1993 年 7 月 2 日就颁布了《中华人民共和国科学技术进步法》（以下简称《科技进步法》），并于 2007 年 12 月进行了修订。修订后，《科技进步法》明确了"实行自主创新、重点跨越、支撑发展、引领未来的科学技术工作指导方针"，并强调制定和实施知识产权战略，加大对科技的投入，促进科技资源整合共享，建立以市场为导向、企业为主体的产学研相结合的技术创新体系。作为指导我国科技进步工作的总章程，《科技进步法》对于促进科学技术进步，促进科学技术成果向现实生产力转化，推动科学技术为经济建设和社会发展服务起到了积极的推动作用，为科技进步奠定了良好的法律基础。目前，我国相关部门正在从法律、法规、规章、政策等多个层次构建和完善《科技进步法》的配套制度体系。

在医学科技创新领域，我国近年来加快完善相关法律和政策体系，充分保证了医学科技创新活动的顺利开展。如《中华人民共和国生物安全法》《实验动物管理条例》《药物临床试验质量管理规范》及伦理学相关法规等，对医学科研行为加以规范的同时，也避免了法律、伦理等限制科技创新活动开展的问题。

（三）未来医学科技发展愿景

1. 四个面向，加快建设科技创新强国

2016 年 5 月 30 日，习近平总书记在全国科技创新大会、两院院士大会、中国科协第九次全国代表大会上的重要讲话中强调，必须坚持走中国特色自主创新道路，面向世界科技前沿、面向经济主战场、面向国家重大需求，加快各领域科技创新，掌握全球科技竞争先机。2020 年 9 月 11 日，习近平总书记在科学家座谈会上发表重要讲话。针对"十四五"时期我国科技事业发展，他强调，我国经济社会发展和民生改善比过去任何时候都更加需要科学技术解决方案，都更加需要增强创新这个第一动力。希望广大科学家和科技工作者肩负起历史责任，坚持面向世界科技前沿、面向经济主战场、面向国家重大需求、面向人民生命健康，不断向科学技术广度和深度进军。从"三个面向"到"四个面向"，标志着"面向人民生命健康"是我国未来科技发展的新方向，充分体现了党"人民至上、生命至上"的崇高理念。

2020年初，新型冠状病毒肺炎疫情侵袭全球，在新型冠状病毒肺炎阻击战中，党始终把人民群众生命安全和身体健康摆在第一位，尽最大努力防止病毒传播，挽救人民生命，付出巨大牺牲，努力打赢这场人类同重大传染性疾病的斗争。科技面向人民生命健康，正是坚持人民至上、生命至上，体现了对生命的尊重和对人民的关怀，折射出科技工作的人文关怀和价值选择，是以习近平同志为核心的党中央"以人民为中心"执政理念在科技领域的理论表达与现实呈现。

习近平总书记提出的"四个面向"具有深刻的内涵和价值意蕴，对于深化科研体制改革、推动科技事业创新发展、建设世界科技强国，具有重要现实意义和深远战略意义。《中共中央关于制定国民经济和社会发展第十四个五年规划和二〇三五年远景目标的建议》将"四个面向"作为我国科技发展的新要求，指出要"坚持创新在我国现代化建设全局中的核心地位，把科技自立自强作为国家发展的战略支撑，面向世界科技前沿、面向经济主战场、面向国家重大需求、面向人民生命健康，深入实施科教兴国战略、人才强国战略、创新驱动发展战略，完善国家创新体系，加快建设科技强国。"医学科技创新是科技发展"面向人民生命健康"的重要体现，是建设科技强国的重要推手之一。未来，要逐步改变与世界先进跟跑、并跑的局面，通过增强创新自信，积极探索未知领域，勇敢占领医学科学技术的高峰。

2. 坚持不懈，破解卫生健康领域难题

科学技术是人类征服疾病最强有力的武器。医学科技的每一次进步都伴随疾病问题的解决和人类健康状况的逐步改善。当前，新的科技革命正在孕育之中，医学科技发展所催生出的系统医学、精准医学、个性化医疗、智慧医疗等一系列新的医学思想和理念，正加快为疾病防治和健康管理提供重要支撑。相信通过加大对医学前沿科技的投入力度，提升我国医学研究的前瞻性，将不断解决疾病防治和健康管理中的重大科技难题，有效应对传染病、慢性病及罕见病，降低出生缺陷的发生率，提高人群健康寿命，提升患者和老年人群生活质量，降低各类疾病的发病率、伤残率和死亡率。

3. 全面动员，提升公民医学科学素养

公民具备良好的科学素养，即公民了解科学知识，了解科学的研究过程和方法，了解科学技术对社会和个人所产生的影响。如果全社会公民整体医学科学素养不断提高，将会在很大程度上促进医学科学知识的传播、推动医学科技的进步。我们要尊重并敬畏医学科技对生命延续和生活质量提升的重要作用。未来，亟待通过在全社会启发和弘扬大卫生大健康观及医学科学精神，切实加强重点人群医学科学素质建设，重点加大对农村、边远、贫困、民族地区群众的科普服务力度，从而推动提升全社会公民的医学科学素养，使全民懂医学、全民兴科技，营造良好的科技发展环境，加快促进医学科技的进步。

三、结语

过去的一百年里，中国共产党带领全国人民从白手起家到"向科学进军"，喊响"科学技术是第一生产力"的口号，实施"科教兴国战略"，将科技发展摆在经济社会发展的重要位置，提出"走中国特色自主创新道路，建设创新型国家"，自主创新成为了科技事业的旗帜。在中国共产党的领导下，党和国家百年来奠定的科学技术发展的坚实基础，是我们在新时代科技奋发图强之路上的坚强底气。党的十八大以来，以习近平同志为核心的党中央把科技创新摆在国家发展全局的核心位置，实施创新驱动发展战略，带领全中国走向全面创新时代。这是科技发展带动国家和社会发展的重大机遇，是中华民族实现伟大复兴的重要武器。

医学科技创新是保障人民生命健康的重要战略支撑。过去一百年里，正是在中国共产党的带领下，医学科技工作者通过不断的努力奋进，攻破了一个又一个科学难题，取得了一次又一次的重大科技突破，打赢了一场又一场与疾病的艰难战争，使我国医学科技国际竞争力明显提高，部分研究领域处于国际领先地位，显著提升人民群众的健康寿命，大幅降低了传染病对社会和人民的侵害，努力控制住了慢性非传染性疾病的患病率和死亡率。未来，我们将继续深入贯彻落实党和国家领导人的重要讲话精神，"面向世界科技前沿、面向经济主战场、面向国家重大需求、面向人民生命健康，不断向科学技术广度和深度进军"，以实现全民健康、提升全民健康幸福感为目标，向医学科技的新征程不断迈进。

吴沛新教授谈医学科技
创新与人才培养

参考文献

[1] 杨仕明,陈伟.研究型医院之研究型学科建设——国家耳鼻咽喉疾病临床医学研究中心发展之路 [J].中国研究型医院,2020,7(3):15-19.

[2] 曹雪涛.准确把握医学科技发展趋势 [N].人民日报,2016-10-30(05).

[3] 习近平:面向世界科技前沿面向经济主战场 面向国家重大需求面向人民生命健康 不断向科学技术广度和深度进军 [N].人民日报,2020-09-12(01).

[4] 汪长明.坚持"四个面向"的理论逻辑 [EB/OL].(2020-09-23)[2020-02-27]. http://www.qstheory.cn/llwx/2020-09/23/c_1126529513.htm.

[5] 徐冠华.中国科技发展的回顾和几点建议 [J].中国科学院院刊,2019,34(10):1096-1103.

附录　部分医药卫生 AR 展示

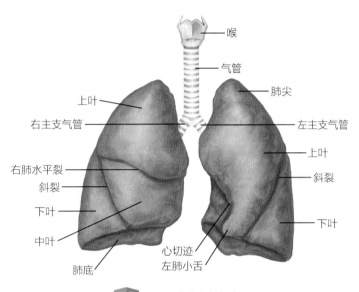

喉

气管

肺尖

上叶

右主支气管

左主支气管

上叶

右肺水平裂

斜裂

斜裂

下叶

下叶

中叶

心切迹

肺底

左肺小舌

呼吸系统的解剖与生理

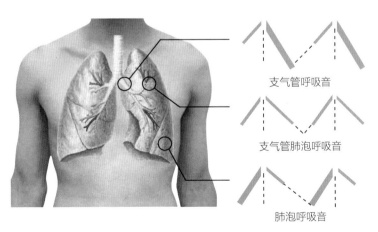

支气管呼吸音

支气管肺泡呼吸音

肺泡呼吸音

肺部听诊

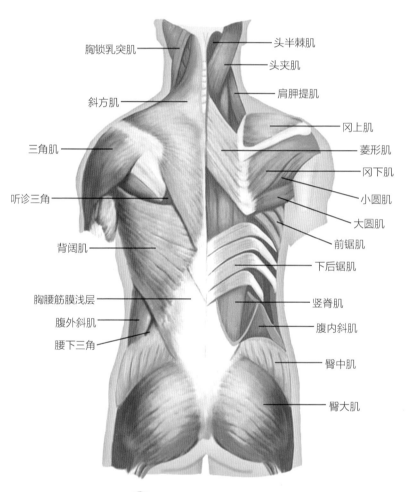

胸锁乳突肌

头半棘肌

头夹肌

斜方肌

肩胛提肌

三角肌

冈上肌

菱形肌

冈下肌

听诊三角

小圆肌

大圆肌

背阔肌

前锯肌

下后锯肌

胸腰筋膜浅层

竖脊肌

腹外斜肌

腹内斜肌

腰下三角

臀中肌

臀大肌

AR 躯干部（背侧）肌肉解剖

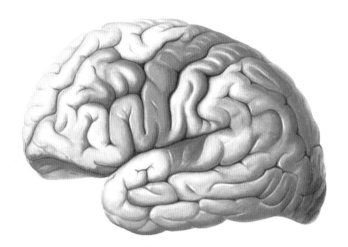

AR 端脑解剖

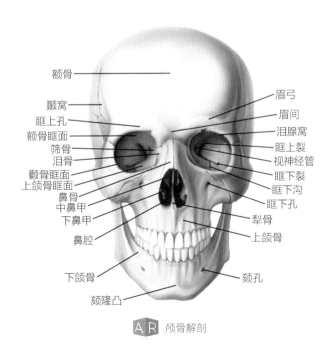

额骨

颞窝

眶上孔

额骨眶面

筛骨

泪骨

颧骨眶面

上颌骨眶面

鼻骨

中鼻甲

下鼻甲

鼻腔

下颌骨

颏隆凸

眉弓

眉间

泪腺窝

眶上裂

视神经管

眶下裂

眶下沟

眶下孔

犁骨

上颌骨

颏孔

AR 颅骨解剖

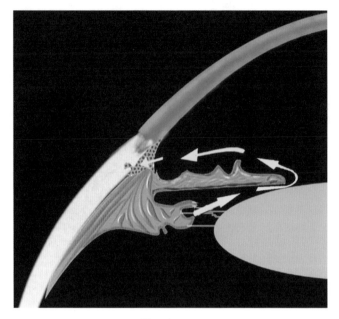

AR 房水循环